"十四五"职业教育国家规划教材

食品微生物检验技术

第三版

SHIPIN WEISHENGWU
JIANYAN JISHU

雅　梅　主编
丁原春　主审

U0387529

化学工业出版社
·北京·

内 容 简 介

《食品微生物检验技术》是"十四五"职业教育国家规划教材，融入了新的职业教育理念，以食品微生物检测职业岗位的需求为导向设计内容，将国家相关职业资格标准和食品安全国家标准的内容融入教材相应内容中。内容包括食品微生物实验基本技能训练和食品微生物检验项目两大模块，设计了常用玻璃器皿的准备、普通光学显微镜的使用和维护、常用微生物培养基的制备、细菌的革兰染色、放线菌的个体形态观察、霉菌和酵母菌的个体形态观察、微生物大小的测定、微生物的纯培养技术、样品的制备、食品中菌落总数的测定、食品中大肠菌群测定、食品中霉菌和酵母菌的测定、食品中金黄色葡萄球菌的检验13个学习情境。教材以任务导向教学模式为依据，按完成学习任务的程序展开编写，学习情境提出学习目标和职业素养目标，内容包含任务描述、任务要求、学前准备、任务实施、评价反馈、信息单、学习拓展。本书配有数字化资源，可扫描二维码学习观看；电子课件可从 www.cipedu.com.cn 下载参考；配套题库可申请试用。全面贯彻党的教育方针，落实立德树人根本任务，在教材中有机融入党的二十大精神。

本书可作为职业教育食品类相关专业的教材，也可用作技能鉴定和岗位培训资料，还可供企事业单位各类微生物应用技术人员参考。

图书在版编目（CIP）数据

食品微生物检验技术/雅梅主编．—3 版．—北京：
化学工业出版社，2021.4（2024.6重印）
"十二五"职业教育国家规划教材
ISBN 978-7-122-38561-1

Ⅰ.①食… Ⅱ.①雅… Ⅲ.①食品微生物-食品检验-
高等职业教育-教材 Ⅳ.①TS207.4

中国版本图书馆 CIP 数据核字（2021）第 030288 号

责任编辑：迟　蕾　李植峰　　　　　　　　装帧设计：王晓宇
责任校对：王　静

出版发行：化学工业出版社（北京市东城区青年湖南街 13 号　邮政编码 100011）
印　　刷：北京云浩印刷有限责任公司
装　　订：三河市振勇印装有限公司
787mm×1092mm　1/16　印张 12½　字数 304 千字　　2024 年 6 月北京第 3 版第 3 次印刷

购书咨询：010-64518888　　　　　　　　售后服务：010-64518899
网　　址：http://www.cip.com.cn
凡购买本书，如有缺损质量问题，本社销售中心负责调换。

定　　价：39.80 元　　　　　　　　　　　　　　　版权所有　违者必究

《食品微生物检验技术》
（第三版）编审人员

主　　编　雅　梅

副 主 编　肖　芳　张　爽　韩　潇　路红波　朱建军

编写人员　（按姓名汉语拼音排列）

包　劲　松（内蒙古阿拉善盟食品药品安全保障中心）

边　亚　娟（黑龙江生物科技职业学院）

车　延　平（黑龙江职业学院）

哈斯其木格（锡林郭勒职业学院）

韩　　　潇（长江职业学院）

胡　海　霞（内蒙古农业大学职业技术学院）

李　宝　玉（广东农工商职业技术学院）

李　　　意（广东环境保护工程职业学院）

路　红　波（辽宁农业职业技术学院）

孙　璐　璐（黑龙江职业学院）

王　海　波（江苏农牧科技职业技术学院）

肖　　　芳（锡林郭勒职业学院）

雅　　　梅（锡林郭勒职业学院）

张　红　娟（杨凌职业技术学院）

张　红　梅（锡林郭勒职业学院）

张　　　爽（芜湖职业技术学院）

朱　建　军（锡林郭勒职业学院）

主　　审　丁　原　春（黑龙江职业学院）

食品微生物检验技术是食品类专业的一门核心课程。本教材坚持以职业能力培养为主线，注重职业素质的养成；以学生为主体，教师为主导的指导思想；以食品微生物检测职业岗位的需求为导向设计教学内容，将国家相关职业资格标准、食品安全国家标准的内容融入教材相应内容中；以食品微生物检测岗位的实际工作内容作为载体，以工作过程系统化为导向，按照相关岗位技能要求编写。本书的内容实践性强，突出能力目标，强化能力训练，兼顾相关理论知识的学习，注重良好职业素质的养成，具有较强的实用性和可操作性，符合高职学生和初学者的认知规律，有利于锻炼学生的专业能力和社会能力。

书中设计了常用玻璃器皿的准备、普通光学显微镜的使用和维护、常用微生物培养基的制备、细菌的革兰染色、放线菌的个体形态观察、霉菌和酵母菌的个体形态观察、微生物大小的测定、微生物的纯培养、样品的制备、食品中菌落总数的测定、食品中大肠菌群计数、食品中霉菌和酵母菌的测定、食品中金黄色葡萄球菌的检验 13 个学习情境。学习情境以学习任务的形式展开，并设有学习目标和职业素养目标、任务描述、任务要求、学前准备、任务实施、评价反馈、信息单、学习拓展。在每个学习情境中精心设计的学习目标和思考题，有助于培养学生自主学习和独立思考的能力；工作流程图使各设计流程以框架图的形式直观、易懂、生动、形象地展现在学生面前。

本书是从事食品检验教学的专业教师和行业技术人员，结合近年来教学研究和课程改革的经验及成果进行编写的。全书力求基本理论精炼，基本概念准确，工作流程明确，条理清晰。本次修订一是根据最新的国家标准等更新相关的知识点；二是教材在修订时配套建设了丰富的立体化数字资源，可扫描二维码观看学习，电子课件可从 www.cipedu.com.cn 下载参考，配套题库可免费申请试用。教材在每个学习情境下设计了【学习目标与职业素养目标】，根据专业内容，有针对性地引导与强化学生的职业素养培养，践行党的二十大强调的"落实立德树人根本任务，培养德智体美劳全面发展的社会主义建设者和接班人"，坚持为党育人、为国育才，引导学生爱党报国、敬业奉献、服务人民。

本书除可作为高职高专食品类专业的教材外，也可用作技能鉴定和岗位培训资料，还可供企事业单位各类微生物应用技术人员作参考。

由于水平和时间有限，书中难免有不妥之处，敬请专家、老师、广大读者对教材中不妥之处提出宝贵意见，以便我们进一步修订和完善。

编者

目录
CONTENTS

绪　论

微生物发展史中的文化自信与科学精神

【文化自信】

　　中华民族是人类历史上最早开始掌握发酵技术的族群。公元前3500年有葡萄酒的酿造，约2000前年我国就有食醋的生产，约1500年开始制酱和酱油。制酱是我国首创的，据《周礼》卷四记载的"膳夫掌王之食饮膳羞，酱用百有二十瓮"一文，可知"酱"大致是在2500年前出现的。日本木下浅吉所著《实用酱油酿造法》中说："天乎胜宝六年，唐僧鉴真来朝，传来味噌制法。""味噌"就是酱，说明日本的制酱方法是由我国传去的。经过科学考证，"醢"是我国古代先人对酱类食品的总称谓。"以豆合面而为之"，也就是说那时的人们是以豆和麦面为原料来制曲后再加盐的工艺来制作"中国酱"的，这在人类发酵食品史上堪称是独树一帜、极具魅力的，我国古代先人的这一伟大创新与发明，深深影响了中华民族的饮食生活数千年直至现在，并且也深深地影响了整个东方世界的许多国家和民族。此外，根据历史记载，我国酿酒历史至少有四五千年，在殷墟中发现酿酒作坊遗址，证明早在三千多年前我国的酿酒事业已经相当发达。了解中国传统饮食文化的博大精深，激发民族自豪感和文化自信。

【科学精神】

　　1. 法国科学家巴斯德进行反复实验和理性思考后，彻底否定"自然发生说"，开创了微生物的生理学时代。

　　2. 荷兰科学家列文虎克，一生磨制了400多个透镜，有力地证明了微生物的存在。

【启示】

　　1. 激发民族自信、文化自信的爱国热情。

　　2. 培养勇于思考、敢于批判的科学态度，追求真理、不断创新的科学精神。

学习目标
和职业素养目标

1. 能描述微生物及微生物学概念；
2. 能说出如何对微生物进行分类和命名；
3. 能解释真核细胞与原核细胞间的差别；
4. 能说明微生物在生物界中的地位、微生物与食品的关系；
5. 能举例说明食品微生物学的研究对象和任务；
6. 了解食品微生物学的发展和应用前景。

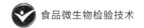

一、微生物的概念及特性

1. 什么是微生物

生物除了日常所见到的动物、植物以外，还有一大群形体非常微小的单细胞或个体结构较为简单的多细胞、甚至肉眼看不见的无细胞结构的低等生物，只能在显微镜下放大几百倍或几十万倍才能看清。人们把这些微小的生物称为"微生物"。

这些微小的生物包括无细胞结构不能独立生活的病毒、亚病毒（类病毒、拟病毒和朊病毒），原核细胞结构的真细菌、古细菌和真核细胞结构的真菌（酵母、霉菌等）以及原生动物和某些藻类。在这些微小的生物体中，大多数是我们用肉眼不可见的，尤其是病毒等生物体，即使在普通的光学显微镜下也不能看到，必须在电子显微镜下才能观察到。

2. 微生物与人类的关系

微生物是地球上最早出现的生命有机体，生命存在的任何一个角落都有微生物的踪迹，而且其数量比任何动植物的数量都多，是地球上生物总量的最大组成部分。微生物与人类社会和文明的发展有着极为密切的关系。我国劳动人民在史前就利用微生物酿酒，4000 多年前已十分普遍，几千年来积累了极为丰富的酿酒技术，创造了人类利用微生物的辉煌实践。古埃及人利用微生物烘制面包和配制果酒。早在 2000 多年前，人们就用长在豆腐上的霉菌来治疗疮疖等疾病。1928 年，英国的科学家弗莱明等发明了青霉素，由此揭开了微生物产生抗生素的奥秘，其后应用于临床治疗疾病，治疗效果非常显著，开辟世界医疗史上的新纪元。

微生物也与我们的生活密不可分。当今的人类社会生活已难以离开微生物的直接或间接贡献。食品中的面包、奶酪、酸乳、酸菜，各种发酵饮料如啤酒，酱油、醋、味精等调味品，各种抗生素、维生素和其他微生物药品保健品，微生物病原菌引起的各种人类疾病和微生物产生的对人类疾病的控制与治疗各种药物等。在人类生产中，如目前全球迅速发展的可再生性资源——微生物生产燃料酒精，动植物病原菌的生物防治剂，生物杀虫剂代替化学农药，环境微生物污染治理与修复，用生物固氮代替化肥，世界许多国家用硫化细菌采矿等，都与微生物的作用或其代谢产物有关。微生物是人类生存环境的清道夫和物质转化必不可少的重要成员，推动着地球上物质生物化学循环，使得地球上的物质循环得以正常进行。很难想象，如果没有微生物的作用，地球将是什么样，无疑所有的生命都将无法生存与繁衍，更不用说如今的现代文明。从此意义上讲，微生物对人类的生存和发展起着巨大的作用。

微生物有时也会给人类带来危害。14 世纪中叶，鼠疫耶尔森菌引起的瘟疫导致了约欧洲总人数 1/3 人的死亡。新中国成立前，我国也经历了类似的灾难。即使是现在，人类社会仍然遭受着微生物病原菌引起的疾病威胁。艾滋病、肺结核、疟疾、霍乱正在卷土重来和大规模传播，还有正在不断出现的新的疾病如疯牛病、军团病、埃博拉病毒病、大肠杆菌 O157、霍乱 O139 新致病菌株；2003 年春的 SARS 病毒、西尼罗河病毒；2004 年、2013 年发生的禽流感病毒，死灰复燃的脑膜炎、鼠疫；2019 年的新型冠状病毒，甚至是天花等有时还在威胁着我们，给人类带来新的疾病与灾难。目前还存在的食源性病毒引起的食物中毒，由此引发的食品安全问题，也是一个巨大的不断扩大的全球性的公共卫生问题。

3. 微生物的一般特性

微生物虽然个体小、结构简单，但具有与高等生物相同的生物学基本特性。遗传信息都是由 DNA 链上的基因所携带，除少数特例外；微生物的初级代谢产物如蛋白质、核酸、多糖、脂肪酸等大分子物质的合成途径基本相同；微生物的能量代谢都以 ATP 作为能量载体。微生物作为生物的一大类，除了与其他生物共有的特点外，还具有其本身的特点及独特的生物多样性：种类多、数量大、分布广、繁殖快、代谢能力强，是自然界中其他生物不可比拟的，而且这些特性与微生物体积小、结构简单有关。

（1）个体微小、结构简单

微生物个体非常微小，大小通常用 μm 或 nm 表示。一般球菌的直径只有 $0.5 \sim 1.0 \mu m$，最大的病毒粒子直径不到 $0.3 \mu m$，因此必须借助显微镜才能看清楚结构。微生物结构简单。细菌、放线菌和部分真菌是单细胞的。较高等的真菌是多细胞的，有营养器官和繁殖器官的分化。病毒、噬菌体不具备细胞结构，而是由某些大分子的核蛋白粒子组成。

（2）繁殖快

微生物繁殖速度快、易培养，是其他生物不能比拟的。如在适宜条件下，大肠杆菌 37℃时的世代时间为 18min，每 24h 可分裂 80 次，每 24h 的增殖数为 1.2×10^{24} 个。枯草芽孢杆菌 30℃时的世代时间为 31min，每 24h 可分裂 46 次，每 24h 的增殖数为 7.0×10^{13} 个。事实上，由于种种客观条件的限制，细菌的指数分裂速度只能维持数小时，因此在液体培养中，细菌的浓度一般仅能达到每毫升 $10^8 \sim 10^9$ 个左右。

微生物的这一特性在发酵工业上具有重要的实践意义，主要体现在发酵周期短、生产效率高上。而且大多数微生物都能在常温常压下，利用简单的营养物质生长，并在生长过程中积累代谢产物，不受季节限制，可因地制宜、就地取材，这就为开发微生物资源提供了有利的条件。如生产发面鲜酵母的酿酒酵母，其繁殖速度不算太高（2h 分裂 1 次），但在单罐发酵时，几乎每 12h 即可"收获" 1 次，每年可"收获"数百次。这是其他任何农作物所不能达到的"复种指数"。这对缓和人类面临的人口增长与食物供应矛盾，也有着重大意义。另外微生物繁殖速度快的生物学特性对生物学基本理论的研究也带来了极大的优越性——大大缩短科学研究周期、减少经费支出、提高生产效率。当然对于危害人、畜和植物等的病原微生物或使物品发生霉变的微生物来说，这个特性就会给人类带来极大的麻烦甚至严重的灾难，因而需要认真对待。

（3）种类多、分布广

微生物是自然界中一个十分庞杂的生物类群。迄今为止，我们所知道的微生物有近 10 万种，现在仍然以每年发现几百至上千个新种的趋势在增加。具有多种生活方式和营养类型，大多数是以有机物为营养物质，少数是寄生类型。微生物的生理代谢类型多，是动植物所不及的。分解地球上贮量最丰富的初级有机物——天然气、石油、纤维素、木质素的能力，属微生物专有。微生物有着多种产能方式，如细菌光合作用、嗜盐菌紫膜的光合作用、自养细菌的化能合成作用、各种厌氧产能途径；生物固氮作用；合成各种复杂有机物——次级代谢产物的能力；对复杂有机物分子的生物转化能力；抵抗热、冷、酸、碱、高渗、高压、高辐射剂量等极端环境能力；以及独特的繁殖方式——病毒的复制增殖等。不同微生物可以产生不同的代谢产物，如抗生素、酶类、氨基酸及有机酸等，还可以通过微生物的活动防止公害。自然界的物质循环由各种微生物作用才得以完成。

自然界中微生物存在的数量往往超出人们想象。每克土壤中细菌可达几亿，放线菌孢子可达几千万。人体肠道中菌体总数可达 100 万亿左右。每克新鲜叶子表面可附生 100 多万个微生物。全世界海洋中微生物的总重量达 280 亿吨。从这些数据资料可见微生物在自然界中的数量之庞大。实际上我们生活在一个充满着微生物的环境中，其在自然界的分布极为广

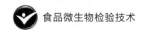

泛，除了火山喷发中心区和人为的无菌环境以外，到处都有分布。土壤、水域、空气、动植物和人体内外，都分布有各种微生物。可以这样说，凡是有高等生物存在的地方，就有微生物存在，即使在极端的环境条件下，如高山、深海、冰川、沙漠等高等生物不能存在的地方，都有微生物存在。

（4）易变异

微生物表面积和体积的比值大，与外界环境的接触面大，因此受环境影响也大。一旦环境变化，不适于微生物生长时，很多的微生物就会死亡，少数个体因发生变异而存活下来。利用微生物易变异的特性，在微生物工业生产中进行诱变育种，获得高产优质的菌种，提高产品产量、质量；同时防止形成对人有更大危害的病原微生物，例如滥用抗生素导致微生物产生耐药性耐药。

（5）易培养

微生物中的大多数种类，都能用人工的方法培养。利用多种原料，采取各种发酵方式进行发酵，生产各种微生物产品。

二、微生物学的发展

1. 微生物学的概念及研究对象

概括地说，微生物学是研究微生物及其生命活动规律的学科。主要研究对象是微生物的形态结构、营养特点、生理生化、生长繁殖、遗传变异、分类鉴定、生态分布及微生物在工业、农业、医疗卫生、环境保护等方面的应用。

2. 微生物感性认识阶段

距今 8000 年前至公元 1676 年间，人类还未见到微生物的个体，却自发地与微生物打交道。很早之前就有葡萄酒的酿造，埃及人就食用牛乳、黄油和奶酪，犹太人用死海中获得的盐来保存各种食物，中国人用盐腌制、保藏鱼及食品。约 2000 年前我国就有食醋的生产，约 1500 年前开始制酱和酱油。约 1000 年前罗马人用雪来包裹虾和其他易腐烂的食品，同时用烟熏肉的方法贮藏食品等。公元 943 年，法国因麦角中毒死亡 40000 多人，当时并不知道是由真菌麦角引起的。虽然用了大量微生物学的知识和技术于食品的制作、保存和防腐，而且非常有效，但微生物与食品有什么关系以及保藏机理、食品传播疾病所带来的危害与微生物之间的关系等，仍然是个谜。即使到了 13 世纪，人们意识到食肉的质量，但还没有认识到肉的质量与微生物之间的因果关系。

微生物学作为一门学科，是从有显微镜开始的，微生物学发展经历了三个时期：形态学、生理学和现代分子生物学发展阶段。

（1）微生物学的形态学发展阶段

微生物形态观察是从安东·列文虎克发明了显微镜开始的，他是真正看见并描述微生物的第一人，他的显微镜在当时被认为是最精巧、最优良的单式显微镜。他利用能放大 50～300 倍的显微镜，清楚地看见了细菌和原生动物，还把观察结果报告给英国皇家学会，其中有详细的描述，并配有准确的插图。1695 年，安东·列文虎克把自己积累的大量结果汇集在《安东·列文虎克所发现的自然界秘密》一书里。他的发现和描述首次揭示了一个崭新的生物世界——微生物世界。这在微生物学的发展史上具有划时代的意义。

（2）微生物学的生理学发展阶段

继列文虎克发现微生物之后的 200 年间，微生物学的研究基本上停留在形态描述和分门别类阶段。直到 19 世纪中期，法国的巴斯德在进行酒精发酵试验时发现酒精发酵是由酵母菌引起的，还研究了氧气对酵母菌的发育和酒精发酵的影响。此外，巴斯德还发现乳酸发酵、乙酸发酵和丁酸发酵都是不同细菌所引起的。德国的柯赫对病原细菌作了大量的研究，发现了当时死亡率极高的传染性疾病肺结核病的病原菌，证实了炭疽病菌是炭疽病的病原菌，并建立了分离、培养、接种和灭菌等一系列独特的微生物技术。从此，微生物的研究从形态描述推进到生理学研究阶段。巴斯德和柯赫是微生物学的奠基人。

(3) 微生物学的分子生物学发展阶段

从 1953 年发现 DNA 的双螺旋结构模型起，整个生命科学进入到分子生物学的研究领域，也是微生物学发展史上成熟期到来的标志，其应用研究向着更自觉、更有效和可人为控制的方向发展。在应用方面，开发菌种资源、发酵原料和代谢产物，利用代谢调控机制和固定化细胞、固定化酶发展发酵生产和提高发酵经济的效益，应用遗传工程组建具有特殊功能的"工程菌"，把研究微生物的各种方法和手段应用于动植物和人类研究的某些领域。这些研究使微生物学发展进入到一个崭新的时期。

20 世纪 80 年代以来，在分子水平上对微生物的研究发展迅速，分子微生物学应运而生。在短短的时间内取得了一系列进展，并出现了一些新的概念，较突出的有：生物多样性、进化、三原界学说；细菌染色体结构和全基因组测序；细菌基因表达的整体调控和对环境变化的适应机制；细菌的发育及其分子机理；细菌与细胞之间和细菌与动植物之间的信号传递；分子技术在微生物原位研究中的应用。经历约 150 年成长起来的微生物学，在 21 世纪为统一生物学的重要内容而继续向前发展，其中两个活跃的前沿领域是分子微生物遗传学和分子微生物生态学。

微生物产业在 21 世纪呈现全新的局面。微生物从发现到现在的短短 300 多年间，特别是 20 世纪中叶，已在人类的生活和生产实践中得到广泛的应用，并形成了继动物、植物两大生物产业后的第三大产业。这是以微生物的代谢产物和菌体本身为生产对象的生物产业，所用的微生物主要是从自然界筛选或选育的自然菌种。21 世纪，微生物产业除了更广泛地利用和挖掘不同环境（包括极端环境）的自然资源微生物外，基因工程菌形成一批强大的工业生产菌，生产外源基因表达的产物，特别是药物的生产出现前所未有的新局面，结合基因组学在药物设计上的新策略出现以核酸（DNA 或 RNA）为靶标的新药物（如反义寡核苷酸、肽核酸、DNA 疫苗等）的大量生产，人类征服癌症、艾滋病以及其他疾病将指日可待。此外，微生物工业生产各种各样的新产品，例如降解性塑料、DNA 芯片、生物能源等，在 21 世纪将出现一批崭新的微生物工业，为全世界的经济和社会发展做出更大贡献。

3. 微生物学的主要分支学科

随着微生物学的不断发展，已形成了基础微生物学和应用微生物学，又可分为许多不同的分支学科，并还在不断地形成新的学科和研究领域。

根据基础理论研究内容不同，形成的分支学科有：微生物生理学、微生物遗传学、微生物生物化学、微生物分类学、微生物生态学等。

根据微生物类群不同，形成的分支学科有：细菌学、病毒学、真菌学、放线菌学等。

根据微生物的应用领域不同，形成的分支学科有：工业微生物学、农业微生物学、医学微生物学、药用微生物学、兽医微生物学、食品微生物学等。

根据微生物生态环境不同，形成的分支学科有：土壤微生物学、海洋微生物学等。

以上可知，微生物学既是应用学科，又是基础学科，而且各分支学科是相互配合、相互

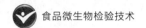

促进的，其根本任务是利用和改善有益微生物，控制、消灭和改造有害微生物。

三、微生物的分类及命名

1. 微生物在生物学分类中的地位

现代生物学的观点认为：生物界首先要按有无细胞结构分为细胞生物和非细胞生物两大类。而自然间存在的细胞生物，按其细胞核的结构特点，又可分为原核生物和真核生物两大类型。一种是没有真正的核结构，称为原核，其细胞不具核膜，只有一团裸露的核物质；另一种是由核膜、核仁及染色体组成的真正的核结构，称为真核。动物界、植物界及原生生物界中的大部分藻类、原生动物和真菌是真核生物，而细菌、蓝细菌是原核生物。真核生物和原核生物不仅细胞核的结构不同，而且其性状也有差别。

原核微生物是指一大类没有核膜，无细胞核，仅含一个由裸露的 DNA 分子构成的原始核区的单细胞生物。原核微生物细胞核的分化程度低，没有明显的细胞器，仅由细胞膜大量内陷折皱到细胞质中，形成管状、层状结构，称为中间体，具有代替细胞器部分功能的作用，是许多代谢作用的场所，细胞质中无细胞器。细胞繁殖仅以无性的二分裂方式，少数种类偶尔通过原始的接合作用产生接合子。原核微生物主要包括细菌、放线菌、古细菌、蓝细菌、立克次体、衣原体、支原体和螺旋体等类群。

真核微生物是指细胞核有核仁和核膜，能进行有丝分裂，细胞质中存在线粒体和内质网等细胞器的微生物。真核微生物主要包括真菌（酵母菌、霉菌和担子菌）、微型藻类和原生动物等。

2. 微生物的分类单位

分类是人类认识微生物，进而利用和改造微生物的一种手段。微生物工作者只有在掌握了分类学知识的基础上，才能对纷繁的微生物类群有清晰的认识轮廓，了解其亲缘关系与演化关系，为人类开发利用微生物资源提供依据。

微生物的主要分类单位，依次为界、门、纲、目、科、属、种。其中种是最基本的分类单位。具有完全或极多相同特点的有机体构成同种。性质相似、相互有关的各种组成属。相近似的属合并为科。近似的科合并为目。近似的目归纳为纲。综合各纲成为门。由此构成一个完整的分类系统。

另外，每个分类单位都有亚级，即在两个主要分类单位之间，可添加"亚门""亚纲""亚目""亚科"等次要分类单位。在种以下还可以分为亚种、变种、型、菌株等。

（1）种

关于微生物"种"的概念，各个分类学家的看法不一，例如伯杰氏（Bergey）给种的定义是："凡是与典型培养菌密切相同的其他培养菌统一起来，区分成为细菌的一个种。"种是以某个"标准菌株"为代表的十分类似的菌株的总体。种是以群体形式存在的。种有着不同的定义，在微生物学中较常见的有生物学种（BS）、进化种（ES）和系统发育种（PS）等不同的物种概念。

（2）亚种

在种内，有些菌株如果在遗传特性上关系密切，而且在表型上存在较小的某些差异，一个种可分为两个或两个以上小的分类单位，称为亚种，是细菌分类中具有正式分类地位的最低等级。

（3）亚种以下的分类等级

通常表示能用某些特殊的特征加以区别的菌株类群。例如，在细菌分类中，以生物变型表示特殊的生化或生理特征、血清变型结构的不同，致病变型表示某些寄主的专一致病性，噬菌变型表示对噬菌体的特异性反应，形态变型表示特殊的形态特征。

（4）菌株或品系

这是微生物学中常见的一个名词，主要是指同种微生物不同来源的纯培养物。从自然界分离纯化所得到的纯培养的后代，经过鉴定属于某个种，但由于来自不同的地区、土壤及其他生活环境，总会出现一些细微的差异。这些单个分离物的纯培养的后代称为菌株。菌株常以数目、字母、人名或地名表示。那些得到分离纯化而未经鉴定的纯培养的后代则称为分离物。

（5）群

微生物学中还常常用到"群"，这只是为了科研或鉴定工作方便，首先按其形态或结合少量的生理生化、生态学特征，将近似的种和介于种间的菌株归纳为若干个类群。如为了筛选抗生素工作的方便，中国科学院微生物研究所根据形态和培养特征，把放线菌中的链霉菌属归纳为 12 个类群。

3. 微生物的命名

微生物的命名和其他生物一样，都按国际命名法命名，即采用林奈氏（Linnaeus）所创立的"双名法"。每一种微生物的学名都依属与种而命名，由两个拉丁字或希腊字或者拉丁化的其他文字组成。属名在前，规定用拉丁字名词表示，字首字母要大写，由微生物的构造、形状或由著名的科学家名字而来，用以描述微生物的主要特征；种名在后，用拉丁字形容词表示，字首字母小写，为微生物的色素、形状、来源、病名或著名的科学家姓名等，用以描述微生物的次要特征。此外，由于自然界的生物种类太多，大家都在命名，为了更明确、避免误解，故在正式的拉丁名称后面附着命名者的姓。

四、食品微生物学

1. 食品微生物学的概念及研究内容

食品微生物学是专门研究微生物与食品之间的相互关系的一门学科。食品微生物学研究内容包括：

① 研究与食品有关的微生物的活动规律；

② 研究如何利用有益微生物为人类制造食品；

③ 研究如何控制有害微生物，防止食品发生腐败变质；

④ 研究检测食品中微生物的方法，制定食品中微生物指标，从而为判断食品的卫生质量提供科学依据；

⑤ 食品开发——单细胞蛋白质、功能性食品基料（利用微生物制造新的食品原料、产品）。

2. 食品微生物学作用

微生物在自然界广泛存在，在食品原料和大多数食品上都存在着微生物。但是，不同的食品或同种食品在不同的条件下，其微生物的种类、数量和作用亦不相同。食品微生物学研究的内容包括与食品有关的微生物的特征、微生物与食品的相互关系及其生态条件等，所以从事食品科学研究的人员应该了解微生物与食品的关系。一般来说，微生物既可在食品制造中起有益作用，又可通过食品给人类带来危害。

（1）有益微生物在食品制造中的作用

用微生物制造食品，这并不是新的概念。早在古代，人们就采食野生菌类，利用微生物酿酒、制酱。但当时并不知道是由于微生物的作用。随着对微生物与食品关系的认识日益加深，对微生物的种类及其作用机理的了解，从而逐步扩大了微生物在食品制造中的应用范围。概括起来，微生物在食品中应有三种方式：①微生物菌体的应用。食用菌就是受人们欢迎的食品。乳酸菌可用于蔬菜和乳类及其他多种食品的发酵，所以，人们在食用酸牛乳和酸泡菜时也食用了大量的乳酸菌。单细胞蛋白（SCP）就是从微生物体中所获得的蛋白质，也是人们对微生物菌体的利用。②微生物代谢产物的应用。人们食用的食品是经过微生物发酵作用形成的代谢产物，如酒类、食醋、氨基酸、有机酸、维生素等。③微生物酶的应用。如豆腐乳、酱油。酱类是利用微生物产生的酶将原料中的成分分解而制成的食品。微生物酶制剂在食品及其他工业中的应用日益广泛。开发微生物资源，并利用生物工程手段改造微生物菌种，使其更好地发挥有益作用，为人类提供更多更好的食品，是食品微生物学的重要任务之一。

（2）有害微生物对食品的危害及防止

微生物引起的食品有害影响主要是食品的腐败变质，使食品的营养价值降低或完全丧失。有些微生物是使人类致病的病原菌，有些微生物可产生毒素。如果人们食用含有大量病原菌或含有毒素的食物，则可引起食物中毒，影响人体健康，甚至危及生命。所以食品微生物学工作者应该设法控制或消除微生物对人类的这些有害作用，采用现代的检测手段，对食品中的微生物进行检测，以保证食品安全性，这也是食品微生物学的任务之一。

五、食品微生物应用与前景

1. 资源微生物的开发和利用

生物资源包括植物资源、动物资源和微生物资源。在这三大资源中，植物资源和动物资源被人类开发利用得较彻底，而微生物资源则是个远远未得到充分开发和利用的资源宝库。在微生物中，那些具有经济价值、有助于改善人们生活质量和生存的微生物称为资源微生物。自然界微生物资源非常丰富，土壤、水、空气、腐败的动植物等都是微生物的主要生活和生长繁殖场所。有科学家估计全世界所描述的微生物种类不到实有数的 2%，而真正被利用的不到 1%，微生物是最有开发潜力的一类资源。微生物繁殖快，属于再生性资源。

微生物学的研究将日益重视微生物特有的生命现象。如自然界中在高温、低温、高酸、高碱、高盐、高压或高辐射强度等极端环境下生存的嗜热菌、嗜冷菌、嗜酸菌、嗜碱菌、嗜高压菌、嗜盐菌或耐辐射菌的开发和利用；进一步从极端微生物中分离出更多的微生物新菌种，筛选出更多的新代谢产物。这些极端微生物的遗传特性、特殊的结构和生理功能，对人类具有巨大的潜在的应用价值。

由于微生物本身的特点和代谢产物的多样性，利用微生物来生产人类战胜疾病所需的医药制品正受到广泛重视。如治疗艾滋病、疯牛病、埃博拉病毒病、非典型病原体肺炎、禽流感等在很大程度上需要应用已有的和正在发展的微生物学理论与技术，并依赖于新的微生物医药资源的开发与利用。微生物是个无穷无尽的资源宝库，利用和开发微生物必将为人类的生存和可持续发展做出巨大贡献。

2. 微生物与环境

保护环境，维护生态平衡以提高土壤、水域和大气的环境质量，创造一个适宜人类生存繁衍、并能生产安全食品的良好环境，是人类生存所面临的重大任务。随着工农业生产的发展和人们对生活环境质量要求的提高，日益增多的有机废水污染物和人工合成有毒化合物等所引起的环境污染问题，越来越受到关注。微生物是这些有机废水污染物和合成有毒化合物的强有力的分解者和转化者，起着环境"清道夫"的作用。由于微生物本身所具有繁衍迅速、代谢基质范围宽、分布广泛等特点，在清除环境（土壤、水体）污染物中的作用和优势是任何其他理化方法所不能比拟的，因此目前世界上正广泛应用微生物来处理有机废水污染物等，进行污染土壤的微生物修复。

3. 微生物菌体食品（食用蕈菌）

我国土地辽阔、地理复杂、气候多样化、植物种类繁多，是世界上具有高度生物多样性的国家之一，同时是食用菌良好的繁衍和滋生地，蕴藏着极其丰富的食用蕈菌资源。据科学估计我国菌类物种约有 18 万种，其中大型真菌（蕈菌）约 2.7 万种，其中作用蕈菌约有 1.35 万种。目前已发现并报道的食用菌有 720 多种，其中能进行人工栽培的仅 50 种，已经形成规模的商业栽培的有大约 15 种。由于食用菌所含的营养物质不仅具有动物蛋白食品的高营养价值，而且也具有植物性食品富含维生素的特点，适量食用能增强对疾病的抵抗力；同时人工栽培的食用菌不使用或少量使用杀虫剂，不含有对人体有害的有机磷等毒物，因而开发和利用新的食用菌资源及提高野生菌人工扩大栽培技术是食用蕈菌产业可持续发展的需要。

4. 微生物风味物质

风味和芳香物质对于食品、化妆品等工业是非常重要的。目前大部分的风味化合物是通过化学合成或萃取的方法生产的。由于消费者对食品、化妆品和其他日用品中添加化学制品越来越反感和抵制，这致使产生了用生物法生产风味物质的强烈需求，即所谓的天然或生物风味物质。目前植物是香精风味物质的主要来源，但植物中的有效成分含量少、分离较困难、风味物质价格昂贵，而微生物发酵法及采用合适前体物质的生物转化方法是有前途的、可直接替代化学合成风味物质的方法。

5. 微生物与食源性感染

某些微生物本身或其代谢毒物可作为病原污染环境或食品，危害人类健康。食源性疾病通常是由感染或中毒所致的疾病，即通过食品消化进入人体，每个人都存在患食源性疾病的风险。食源性疾病是一种广泛存在且不断增多的公共卫生问题，不管在发展中国家还是发达国家都存在。由此产生的食品安全问题是各国政府、厂家和消费者都十分关心的大事。卫生部和国家市场监督管理总局主要致力于预防食品腐败，研究食品变质，从而控制食品污染的源头，将食品制造过程中可能产生的危害因素消灭在生产过程中。在食品生产经营企业大力推行良好操作规范（Good Manufacturing Practice，GMP）和危害分析关键控制点（HACCP）食品安全控制系统，从根本上减少病从口入的可能性，减少食源性疾病，生产更多、更好的健康食品，实现保障消费者健康的目标。

 思考题

1. 什么是微生物？什么是微生物学？
2. 举例说明微生物的生物学特点和作用。
3. 简述微生物学的形成和发展及各个发展时期的代表人物和其科学贡献。
4. 简述生物界的六界分类系统。
5. 简述食品微生物学的研究对象和任务。
6. 微生物在食品中的应用有哪些形式？

模块一

食品微生物实验基本技能训练

学习情境一

常用玻璃器皿的准备

学习目标和职业素养目标

1. 学习常用洗涤液的配制与使用；
2. 能够识别微生物检验常用的玻璃器皿并且熟悉其功能；
3. 学会常用玻璃器皿的清洗、包扎和灭菌方法；
4. 掌握常用的干热灭菌的方法，能说明其原理；
5. 理解并遵守微生物实验室规章制度；
6. 培养认真细致的做事风格具有节约环保意识；
7. 通过任务实施，有意识地锻炼与人沟通、合作学习和独立操作等能力，树立食品微生物安全意识和无菌观念。

任务描述

某检验机构新招聘了一批化验员要进行微生物检验的岗前培训，这批化验员就是各位学生，本次的培训内容是微生物检验常用玻璃器皿的识别、清洗、包扎、灭菌。

任务要求

将化验员分为6人一组，请每组将实验室微生物检验常用的平皿、吸管、三角瓶、试管、量筒、烧杯、广口瓶等玻璃器皿按要求进行准备。

学前准备

1. 学习资料

见"信息单"及食品微生物相关资料。

2. 其他参考资料来源

（1）《食品微生物》《无机及分析化学》等相关书籍。

（2）食品检验类网站。

3. 思考题

（1）微生物检验常用的玻璃器皿有哪些？

（2）常用玻璃器皿的用途及使用注意事项有哪些？

（3）包扎玻璃器皿所用的材料有哪些？作用是什么？

（4）干热灭菌的方法包括哪些？条件是什么？

（5）玻璃器皿灭菌时有哪些注意事项？

（6）新购买的玻璃器皿的洗涤方法有哪些？

（7）使用过的试管、培养皿、三角烧瓶、烧杯、吸管、载玻片、盖玻片应如何洗涤？

（8）简述电烘箱的基本操作过程。

（9）电烘箱使用时的注意事项有什么？

（10）简述微生物实验室的生物安全及规章制度。

任务实施

1. 材料工具

（1）材料：《食品微生物》相关书籍、玻璃器皿等。

（2）工具：纸、笔、数码相机等。

2. 工作流程

查找资料，确定微生物实验室常用玻璃器皿的种类→对实验室的玻璃器皿进行清点→设计识别、清洗、包扎、灭菌方案→方案修改及确认→方案实施。

3. 实施过程

分小组进行玻璃器皿的准备方案设计，每组 6 人。

（1）查找资料，拟定微生物实验室常用玻璃器皿的清单，通过查找完成清单表（附录 6）。

（2）在实验室清点所需的玻璃器皿。

（3）设计方案。

① 学生自行设计方案；

② 每组选一代表讲解小组的方案，组员补充方案的内容。

（4）教师和学生一起分析并修改、确定方案。

（5）教师进行演示玻璃器皿的包扎。

（6）教师指导学生完成任务。

评价反馈

完成评价（附录 7 和附录 8）。

信息单

一、玻璃器皿的清洗

清洁的玻璃器皿是实验得到正确结果的先决条件，因此，玻璃器皿的清洗是实验前的一项重要准备工作。清洗方法根据实验目的、器皿的种类、所盛放的物品、洗涤剂的类别和沾污程度等的不同而有所不同。

1. 新玻璃器皿的洗涤方法

新购置的玻璃器皿含游离碱较多，应在酸溶液内先浸泡 2～3h。酸溶液一般用 2% 的盐酸溶液或洗涤液。浸泡后用自来水冲洗干净。

2. 使用过的玻璃器皿的洗涤方法

（1）试管、培养皿、三角烧瓶、烧杯等

可用瓶刷或海绵蘸上肥皂、洗衣粉或去污粉等洗涤剂刷洗，然后用自来水充分冲洗干净。热的肥皂水去污能力更强，可有效地洗去器皿上的油污。洗衣粉和去污粉较难冲洗干净，常在器壁上附着一层微小粒子，故要用水多次甚至十次以上充分冲洗，也可用稀盐酸摇洗一次，再用水冲洗，然后倒置于铁丝筐内或有空心格子的木架上，在室内晾干。急用时可盛于筐内或搪瓷盘上，放烘箱烘干。

玻璃器皿经洗涤后，若内壁的水均匀分布成一薄层，表示油垢完全洗净，若挂有水珠，则还需用洗涤液浸泡数小时，然后再充分冲洗。

装有固体培养基的器皿应先将其刮去，然后洗涤。带菌的器皿在洗涤前先浸在 2% 来苏尔或 0.25% 新洁尔灭消毒液内 24h 或煮沸 0.5h 后，再用上述方法洗涤。带病原菌的培养物一定先进行高压蒸汽灭菌，然后将培养物倒去，再进行洗涤。

盛放一般培养基用的器皿经上法洗涤后，即可使用，若需精确配制化学药品，或做科研用的精确实验的培养基或化学药品，要求自来水冲洗干净后，再用蒸馏水淋洗三次，晾干或烘干后备用。

（2）吸过血液、血清、糖溶液或染料溶液等的玻璃吸管（包括毛细吸管）

使用后应立即投入盛有自来水的量筒或标本瓶内，以免干燥后难以冲洗干净。量筒或标本瓶底部应垫以脱脂棉花，否则吸管投入时容易破损。待实验完毕，再集中冲洗。若吸管顶部塞有棉花，则冲洗前先将吸管尖端与装在水龙头上的橡胶管连接，用水将棉花冲出，然后再装入吸管自动洗涤器内冲洗，没有吸管自动洗涤器的实验室可用冲出棉花的方法多冲洗片刻。必要时再用蒸馏水淋洗。洗净后，放搪瓷盘中晾干，若要加速干燥，可放烘箱内烘干。

吸过含有微生物培养物的吸管亦应立即投入盛有 2% 来苏尔或 0.25% 新洁尔灭消毒液的量筒或标本瓶内，24h 后方可取出冲洗。

吸管的内壁如果有油垢，同样应先在洗涤液内浸泡数小时，然后再行冲洗。

（3）用过的载玻片与盖玻片

如载玻片或盖玻片滴过香柏油，要先用皱纹纸擦去或浸在二甲苯中摇晃几次，使油垢溶解，再在肥皂水中煮沸 5～10min，用软布或脱脂棉花擦拭，后立即用自来水冲洗，然后在稀洗涤液中浸泡 0.5～2h，自来水冲去洗涤液，最后用蒸馏水换洗数次，待干后浸于 95% 酒精中保存备用。使用时在火焰上烧去酒精。用此法洗涤和保存的载玻片和盖玻片清洁透亮，没有水珠。

检查过活菌的载玻片或盖玻片应先在 2% 来苏尔或 0.25% 新洁尔灭溶液中浸泡 24h，然后按上法洗涤与保存。

3. 洗涤液的配制与使用

（1）洗涤液的配制

洗涤液分为浓溶液与稀溶液两种，配方如下。

① 浓溶液：重铬酸钠或重铬酸钾（工业用）50g，自来水 150mL，浓硫酸（工业用）800mL。

② 稀溶液：重铬酸钠或重铬酸钾（工业用）50g，自来水 850mL，浓硫酸（工业用）100mL。

配法都是将重铬酸钠或重铬酸钾先溶解于自来水中，可慢慢加温，使之溶解，冷却后缓缓加入浓硫酸，边加边搅动。

配好的洗涤液应是棕红色或橘红色。贮存于有盖容器内。

（2）原理

重铬酸钠或重铬酸钾与硫酸作用后形成铬酸，酪酸的氧化能力极强，因而此液具有极强的去污能力。

（3）使用注意事项

洗涤液中的硫酸具有强腐蚀作用，玻璃器皿浸泡时间太长，会使玻璃变质，因此须按时将器皿取出冲洗。其次，若衣服和皮肤沾上洗涤液应立即用水洗，再用苏打水或氨液洗。如果溅在桌椅上，应立即用水洗去或湿布抹去。玻璃器皿投入前，应尽量干燥，避免洗涤液稀释；此液的使用仅限于玻璃和瓷质器皿，不适用于金属和塑料器皿。附着有大量有机质的器皿应先行擦洗，然后再用洗涤液，这是因为有机质过多，会加快洗涤液失效。此外，洗涤液虽为很强的去污剂，但也不是所有的污迹都可清除。盛洗涤液的容器应始终加盖，以防氧化变质。洗涤液可反复使用，但当其变为墨绿色时即已失效，不能再用。

二、玻璃器皿的包扎

1. 培养皿的包扎

培养皿常用牛皮纸（可用旧报纸代替）包紧，一般以 5～8 套培养皿作一包，少于 5 套工作量太大，多于 8 套不易操作。包好后进行干热灭菌。如将培养皿放入铜筒内进行干热灭菌，则不必用纸包，铜筒有一圆筒形的带盖外筒，里面放一装培养皿的带底框架（图 1-1），此框架可自圆筒内提出，以便装取培养皿。

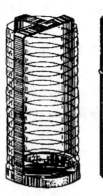 

(a) 内部框架   (b) 带盖外筒

图 1-1　装培养皿的金属筒　　　　　　培养皿的包扎

2. 吸管的包扎

准备好干燥的吸管，在距其粗头顶端约 0.5cm 处，塞一小段约 1.5cm 长的棉花，以免使用时将杂菌吹入其中，或不慎将微生物吸出管外。棉花要塞得松紧恰当，过紧吹吸液体太费力，过松吹气时棉花会下滑。然后分别将每支吸管尖端斜放在报纸条的近左端，与报纸约呈45°角（图 1-2），并将左端多余的一段纸覆折在吸管上，再将整根吸管卷入报纸，右端多余的报纸打一小结。如此包好的多支吸管可再用一张大报纸包好，进行干热灭菌。

如果有装吸管的铜筒（图 1-3），亦可将分别包好的吸管一起装入铜筒，进行干热灭菌。若预计一筒灭菌的吸管可一次用完，亦可不用纸包而直接装入铜筒灭菌，但要求将吸管的尖端插入筒底，粗端在筒口，使用时铜筒卧放在桌上，用手持粗端拔出。

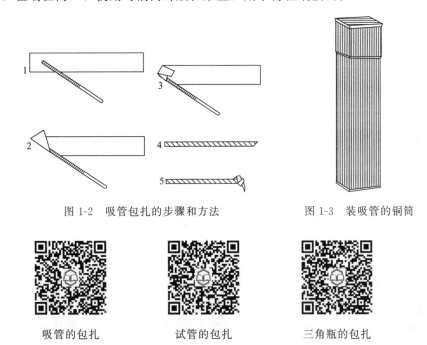

图 1-2　吸管包扎的步骤和方法　　　　图 1-3　装吸管的铜筒

吸管的包扎　　　　　试管的包扎　　　　　三角瓶的包扎

3. 试管和三角烧瓶等的包扎

试管管口和三角烧瓶瓶口塞以棉花塞，然后在棉花塞与管口和瓶口的外面用两层牛皮纸（不可用油纸）包好，再用细线扎好，进行干热灭菌。试管塞好棉花塞后也可一起装在铁丝篓中，用大张牛皮纸将一篓试管口做一次包扎，包纸的目的在于保存期避免灰尘侵入。

空的玻璃器皿一般用干热灭菌，若需湿热灭菌，则要多用几层报纸包扎，外面最好再加一层牛皮纸。

如果试管盖是铝制的，则不必包纸，可直接干热灭菌；若用塑料帽，则宜湿热灭菌。

三、玻璃器皿的灭菌

1. 干热灭菌

干热灭菌有火焰烧灼灭菌和热空气灭菌两种。火焰烧灼是将待灭菌的物品放在火焰上灼烧，是一种最彻底的干热灭菌法，但破坏力也强，此灭菌适用于接种环、接种针和金属用具如镊子等，无菌操作时的试管口和瓶

玻璃器皿的
干热灭菌

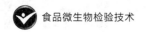

口也在火焰上作短暂烧灼灭菌。通常所说的干热灭菌是在电烘箱内通过热空气灭菌，此法适用于玻璃器皿如吸管和培养皿等的灭菌。

干热灭菌的原理是利用高温使微生物细胞内的蛋白质凝固变性而达到灭菌的目的。细胞内蛋白质的凝固性与其本身的含水量有关，在菌体受热时，当环境和细胞内含水量越大，则蛋白质凝固就越快，反之含水量越小，凝固缓慢。与湿热灭菌相比，因此，干热灭菌所需温度高（160～170℃）、时间长（1～2h）。但干热灭菌温度不能超过180℃，否则，包器皿的纸或棉塞就会烤焦，甚至引起燃烧。干热灭菌使用的电烘箱的结构如图1-4。

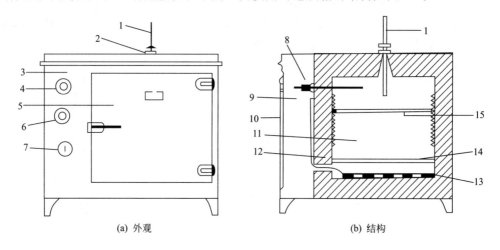

(a) 外观   (b) 结构

图1-4　电烘箱的外观和结构

1—温度计；2—排气阀；3—箱体；4—控温器旋钮；5—箱门；6—指示灯；7—加热开关；8—温度控制阀；
9—控制室；10—侧门；11—工作室；12—保温室；13—电热器；14—散热板；15—隔板

2. 基本操作步骤

（1）装入待灭菌物品

将包好的待灭菌物品（培养皿、试管、吸管等）放入电烘箱内，物品不要摆得太挤，以免妨碍热空气流通。同时，灭菌物品也不要与电烘箱内壁的铁板接触，以防包装纸烤焦起火。

（2）升温、恒温

关好电烘箱门，插上电源插头，打开开关，设定灭菌温度（160～170℃）及时间（2h），让温度逐渐上升，此时红灯亮。直到绿灯亮时，表示箱内已达到恒温，保持此温度2h。

（3）降温

切断电源，自然降温。

（4）开箱取物

待电烘箱内温度降到70℃以下后，打开箱门，取出灭菌物品。注意电烘箱内温度未降到70℃前，切勿自行打开箱门，以免玻璃器皿炸裂。

四、微生物实验室的生物安全及规章制度

致病微生物是影响食品安全各要素中危害最大的一类，食品微生物污染是涉及面最广、影响最大、问题最多的一类污染，而且未来这种现象还将继续下去。据世界卫生组织

（WHO）估计，全世界每分钟就会有 10 名儿童死于腹泻病，再加上其他的食源性疾病，如霍乱、伤寒等，在全世界范围内受到食源性疾病侵害的人数更令人震惊。

近年来国内食品行业在微生物实验室建设方面采取了许多措施，使我国在食品微生物检测方面已经有了很大进步，全国从事食品微生物检测的实验室数量虽多，但技术水平不同，2004 年以前我国一直没有微生物实验室建设的规范和标准，缺乏科学性和合理性，致使食品微生物实验室还存在许多严重影响检验结果准确性、溯源性和权威性的问题。值得欣慰的是《实验室　生物安全通用要求》（GB 19489—2008）、《病原微生物实验室安全条例》《生物安全实验室建筑技术规范》（GB 50346—2011）等有关生物实验室的相关管理条例和强制性技术规范的出台，从多个方面规范了生物安全实验室设计、建造、检测、验收的整个过程，从根本上改变了我国缺乏食品微生物实验室建筑技术规范、评价体系以及食品微生物实验室统一管理规范的现状，涉及生物安全的实验室建设和管理进入标准化、法制化、实用和安全的轨道。

依据实验室所处感染性食品致病微生物的生物危险程度与致病微生物的生物危险程度，可把食品微生物实验室分为相对应的四级食品微生物实验室。其中，一级对生物安全隔离的要求最低，四级最高。不同级别食品微生物实验室的规划建设和配套环境设施不同。食品微生物实验室所检测微生物的生物危害等级大部分为生物安全二级，少数为生物安全三级或四级。

微生物实验室是一个独特的工作环境，工作人员受到意外感染的报道很多，其原因主要是对潜在的生物危害认识不足、防范意识不强、不合理的物理隔离和防护、人为过错和不规范的检验操作。与此同时，随着应用微生物学的不断发展，微生物产业规模日益扩大，一些原先被认为是非病原性且有工业价值的微生物的孢子和有关产物所散发的气溶胶，也会使产业人员发生不同程度的过敏症状，甚至影响到周围环境，造成难以挽回的损失。微生物实验室生物危害的受害者不仅限于实验者本人，同时还会殃及周围同事。事实上还要考虑到，被感染者本人也是一种生物危害，作为带菌者，也可能污染其他菌株、生物剂，同时又可能是生物危害的传播者，这种现象必须引起高度重视。由此可见，微生物实验室的生物危害值得高度警惕，其危害程度远远超过一般公害。控制致病微生物污染是解决食品污染问题的主要内容之一。一方面要建立从源头治理到最终消费的监控体系；另一方面应加强对致病性微生物的检测。食品微生物检测是食品安全监控的重要组成部分，但由于微生物的特殊生物学特性，对致病性微生物的检测必须在特定的食品微生物实验室进行，不仅关系到食品微生物的检测质量，而且关系到个人和环境安全。

1. 微生物实验室的生物安全

（1）规范食品微生物安全操作技术

样品容器可以是玻璃的，但最好是塑料制品；运输样品时，应使用两层容器避免泄漏或溢出；应采用机械移液器，禁止用口移，注射器不能用于吸取液体；在微生物操作中释放的大颗粒物质很容易在工作台台面及手上附着，应该戴一次性手套，最好每小时更换一次，实验中避免接触口、眼及脸部；鉴定可疑微生物时，各种防护设备应与生物安全柜及其他设施同时使用；工作结束，必须用有效的消毒剂处理工作区域。

（2）重视废弃物的处理

所用包含微生物及病毒的培养基，为了防止泄漏和扩散，必须放在生物医疗废物盒内经过去污染、灭菌后才能丢弃；所有污染的非可燃的废物在丢弃前必须放在生物医疗废物盒内；所有液体废物在排入下水道前必须经过消毒处理；碎玻璃在放入生物医疗废物盒之前，必须放在纸板容器或其他的防穿透的容器内；其他的锐利器具、所有的针头及注射器组合要放在抗穿透的容器内丢弃，针头不能折弯、摘下或者打碎，锐利器具的容器应放在生物医疗废物盒中。

（3）意外事故的处置及控制溢出

① 意外事故的处置方案　在操作及保存二类、三类及四类危害微生物的实验室，一份详细的处理意外事故的方案《应急预案》是必需的。《应急预案》要与所有的人员沟通。实验室管理层、上一级安全管理层、单位护卫、医院及救护电话都应张贴在所有的电话附近。应配备医疗箱、担架及灭火器。

② 生物安全柜溢出事件的控制　为了防止微生物外溢，应立即启动去污染程序，用有效的消毒剂擦洗墙壁、工作台面及设备；用消毒剂充满工作台面、排水盘、盆子、并停留20min；用海绵将多余的消毒剂擦去。

2. 食品微生物学实验规章制度

① 每次实验前必须对实验内容进行充分预习，以了解实验的目的、原理和方法，做到心中有数、思路清楚，做好项目任务设计。

② 认真及时做好实验记录，对于当时不能得到结果而需要连续观察的实验，则需记下每次观察的现象和结果，以便分析。

③ 实验室内应保持整洁，勿高声谈话和随便走动，保持室内安静。

④ 实验时小心仔细，全部操作应严格按操作规程进行。遇有盛菌试管或瓶不慎打破、皮肤破伤或菌液吸入口中等意外情况发生时，应立即报告指导教师，及时处理，切勿隐瞒。

⑤ 实验过程中，切勿使酒精、乙醚、丙酮等易燃药品接近火焰。如遇火险，应先关掉火源，再用湿布或沙土掩盖灭火，必要时用灭火器。

⑥ 使用显微镜或其他贵重仪器时，要求细心操作，特别爱护。对消耗材料和药品等要力求节约，用毕仍放回原处。

⑦ 每次实验完毕后，必须把所用仪器洗净放妥，将实验室收拾整齐，擦净桌面。如有菌液污染桌面或其他地方时，可用3%来苏尔液或5%石炭酸液覆盖其上0.5h后擦去；如系芽孢杆菌，应适当延长消毒时间。凡带菌用具（如吸管、玻璃刮棒等）在洗涤前必须浸泡在3%来苏尔液中进行消毒。

⑧ 每次实验需进行培养的材料，应标明自己的组别及处理方法，放于教师指定的地点进行培养。实验室中的菌种和物品等，未经教师许可，不得带出室外。

⑨ 每次实验的结果，应以实事求是的科学态度填入报告表格中，力求简明准确，并连同思考题及时汇交教师批阅。

⑩ 离开实验室前应将手洗净，注意关闭门窗、灯、火、煤气等。

微生物实验室的安全问题要高度关注，多参考相关组织机构出台的涉及实验室建设规范，生物安全标准，评价体系，标准操作规范，生物安全管理规范，废弃物处理、实验动物饲养、安全防护、安全培训的标准化和规范化体系，从制度上消除实验室生物安全隐患。

食品微生物学实验的目的是训练学生掌握微生物学最基本的操作技能，了解微生物学的基本知识，加深理解课堂讲授的食品微生物学理论。同时，通过实验，培养学生观察、思考、分析问题和解决问题的能力，培养学生实事求是、严谨认真的科学态度以及勤俭节约、爱护公物的良好作风。

——微生物实验常用器材

食品微生物检验所用的玻璃器皿，大多数要先进行消毒、灭菌之后再用来培养微生物。因此对其材质、洗涤和包扎方法均有一定的要求。一般玻璃器皿要求是硬质玻璃的，这样才能承受高温和烧灼而不致破损；器皿的游离碱含量要少，否则会影响培养基的酸碱度；对玻璃器皿的包扎方法的要求，以能防止污染杂菌为准；洗涤方法要恰当，否则也会影响实验结果。

1. 试管

食品微生物检验室所用玻璃试管的形状要求没有翻口（图1-5中A），以防止微生物从棉塞与管口的缝隙间进入试管而造成污染。此外，还有以铝制或塑料制的试管帽代替棉塞的（图1-5中B、C），若用翻口试管也不便于盖试管帽。有的实验要求尽量减低试管内水分的蒸发，则需使用螺口试管（图1-5中D），盖以螺口胶木或塑料帽，目前常用的是胶塞试管（图1-5中E）。

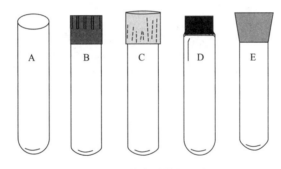

图1-5 试管与试管帽（塞）

A—细菌学试管；B—塑料帽试管；C—金属帽试管；D—螺母试管；E—胶塞试管

试管的大小可根据用途的不同，准备下列三种型号。

① 大试管（约18mm×180mm）可盛倒培养皿用的培养基，亦可作制备琼脂斜面用（需要大量菌体时用）。

② 中试管［(13～15mm)×(100～150mm)］盛液体培养基或做琼脂斜面用，亦可用于样品等的稀释。

③ 小试管［(10～12mm)×100mm］一般用于糖发酵试验，和其他需要节省材料的试验。

2. 杜氏试管

观察细菌在糖发酵培养基内的产气情况时，一般在小试管内再套一倒置的小套管（约6mm×36mm）（图1-6），此小套管即为杜氏试管，又称发酵小套管。

3. 吸管（又称刻度吸管）

(1) 玻璃吸管

食品微生物检验室一般要准备1mL、5mL、10mL规格的刻度玻璃吸管［图1-7(a)］。其刻度指示的容量往往包括管尖的液体体积，亦即使用

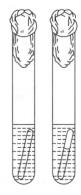

图1-6 杜氏小管

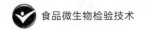

时要注意将所吸液体吹尽，有时称为"吹出"吸管。市售细菌学用吸管，有的在吸管上端刻有"吹"字。

除有刻度的吸管外，有时需用不计量的毛细吸管，又称滴管［图1-7(b)］，来吸取动物体液和离心上清液以及滴加少量抗原、抗体等。

（2）微量吸管

微量吸管又称微量加样器，主要用来吸取微量液体，规格型号很多，图1-8表示其中一种型号。每个微量吸管在一定范围内可调节几个体积，并都标有使用范围，例如$0.5\sim 10\mu L$、$2\sim 10\mu L$、$10\sim 100\mu L$、$100\sim 1000\mu L$等。使用时：①将合适的塑料嘴牢固地套在微量吸管的下端；②旋转调节键［图1-8(a)］，使数字显示器上显示出所需要吸取的体积；③用大拇指按下调节键［图1-8(b)］，并将吸嘴插入液体中；④缓慢放松调节键，使液体进入吸嘴，并将其移至接收试管中；⑤按下调节键，使液体进入接收管；⑥按下排除键，以去掉用过的空吸嘴或直接用手取下吸嘴。

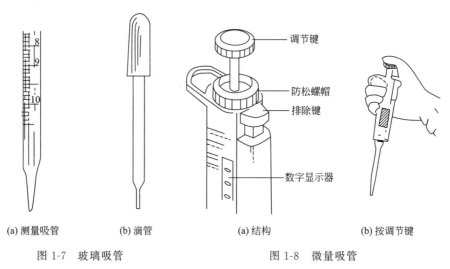

(a) 测量吸管　　　(b) 滴管　　　　　(a) 结构　　　　(b) 按调节键

图1-7　玻璃吸管　　　　　　图1-8　微量吸管

除了可调的微量吸管外，也有不可调的，即一个吸管只固定一种体积。因应用范围受到限制，所以一般用得较少。

4. 培养皿

常用的培养皿（图1-9），皿底直径90mm，高15mm。培养皿一般均为玻璃皿盖。当有特殊需要时，可使用陶器皿盖，因其能吸收水分，使培养基表面干燥，例如测定抗生素生物效价时，培养皿不能倒置培养，则用陶器皿盖为好。

在培养皿内倒入适量固体培养基制成平板，用于分离、纯化、鉴定菌种，微生物计数以及测定抗生素效价等。

5. 三角烧瓶与烧杯

三角烧瓶有100mL、250mL、500mL、1000mL等不同的大小，常用来盛无菌水、培养基和摇瓶发酵等。常用的烧杯有50mL、100mL、250mL、500mL、1000mL等，用来配制培养基与药品。

6. 载玻片与盖玻片

普通载玻片大小为75mm×25mm，用于微生物涂片、染色、作形态观察等。盖玻片为

18mm×18mm。

凹玻片是在一块厚玻片的当中有一圆形凹窝（图 1-10），作悬滴观察活细菌以及微室培养用。

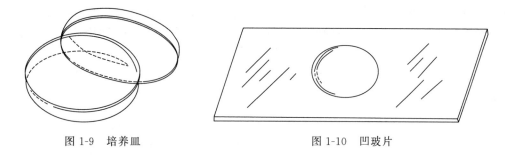

图 1-9　培养皿　　　　　　　　　　　图 1-10　凹玻片

7. 双层瓶

双层瓶由内外两个玻璃瓶组成（图 1-11），内层小锥形瓶盛放香柏油，供油镜头观察微生物时使用，外层瓶盛放二甲苯，用来擦净油镜头。

8. 滴瓶

滴瓶用来装各种染料、生理盐水等（图 1-12）。

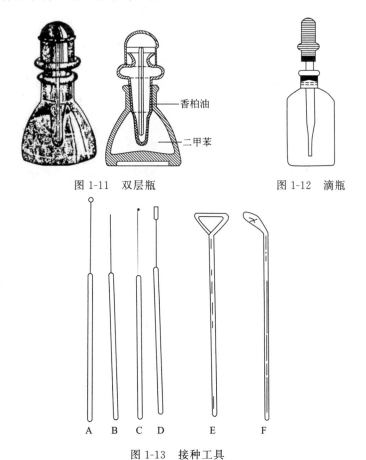

图 1-11　双层瓶　　　　　　　图 1-12　滴瓶

图 1-13　接种工具

A—接种环；B—接种针；C—接种钩；D—接种铲；E、F—玻璃涂布器

9. 接种工具

接种工具有接种环、接种针、接种钩、接种铲、玻璃涂布器等（图 1-13）。制造环、针、钩、铲的金属可用铂或镍，原则是软硬适度，能经受火焰反复烧灼，又易冷却。接种细菌和酵母菌用接种环或接种针，其铂丝或镍丝的直径以 0.5mm 为宜，环的内径约 2mm，环面应平整，图 1-14 表示一个简易的制作接种环的方法。接种某些不易和培养基分离的放线菌和真菌，有时用接种钩或接种铲，其丝的直径要求粗一些，约 1mm。用涂布法在琼脂平板上分离单个菌落时需用的玻璃涂布器，是将玻璃棒弯曲或将玻璃棒一端烧红后压扁而成（图 1-15）。

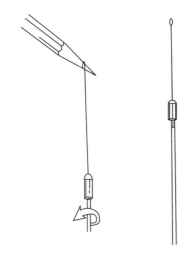

图 1-14　制作接种环

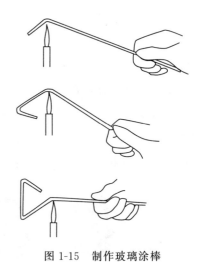

图 1-15　制作玻璃涂棒

学习情境二

普通光学显微镜的使用和维护

1. 熟知普通光学显微镜的构造及性能；
2. 能够正确操作光学显微镜；
3. 学会在光学显微镜下观察微生物标本，并绘图；
4. 学会维护光学显微镜；
5. 培养追求真理、坚持不懈、敢于创新的精神；
6. 通过任务实施，掌握查阅资料、讨论等多种学习方法，不断提高自学能力，培养严谨的科学实验态度。

任务描述

某微生物研究所要定期对光学显微镜进行维护和保养，请协助技术员完成此项任务。

任务要求

每位同学应认真学习，积极准备，达到熟练使用光学显微镜并且合理地对其进行维护，做好当助手的相关准备。

学前准备

1. 学习资料

见"信息单"及食品微生物相关资料。

2. 其他参考资料来源

(1)《食品微生物》《显微镜使用与维护》等相关书籍。

(2) 食品检验类网站。

3. 思考题

(1) 常用的显微镜有哪些？

(2) 显微镜的机械装置包括哪些？作用分别是什么？

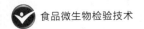

（3）显微镜的光学系统包括哪些？作用分别是什么？

（4）在使用高倍镜和油镜进行调焦时，应将镜筒徐徐上升还是下降？为什么？

（5）如何进行低倍镜观察？

（6）如何进行高倍镜观察？

（7）如何使用油镜观察？

（8）用油镜观察时，为什么要在载玻片上滴加香柏油？

（9）在明视野显微镜下，观察细菌形态时，你认为用染色标本好，还是用未染色的活标本好，为什么？

（10）显微镜闲置时如何处理？

（11）显微镜经常性维护包括哪些？

（12）显微镜使用注意事项有哪些？

（13）显微镜光学系统擦拭时应注意什么？

（14）如何擦拭显微镜机械部分？

（15）显微镜的样品制备方法有哪些？

任务实施

1. 材料工具

（1）材料：《食品微生物》相关图书、显微镜等。

（2）工具：纸、笔、数码相机、电脑等。

2. 工作流程

查找资料，确定使用显微镜所需要材料的清单→对实验室显微镜及其附属材料清点→设计显微镜使用及维护的方案→方案修改及确认→实施。

3. 实施过程

分小组进行显微镜使用方案设计，每组3人。

（1）查找资料，拟定显微镜使用所需要辅助材料清单，通过查找完成清单表（附录6）。

（2）查阅参考书、上网搜集显微镜使用的相关材料。

（3）由组长汇总相关材料。

（4）小组讨论制订、设计方案

① 学生自行设计方案；

② 每组选一代表，讲解小组的设计方案，组员补充方案的内容。

（5）教师和同学一起对方案进行修改和确定。

（6）教师指导完成任务。

评价反馈

完成评价（附录7和附录8）。

一、光学显微镜的构造和使用

1. 显微镜的构造

显微镜由机械装置和光学系统两大部分组成，如图 2-1、图 2-2 所示。机械装置包括镜座、支架、载物台、调焦螺旋等部件，是显微镜的基本组成单元，主要是保证光学系统的准确配置和灵活调控，在一般情况下是固定不变的。而光学系统由物镜、目镜、聚光器等组成，直接影响着显微镜的性能，是显微镜的核心。一般的显微镜都可配置多种可互换的光学组件，通过这些组件的变换可改变显微镜的功能，如明视野、暗视野、相差等。

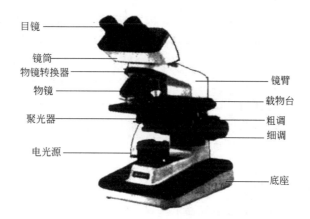

图 2-1　显微镜的外观图

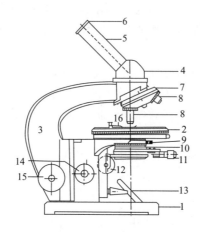

图 2-2　显微镜构造示意图

1—镜座；2—载物台；3—镜臂；4—棱镜套；5—镜筒；6—接目镜；7—转换器；8—接物镜；

9—聚光器；10—彩虹光圈；11—光圈固定器；12—聚光器升降螺旋；13—反光镜；

14—细调节器；15—粗调节器；16—标本夹

（1）机械装置

镜座和镜臂：镜座位于显微镜底部，用来支持全镜。镜臂有固定式和活动式两种，活动

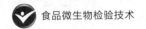

式的镜臂可改变角度。镜臂支撑镜筒。

镜筒：由金属制成的圆筒，上接目镜，下接转换器。镜筒有单筒和双筒两种，单筒又可分为直立式和后倾式两种。而双筒则都是倾斜式的，倾斜式镜筒倾斜45°。双筒中的一个目镜有屈光度调节装置，以备在两眼视力不同的情况下调节使用。

转换器：为两个金属碟所合成的一个转盘，其上装3～4个物镜，可使每个物镜通过镜筒与目镜构成一个放大系统。

载物台：又称镜台，为方形或圆形的盘，用以载放被检物体，中心有一个通光孔。在载物台上有的装有两个金属压夹，称标本夹，用以固定标本，有的装有标本推动器。将标本固定后，能向前后左右推动。有的推动器上还有刻度，能确定标本的位置，便于找到变换的视野。调焦装置是调节物镜和标本间距离的机件，有粗动螺旋即粗调节器和微动螺旋即细调节器，使镜筒或镜台上下移动，当物体在物镜和目镜焦点上时，得到清晰的图像。

（2）光学系统

物镜：物镜安装在镜筒下端的转换器上，因接近被观察的物体，故又称接物镜。其作用是将物体作第一次放大，是决定成像质量和分辨率的重要部件。物镜上通常标有数值孔径、放大倍数、镜筒长度、焦距等主要参数。如：NA0.30；10×；160/0.17；16mm。其中"NA0.30"表示数值孔径（numerical aperture，简写为 NA）；"10×"表示放大倍数；"160/0.17"分别表示镜筒长度和所需盖玻片厚度（mm）；"16mm"表示焦距。

目镜：装于镜筒上端，由两块透镜组成。目镜把物镜造成的像再次放大，不增加分辨率，上面一般标有"7×""10×""15×"等放大倍数，可根据需要选用。一般可按与物镜放大倍数的乘积为物镜数值孔径的500～700倍，选择最大也不能超过1000倍的。目镜的放大倍数过大，反而影响观察效果。

聚光器：光源射出的光线通过聚光器汇聚成光锥照射标本，增强照明度和造成适宜的光锥角度，提高物镜的分辨力。聚光器由聚光镜和虹彩光圈组成，聚光镜由透镜组成，其数值孔径可大于1。当使用大于1的聚光镜时，需在聚光镜和载玻片之间加香柏油，否则只能达到1.0。虹彩光圈由薄金属片组成，中心形成圆孔，推动把手可随意调整透进光的强弱。调节聚光镜的高度和虹彩光圈的大小，可得到适当的光照和清晰的图像。

光源：新式的显微镜其光源通常是安装在显微镜的镜座内，通过按钮开关来控制。老式的显微镜大多是采用附着在镜臂上的反光镜。反光镜是一个两面镜子：一面是平面，另一面是凹面。在使用低倍和高倍镜观察时，用平面反光镜；使用油镜或光线弱时可用凹面反光镜。

滤光片：可见光是由各种颜色的光组成的，不同颜色的光线波长不同。如只需某一波长的光线时，就要用滤光片。选用适当的滤光片，可以提高分辨率，增加影像的反差和清晰度。滤光片有紫、青、蓝、绿、黄、橙、红等颜色，分别透过不同波长的可见光，可根据标本本身的颜色，在聚光器下加相应的滤光片。

2. 显微镜的使用

（1）器材

显微镜、显微镜灯、香柏油、二甲苯、大肠杆菌或其他细菌的染色玻片标本。

（2）操作步骤

① 观察前的准备　置显微镜于平稳的实验台上，镜座距实验台边沿

显微镜的使用

约3～4cm。镜检者姿势要端正，一般用左眼观察，右眼便于绘图或记录，两眼必须同时睁开，以减少眼疲劳。亦可通过练习使左右眼均能观察。

调节光源，对光时应避免直射光源。因直射光源影响物像的清晰，损坏光源装置和镜头，并刺激眼睛。如阴暗天气，可用日光灯或显微镜灯照明。

调节光源时，先将光圈完全开放，升高聚光镜至与载物台同样高，否则使用油镜时光线较暗。然后转下低倍镜观察光源强弱，调节反光镜。光线较强的天然光源宜用平面镜；光线较弱的天然光源或人工光源宜用凹面镜。在对光时，要使全视野内亮度均匀。凡检查染色标本时，光线应强；检查未染色标本时，光线不宜太强。可通过扩大或缩小光圈、升降聚光器、旋转反光镜调节光线。

② 低倍镜观察　检查的标本需先用低倍镜观察，因为低倍镜视野较大，易发现目标和确定检查的位置。

将大肠杆菌染色标本置于镜台上，用标本夹夹住，移动推动器，使观察对象处在物镜正下方，转动粗调节器，使物镜降至距标本约0.5cm处。由目镜观察，此时可适当地缩小光圈，否则视野中只见光亮一片，难见到目的物。同时，用粗调节器慢慢升起镜筒直至物像出现后，再用细调节器调节到物像清楚时为止，然后移动标本，认真观察标本各部位，找到合适的目的物，并将其移至视野中心，准备用高倍镜观察。

③ 高倍镜观察　将高倍镜转至正下方，在转换物镜时，需用眼睛在侧面观察，避免镜头与玻片相撞。然后由目镜观察，并仔细调节光圈，使光线的明亮度适宜。同时，用粗调节器慢慢升起镜筒至物像出现后，再用细调节器调节至物像清晰为止，找到最适宜观察的部位后，将此部位移至视野中心，准备用油镜观察。

④ 油镜观察　用粗调节器将镜筒提起约2cm，将油镜转至正下方；在玻片标本的镜检部位滴上一滴香柏油；从侧面注视，用粗调节器将镜筒小心地降下，使油镜浸在香柏油中，其镜头几乎与标本相接，应特别注意不能压在标本上，更不可用力过猛，否则不仅压碎玻片，也会损坏镜头；从接目镜内观察，进一步调节光线，使光线明亮，再用粗调节器将镜筒徐徐提起至视野出现物像为止，然后用细调节器校正焦距。如油镜已离开油面而仍未见物像，必须再从侧面观察，将油镜降下，重复操作至看清物像为止。观察完毕，上旋镜筒。先用擦镜纸拭去镜头上的油，然后用擦镜纸蘸少许二甲苯（香柏油溶于二甲苯）擦去镜头上残留油迹，最后再用干净擦镜纸擦去残留的二甲苯。切忌用手或其他纸擦镜头，以免损坏镜头。用绸布擦净显微镜的金属部件，将各部分还原，反光镜垂直于镜座，将接物镜转成八字形，再向下旋，同时把聚光镜降下，以免接物镜与聚光镜发生碰撞。

二、显微镜的维护、保养和维修

1. 日常防护

① 防潮　如果室内潮湿，光学镜片就容易生霉、生雾；机械零件受潮后，容易生锈。为了防潮，存放显微镜时，除了选择干燥的房间外，存放地点也应离墙、离地、远离湿源。显微镜箱内应放置1～2袋硅胶作干燥剂，在其颜色变粉红后，应及时烘烤后再继续使用。

② 防尘　光学元件表面落入灰尘，不仅影响光线通过，而且经光学系统放大后，会生成很大的污斑，影响观察。灰尘、砂粒落入机械部分，不仅引起运动受阻，还会增加磨损。

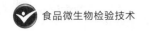

因此，闲置时必须罩上显微镜罩，经常保持显微镜罩的清洁。

③ 防腐蚀　显微镜不能和具有腐蚀性的化学试剂放在一起，如硫酸、盐酸、强碱等。

④ 防热　应避免热胀冷缩引起镜片的开胶与脱落。

2. 使用注意事项

使用时，一定要正确操作，小心谨慎。操作粗心或操作方法错误会引起仪器的损坏。在使用中，下述各项一定要引起足够的重视。

① 微调是显微镜机械装置中较精细而又容易损坏的元件，拧到了限位以后，就拧不动了。此时，决不能强拧，否则必然造成损坏。调节焦距时，遇到这种情况，应将微调退回3～5圈，重用粗调调焦，待初见物像后，再改用微调。

② 使用高倍镜观察液体标本时，一定要加盖玻片。否则，不仅清晰度下降，而且试液容易浸入高倍镜的镜头内，使镜片遭受污染和腐蚀。

③ 油镜使用后，一定要擦拭干净。香柏油在空气中暴露时间过长，就会变稠和干涸，很难擦拭。镜片上留有油渍，清晰度必然下降。

④ 仪器出了故障，不要勉强使用，否则，可能引起更大的故障和不良后果。例如，在粗调旋钮不灵活时，如果强行旋动，会使齿轮、齿条变形或损坏。

3. 光学系统的擦拭

平时对显微镜的各光学部分的表面用干净的毛刷清扫或用擦镜纸擦拭干净即可。在镜片上有抹不掉的污物、油渍、手指印时，或镜片生霉、生雾以及长期停用后复用时，都需要先进行擦拭再使用。

擦拭范围，目镜和聚光镜允许拆开擦拭。物镜因结构复杂，装配时又要专门的仪器来校正才能恢复原有的精度，故严禁拆开擦拭。拆卸目镜和聚光镜时，要注意以下几点。

① 小心谨慎。

② 拆卸时，要标记各元件的相对位置、相对顺序和镜片的正反面，以防重装时弄错。

③ 操作环境应保持清洁、干燥。拆卸目镜时，只要从两端旋出上下两块透镜即可。目镜内的视场光栏不能移动，否则，会使视场界线模糊。聚光镜旋开后严禁进一步分解其上透镜，因其上透镜是油浸的，出厂时经过良好的密封，再分解会破坏其密封性能而致损坏。

擦拭方法，先用干净的毛刷或洗耳球除去镜片表面的灰尘，然后再用干净的绒布从镜片中心开始向边缘作螺旋形单向运动。擦完一次把绒布换一个地方再擦，直至擦净为止。如果镜片上有油渍、污物或指印等擦不掉时，可用棉签蘸少量酒精和乙醚混合擦拭。如果有较重的霉点或霉斑无法除去时，可用棉签蘸水润湿后蘸上碳酸钙粉进行擦拭。擦拭后，应将粉末清除干净。镜片是否擦净，可用镜片上的反射光线进行观察检验。要注意的是，擦拭前一定要将灰尘除净，否则灰尘中的砂粒会将镜面划出沟纹。不准用毛巾、手帕、衣服等擦拭镜片。酒精-乙醚混合液不可用得太多，以免液体进入镜片的粘接部使镜片脱胶。镜片表面有一层紫蓝色的透光膜，不可误作污物而将其擦去。

4. 机械部分的擦拭

表面涂漆部分可用布擦拭，不能使用酒精、乙醚等有机溶剂擦，以免脱漆。没有涂漆的部分若有锈，可用布蘸汽油擦去。擦净后重新上好防护油脂即可。

5. 闲置显微镜的处理

当显微镜长时间不使用时，要用塑料罩盖好，并存放在干燥的地方，防尘防霉。将物镜和目镜保存在含有干燥剂的干燥器容器中。

6. 定期检查

为了保障显微镜的性能稳定，要定期进行检查和保养。

7. 机械装置故障的排除

（1）粗调部分故障的排除

粗调的主要故障是自动下滑或升降时松紧不一。所谓自动下滑是指镜筒、镜臂或载物台静止在某一位置时，不经调节，在本身重量的作用下，自动慢慢落下来的现象，其原因是镜筒、镜臂、载物台本身的重力大于静摩擦力引起的。解决的办法是增大静摩擦力，使之大于镜筒或镜臂本身的重力。

对于斜筒及大部分双目显微镜的粗调装置来说，当镜臂自动下滑时，可用两手分别握住粗调手轮内侧的止滑轮，双手均按顺时针方向用力拧紧，即可制止下滑。如果不奏效，则应找专业人员进行修理。

此外，由于粗调装置长久失修、润滑油干枯，升降时会产生不自如，甚至可以听到机件的摩擦声。这时，可将机械装置拆下清洗，上油脂后重新装配。

（2）微调部分故障的排除

微调部分最常见的故障是卡死与失效。微调部分安装在仪器内部，其机械零件细小、紧凑，是显微镜中最精细、复杂的部分。微调部分的故障应由专业技术人员进行修理，不可随便乱拆。

（3）物镜转换器故障的排除

物镜转换器的主要故障是定位装置失灵。一般是定位弹簧片损坏所致。更换新弹簧片时，暂不要把固定螺钉旋紧，应先作光轴校正，等合轴以后，再旋紧螺丝。若是内定位式的转换器，则应旋紧转动盘中央的大头螺钉，取下转动盘，才能更换定位弹簧片，光轴校正的方法与前面相同。

遮光器定位失灵，这可能是遮光器固定螺钉太松，定位弹珠逃出定位孔造成。只要把弹珠放回定位孔内，旋紧固定螺丝就行了。如果旋紧后，遮光器转动困难，则需在遮光板与载物台间加一个垫圈，垫圈的厚度以螺钉旋紧后，遮光器转动轻松、定位弹珠不外逃、遮光器定位正确为佳。

镜架、镜臂倾斜时固定不住，这是镜架和底座的连接螺丝松动所致。可用专用的双头扳手或用尖嘴钳卡住双眼螺母的两个孔眼用力旋紧即可，如旋紧后不解决问题，则需在螺母里加垫适当厚度的垫片。

总之，显微镜在保养和使用中应注意：不准擅自拆卸显微镜的任何部件，以免损坏；镜面只能用擦镜纸擦，不能用手指或粗布，以保证光洁度；观察标本时，必须依次用低、中、高倍镜，最后用油镜。当目视接目镜时，特别在使用油镜时，切不可使用粗调节器，以免压碎玻片或损伤镜面；观察时，两眼睁开，养成两眼能够轮换观察的习惯，以免眼睛疲劳，并且能够在左眼观察时，右眼注视绘图；拿显微镜时，一定要右手拿镜臂，左手托镜座，不可单手拿，更不可倾斜拿；显微镜应存放在阴凉干燥处，以免镜片滋生霉菌而腐蚀镜片。

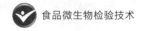

一、显微镜的种类

绝大多数微生物的大小都远远低于肉眼的观察极限，因此，一般均需借助显微镜放大系统的作用才能看到个体形态和内部构造。除了放大系统外，决定显微观察效果的还有两个重要的因素，即分辨率和反差。分辨率是指能辨别两点之间最小距离的能力，而反差是指样品区别于背景的程度，与显微镜的自身特点有关，但也取决于进行显微观察时对显微镜的正确使用及良好的标本制作和观察技术，这就是显微技术。而现代的显微技术，不仅仅是观察物体的形态、结构，而且发展到对物体的组成成分定性和定量，特别是与计算科学技术的结合出现的图像分析、模拟仿真等技术，为探索微生物的奥秘增添了强大武器。

1. 普通光学显微镜

现代普通光学显微镜利用目镜和物镜两组透镜系统来放大成像，故又常被称为复式显微镜。光学显微镜在使用最短波长的可见光作为光源时，在油镜下可以达到其最大分辨率：$0.18\mu m$。由于肉眼的正常分辨能力一般为 $0.25mm$ 左右，因此光学显微镜有效的最高总放大倍数只能达到 $1000\sim1500$ 倍。

2. 暗视野显微镜

明视野显微镜的照明光线直接进入视野，属透射照明。生活的细菌在明视野显微镜下观察是透明的，不易看清。而暗视野显微镜则利用特殊的聚光器实现斜射照明，给样品照明的光不直接穿过物镜，而是由样品反射或折射后再进入物镜，因此，整个视野是暗的，而样品是明亮的。正如我们在白天看不到的星辰却可在黑暗的夜空中清楚地显现一样，在暗视野显微镜下由于样品与背景之间的反差增大，可以清晰地观察到在明视野显微镜下不易看清的活菌体等透明的微小颗粒。而且，即使所观察微粒的尺寸小于显微镜的分辨率，依然可以通过散射的光而发现其存在。因此，暗视野显微镜主要用于观察生活细菌的运动性。

3. 相差显微镜

光线通过比较透明的标本时，光的波长（颜色）和振幅（亮度）都没有明显的变化，因此，用普通光学显微镜观察未经染色的标本（如活的细胞）时，其形态和内部结构往往难以分辨。然而，由于细胞各部分的折射率和厚度的不同，光线通过这种标本时，直射光和衍射光的光程就会有差别。随着光程的增加或减少，加快或落后的光波的相位会发生改变（产生相位差）。光的相位差人肉眼感觉不到，但相差显微镜配备有特殊的光学装置——环状光阑和相差板，利用光的干涉现象，能将光的相位差转变为人眼可以察觉的振幅差（明暗差），从而使原来透明的物体表现出明显的明暗差异，对比度增强。样品的这种反差是以不同部位的密度差别为基础形成的，因此，相差显微镜使人们能在不染色的情况下比较清楚地观察到在普通光学显微镜或暗视野显微镜下都看不到或看不清的活细胞及细胞内的某些细微结构，是显微技术的一大突破。

4. 荧光显微镜

有些化合物（荧光素）可以吸收紫外线并转放出一部分为光波较长的可见光，这种现象称为荧光。因此，在紫外线的照射下，发荧光的物体会在黑暗的背景下表现为光亮的有色物体，这就是荧光显微技术的原理。由于不同荧光素的激发波长范围不同，因此同一样品可以同时用两种以上的荧光素标记，在荧光显微镜下经过一定波长的光激发发射出不同颜色的光。荧光显微技术在免疫学、环境微生物学、分子生物学中应用十分普遍。

5. 透射电子显微镜

由于显微镜的分辨率取决于所用光的波长，人们从 20 世纪初开始就尝试用波长更短的电磁波取代可见光来放大成像，以制造分辨本领更高的显微镜。其工作原理和光学显微镜十分相似。但由于光源的不同，又决定了与光学显微镜的一系列差异，主要表现在：在电子的运行中如遇到游离的气体分子会因碰撞而发生偏转，导致物象散乱不清，所以电镜镜筒中要求高度真空；电子是带电荷的粒子，所以电镜是用电磁圈来使"光线"汇聚、聚焦；电子像人肉眼看不到，需用荧光屏来显示或感光胶片作记录。

6. 扫描电子显微镜

扫描电子显微镜与光学显微镜和透射电镜不同，工作原理类似于电视或电传真照片。电子枪发出的电子束被磁透镜汇聚成极细的电子"探针"，在样品表面进行"扫描"，电子束扫到的地方就可激发样品表面放出二次电子（同时也有一些其他信号）。二次电子产生的多少与电子束入射角度有关，也即是与样品表面的立体形貌有关。与此同时，在观察用的荧光屏上另一个电子束也做同步的扫描。二次电子由探测器收集，并在那里被闪烁器变成光信号，再经光电倍增管和放大器又变成电压信号来控制荧光屏上电子束的强度。这样，样品上产生二次电子多的地方，在荧光屏上相应的部位就亮，就能得到一幅放大的样品的立体图像。

7. 扫描隧道显微镜

在光学显微镜和电子显微镜的结构和性能得到不断完善的同时，基于其他各种原理的显微镜也不断问世，使人们认识微观世界的能力和手段得到不断提高。其中，20 世纪 80 年代才出现的扫描隧道显微镜是显微镜领域的新成员，主要原理是利用了量子力学中的隧道效应。扫描隧道显微镜有一个半径极小的金属探针，其针尖通常小到只有一个原子，可利用压电陶瓷将其推进到待测样品表面很近的距离（0.5～2nm）进行扫描。用于对不具导电性或导电能力较差的样品进行观察。

二、显微观察样品的制备

样品制备是显微技术的一个重要环节，直接影响着显微观察效果的好坏。一般来说，在利用显微镜观察、研究生物样品时，除要根据所用显微镜使用的特点采用合适的制样方法外，还应考虑生物样品的特点，尽可能地使被观察样品的生理结构保持稳定，并通过各种手段提高其反差。

1. 光学显微镜的制样

光学显微镜是微生物学研究的最常用工具，有活体直接观察和染色观察两种基本使用方法。

（1）活体观察

可采用压滴法、悬滴法及菌丝埋片法等，在明视野、暗视野或相差显微镜下对微生物活体进行直接观察。其特点是可以避免一般染色制样时的固定作用对微生物细胞结构的破坏，并可用于专门研究微生物的运动能力、摄食特性及生长过程中的形态变化如细胞分裂、芽孢

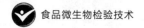

萌发等动态过程。

①压滴法 将菌悬液滴于载玻片上，加盖盖玻片后立即进行显微镜观察。

②悬滴法 在盖玻片中央加一小滴菌悬液后反转置于特制的凹玻载片上进行显微镜观察。为防止液滴蒸发变干，一般还应在盖玻片四周加封凡士林。

③菌丝埋片法 将无菌的小块玻璃纸铺于平板表面，涂布放线菌或霉菌孢子悬液，经培养，取下玻璃纸置于载玻片上，用显微镜对菌丝的形态进行观察。

（2）染色观察

一般微生物菌体小而无色透明，在光学显微镜下，细胞体液及结构的折射率与其背景相差很小，因此用压滴法或悬滴法进行观察时，只能看到其大体形态和运动情况。若要在光学显微镜下观察其细致形态和主要结构，一般都需要进行染色，借助颜色的反衬作用提高样品不同部位的反差。

染色前必须先对涂在载玻片上的样品进行固定，其目的有二：一是杀死细菌并使菌体附着于玻片上；二是增加其对染料的亲和力。常用酒精灯火焰加热和化学固定两种方法。固定时应注意尽量保持细胞原有形态，防止细胞膨胀或收缩。

2. 电子显微镜的制样

生物样品在进行电镜观察前必须进行固定和干燥，否则镜筒中的高真空会导致其严重脱水，失去样品原有的空间构型。此外，由于构成生物样品的主要元素对电子的散射与吸收的能力均较弱，在制样时一般都需要采用重金属盐染色或喷镀，以提高其在电镜下的反差，形成明暗清晰的电子图像。

学习情境三

常用微生物培养基的制备

学习目标和职业素养目标

1. 能说出微生物生长所需的营养物质及生理功能；
2. 了解培养基的概念、类型、配制原则；
3. 知道微生物的生长繁殖规律；
4. 知道怎样为微生物提供生长所需条件；
5. 掌握常用培养基的配制技术；
6. 学会使用高压灭菌锅；
7. 知道湿热灭菌的方法有哪些，并熟练掌握常用的几种；
8. 养成节约药品、爱惜实验材料的好习惯；
9. 通过任务实施，不断提高与人沟通、与人交往的能力，增强团结合作精神和集体荣誉感。

任务描述

某检验机构将对某食品公司的产品抽样，进行菌落总数测定，检验之前请你们把所需平板计数琼脂培养基（PCA）制备好，以便检验快速、顺利地进行。

任务要求

要求查找资料，找出不同类型的培养基的营养配方并且能够熟练配制；将平板计数琼脂培养基（PCA）制作过程做成 PPT 进行演示。

学前准备

1. 学习资料

见"信息单"及食品微生物相关资料。

2. 其他参考资料来源

（1）《食品微生物》《食品安全国家标准　食品微生物学检验　菌落总数测定》（GB 4789.2—2016）等相关资料。

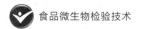

（2）食品检验类网站。

3. 思考题

（1）微生物生长前需的基本营养有哪些？

（2）什么叫生长因子？包括哪些？

（3）微生物的营养类型包括哪些？

（4）微生物吸收营养的方式有哪些？

（5）什么叫微生物的生长曲线？

（6）微生物生长分哪几个时期？每一时期的特点是什么？

（7）微生物连续培养法和恒浊连续培养法的不同点是什么？

（8）培养基的概念是什么？

（9）详细介绍培养基的类型包括哪些？

（10）配制培养基的原则有哪些？

（11）简述培养基的配制过程。

（12）制作棉塞最好选用什么样的棉花？

（13）调节培养基的 pH 值用什么试剂？浓度为多少？

（14）培养基分装的要求有哪些？

（15）斜面培养基的制作要求有哪些？

（16）如何验证你所配制的培养基是否合格？

（17）高压蒸汽灭菌锅的使用方法及注意事项有哪些？

（18）影响微生物生长的环境因素主要有哪些？

（19）微生物按生长温度划分为哪几类？

（20）什么叫微生物的水分活度？

（21）灭菌、消毒、商业灭菌、防腐、无菌的概念是什么？

（22）湿热灭菌包括哪几种？每一种灭菌的具体的条件及适用范围是什么？

任务实施

1. 材料工具

（1）材料：《食品微生物》相关图书、高压灭菌锅、培养基配料等。

（2）工具：纸、笔、数码相机、电脑等。

2. 工作流程

查找资料，确定配制培养基所需要材料的清单→对所需材料进行清点→设计培养基制作的方案→方案修改及确认→方案实施。

3. 实施过程

分小组进行培养基制作方案设计，每组 5 人。

（1）查找资料，列出培养基制作需要材料清单，并完成清单表（附录 6）。

（2）由组长汇总相关材料。

（3）小组讨论制订、设计方案

① 学生自行设计方案并做成 PPT 报告展示；

② 每组选一代表，讲解小组的设计方案，组员补充方案的内容。

（4）方案的修改及确定。

（5）教师指导学生完成任务。

评价反馈

完成评价（附录 7 和附录 8）。

信息单

一、平板计数琼脂培养基的配制

1. 实验试剂、设备和材料

试剂：胰蛋白胨、酵母浸膏、葡萄糖、琼脂、1mol/L NaOH、1mol/L HCl、蒸馏水。

设备和材料：高压蒸汽灭菌锅、恒温培养箱、试管、三角瓶、烧杯、量筒、玻璃棒、天平、牛角匙、pH 试纸（pH 值为 7.0 ± 0.2）、棉花、纱布、棉线、牛皮纸、记号笔、1mL 吸管、牙签等。

2. 操作步骤

（1）棉塞的制作（或直接用硅胶塞）

培养基的制备

棉塞可以防止杂菌污染，保证通气良好。因此，棉塞质量的优劣对实验的结果有很大影响。正确的棉塞要求形状、大小、松紧与试管口（或三角瓶口）完全适合。过紧则妨碍空气流通，操作不便；过松则达不到滤菌的目的。加塞时，应使棉塞长度的 1/3 在试管口外，2/3 在试管口内。做棉塞的棉花要选纤维较长的，一般不用脱脂棉做棉塞，因为容易吸水变湿，造成污染，而且价格较贵。做棉塞的过程如图 3-1 所示。

此外，在微生物实验和科研中，往往要用到通气塞。所谓通气塞，就是几层纱布（一般 8 层）相互重叠而成，或是在两层纱布间均匀铺一层棉花而成。这种通气塞通常加在装有液体培养基的三角瓶口上。经接种后，放在摇床上进行振荡培养，以获得良好的通气促进菌体的生长或发酵。通气塞的形状如图 3-2 所示。

（2）称取药品

平板计数琼脂培养基是一种应用最广泛和最普通的细菌基础培养基。其配方如下：胰蛋白胨 5.0g、酵母浸膏 2.5g、葡萄糖 1.0g、琼脂 15.0g、蒸馏水 1000mL、pH 值 7.0 ± 0.2。按培养基配方比例依次准确地称取酵母浸膏、胰蛋白胨、葡萄糖放入烧杯中。胰酵母浸膏常用玻璃棒挑取，放在小烧杯或表面皿中称量，用热水溶化后倒入烧杯。也可放在称量纸上，称量后直接放入水中，稍微加热，酵母浸膏便会与称量纸分离，然后立即取出纸片。蛋白胨很容易吸潮，在称取时动作要迅速。另外，称药品时严防药品混杂，一把牛角匙用于一种药品，或称取一种药品后，洗净，擦干，再称另一药品，瓶盖也不要盖错。

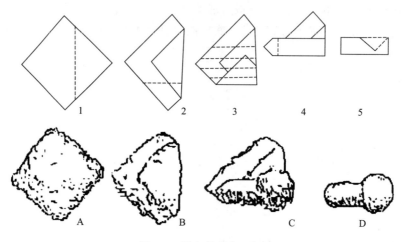

图 3-1　棉塞的制作过程

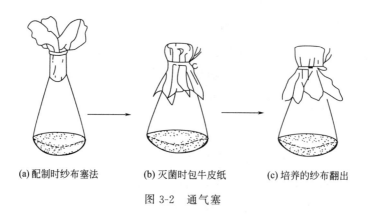

(a) 配制时纱布塞法　　　　(b) 灭菌时包牛皮纸　　　　(c) 培养的纱布翻出

图 3-2　通气塞

（3）溶化

在上述烧杯中先加入少于所需要的水量，用玻璃棒搅匀，然后，在石棉网上加热使其溶解，或在磁力搅拌器上加热溶解。待药品完全溶解后，补加水约到所需总体积。配制固体培养基时，将称好的琼脂放入已溶的药品中，再加热溶化，最后补足所损失的水分。在琼脂溶化过程中，应控制火力，以免培养基因沸腾而溢出容器；同时需要不断搅拌，以防琼脂烧焦。配制培养基时，不可用铜或铁锅加热溶化，以免离子进入培养基中，影响细菌生长。制备用三角瓶盛固体培养基时，一般也可先将一定量的液体培养基分装于三角瓶中，然后直接按 1.5% 的量将琼脂分别加入各三角瓶中，可灭菌和加热溶化同步进行，以节省时间。

（4）调节 pH 值

在未调 pH 值前，先用精密 pH 试纸测量培养基的原始 pH 值。如果偏酸，用滴管向培养基中逐滴加入 1mol/L NaOH，边加边搅拌，并随时用 pH 试纸测其 pH 值，直到 pH 值达到 7.0±0.2。反之，用 1mol/L HCl 进行调节。

对一些要求 pH 值较精确的微生物，其 pH 值的调节可用酸度计进行（使用方法可参考有关说明书）。

pH 值不要调过头，以免回调而影响培养基内各离子的浓度。配制 pH 值低的琼脂培养基时，若预先调好 pH 值并在高压蒸汽下灭菌，则琼脂因水解不能凝固。因此，应将培养基的成分和琼脂分开灭菌后再混合，或在中性 pH 值条件下灭菌后，再调整 pH 值。

（5）过滤

趁热用滤纸或多层纱布过滤，以利于某些实验结果的观察。一般无特殊要求的情况下，这步可以省去（本实验无需过滤）。

（6）分装

按实验要求，可将配制的培养基分装入试管内或三角烧瓶内。分装装置见图 3-3。

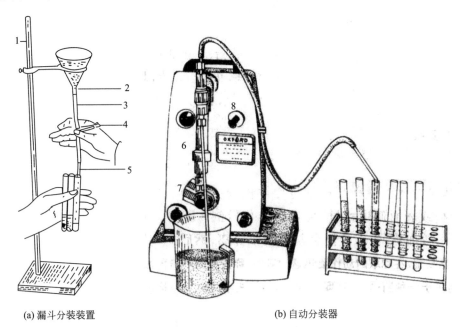

(a) 漏斗分装装置　　　　　　　　　　　(b) 自动分装器

图 3-3　培养基分装装置

1—铁架台；2—漏斗；3—乳胶管；4—弹簧夹；5—玻管；6—流速调节；7—装量调节；8—开关

① 液体分装　分装高度以试管高度的 1/4 左右为宜。分装三角瓶的量则根据需要而定，一般不超过三角瓶容积的一半为宜。如果用于振荡培养，则根据通气量的要求酌情减少。有的液体培养基在灭菌后，需要补加一定量的其他无菌成分，如抗生素等，装量一定要准确。

② 固体分装　分装试管的装量不超过管高的 1/5，灭菌后制成斜面。分装三角瓶的量以不超过三角瓶容积的一半为宜。

③ 半固体分装　分装一般以试管高度的 1/3 为宜，灭菌后垂直待凝。

分装过程中注意不要使培养基沾在管（瓶）口上，以免沾染棉塞而引起污染。

（7）加塞

培养基分装完毕后，在试管口或三角瓶口上塞上棉塞（或泡沫塑料塞或试管帽等），以阻止外界微生物进入培养基内而造成污染，并保证有良好的通气性能。

（8）包扎、灭菌

加塞后，将全部试管用棉绳捆好，再在棉塞外包一层牛皮纸，以防止灭菌时冷凝水润湿棉塞，其外用一道麻绳扎好。用记号笔注明培养基名称、组别、配制日期。三角瓶加塞后，外包牛皮纸，用麻绳以活结形式扎好，使用时容易解开。同样用记号笔注明培养基名称、组别、配制日期（有条件的实验室，可用市售的铝箔代替牛皮纸，省去用绳扎，而且效果好）。

将上述培养基、分装好的生理盐水、移液管、平皿，以121℃高压蒸汽灭菌20min。

（9）搁置斜面

将灭菌的试管培养基冷至50℃左右（以防斜面冷凝水太多），将试管口端搁在玻璃棒或

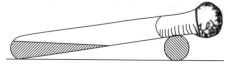

其他合适高度的器具上，搁置的长度以不超过试管总长的1/2为宜（图3-4）。

图3-4　摆斜面

（10）无菌检查

将已灭菌的培养基放入37℃的恒温培养箱中培养24～28h，以检查灭菌是否彻底。

3. 注意事项

称药品用的牛角匙不要混用；称完药品要及时盖紧瓶盖；调pH值时要小心操作，避免回调；不同培养基各有配制特点，要注意具体操作。

二、高压蒸汽灭菌锅的使用

高压蒸汽灭菌法适用于培养基、无菌水、工作服等物品的灭菌。

实验室中常用的高压蒸汽灭菌锅有立式、卧式和手提式等，其构造如图3-5、图3-6所示。

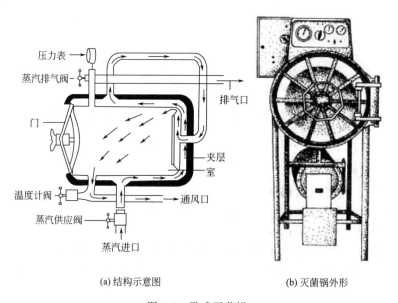

(a)结构示意图　　　　　　　(b)灭菌锅外形

图3-5　卧式灭菌锅

① 加水：将内层灭菌桶取出，再向外层锅内加入适量的水，以水面与三脚架相平为宜。

② 装料：将装料桶放回锅内，装入待灭菌的物品。注意不要装得太挤，以免妨碍蒸汽流通而影响灭菌效果。三角烧瓶与试管口端均不要与桶壁接触，以免冷凝水淋湿包口的纸而透入棉塞。

③ 加盖：将盖上与排气孔相连接的排气软管插入内层灭菌桶的排气槽内，摆正锅盖，

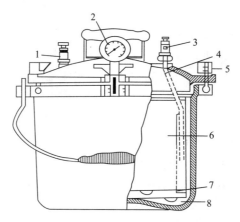

图 3-6　手提式高压蒸汽灭菌锅构造

1—安全阀；2—压力表；3—放气阀；4—软管；5—紧固螺栓；6—灭菌桶；7—筛架；8—水

对齐螺口。然后以同时旋紧相对的两个螺栓的方式拧紧所有螺栓，使螺栓松紧一致，勿使漏气，并打开排气阀。

④ 排气：接通电源，待水煮沸后，水蒸气和空气一起从排气孔排出。一般认为，当排出的气流很强，并有嘘声时，表明锅内空气已排净（沸后约 5min）。

⑤ 升压：当锅内空气排净时，即可关闭排气阀，压力开始上升。

⑥ 保压：当压力表指针达到所需压力刻度时，控制热源，开始计时，并维持压力至所需时间。本实验采用 121℃灭菌 20min。

⑦ 降压：达到所需灭菌时间后，关闭热源，让压力自然下降到零后，打开排气阀。放净余下的蒸汽后，再打开锅盖，取出灭菌物品，倒掉锅内剩水。如果压力未降到零时打开排气阀，就会因锅内压力突然下降，使容器内的培养基由于内外压力不平衡而冲出烧瓶口或试管口，造成棉塞沾染培养基而发生污染。

⑧ 无菌检查：将已灭菌培养基于 37℃培养 24h，若无杂菌生长，即可待用。

一、培养基的概述

培养基是经人工配制而成并适合于不同微生物生长繁殖或积累代谢产物的营养基质，是研究微生物的形态构造、生理功能以及生产微生物制品等的物质基础。由于各种微生物所需要的营养物质不同，所以培养基的种类很多，但无论何种培养基，都应当具备满足所要培养的微生物生长代谢所必需的营养物质。配制培养基不但需要根据不同微生物的营养要求，加入适当种类和数量的营养物质，并要注意一定的碳氮比（C/N），还要调节适宜的酸碱度（pH 值），保持适当的氧化还原电位和渗透压。

1. 配制培养基的基本原则

（1）营养物质的选择

所有的微生物生长繁殖都需要培养基中含有碳源、氮源、无机盐、生长因子等，但不同的微生物对营养物质的需求是不一样的。因此，在配制培养基时，首先要考虑不同微生物的营养需求。如果是自养型的微生物则主要考虑无机碳源；异养型的微生物除主要提供有机碳源外，还要考虑加入适量的无机矿物质元素；有些微生物在培养时还需加入一定的生长因子，如在培养乳酸细菌时，要求在培养基中加入一些氨基酸和维生素等才能使其很好地生长。因此，必须视具体情况，根据微生物的特性和培养目标选择营养物质。

（2）注意营养物质的浓度及配比

只有培养基中营养物质的浓度合适时微生物才能生长良好。营养物质浓度过低时，不能满足微生物生长需要，浓度过高时则可能对微生物生长起抑制作用。如培养基中高浓度的糖类、无机盐、生长因子不仅不能促进微生物生长，反而会有抑制作用。另外，培养基中营养物质的配比也直接影响微生物的生长繁殖及代谢产物的积累，尤其是碳氮比（C/N）影响最明显，如细菌、酵母菌细胞的 C/N 为 5/1，而霉菌细胞 C/N 约为 10/1。

不同的微生物菌种要求不同的 C/N 比，同一菌种，在不同的生长时期也有不同的要求。一般在发酵工业，在配制发酵培养基时对 C/N 比的要求比较严格，因为 C/N 比例对发酵产物的积累影响很大。总之，培养基营养越丰富对菌体生长越有利，尤其是氮源要丰富。

（3）保证适宜的环境

培养基不仅要满足微生物所需的各种营养物质，还需要保证其他生活条件，如酸碱度、渗透压、pH 值等必须控制在一定范围内，才能满足不同微生物的生长繁殖或产生代谢产物。不同类型的微生物的生长繁殖或积累代谢产物的最适 pH 值条件各不相同。一般来说，大多数细菌的最适 pH 值在 7.0～8.0，放线菌要求 pH 值在 7.5～8.5，酵母要求 pH 值在 3.8～6.0，霉菌适宜的 pH 值在 4.0～5.8。另外，微生物在生长代谢过程中，由于营养物质被分解和代谢产物的形成与积累，可引起 pH 值的变化，对于大多数的微生物来说，主要是由于酸性产物使培养基 pH 值下降，这种变化往往影响微生物的生长和繁殖。所以在配制培养基中需加一些缓冲剂来维持培养基 pH 值的相对恒定。常用的缓冲剂有磷酸盐类或碳酸钙缓冲剂。

（4）培养基中原料的选择

配制培养基时，应尽量利用廉价且易获得的原料作为培养基的成分，特别是发酵工业中，培养基用量大，选择培养基的原料时，除了必须考虑容易被微生物利用以及满足工艺要求外，还应考虑经济价值。尤其是应尽量减少主粮的利用，采用以副产品代用原材料的方法。如微生物单细胞蛋白的生产中主要是以纤维水解物、废糖蜜等代替淀粉、葡萄糖等。大量的农副产品如麸皮、米糠、花生饼、豆饼、酒糟、酵母浸膏等都是常用的发酵工业培养基的原料。

2. 培养基的类型

（1）根据营养成分划分

① 天然培养基　天然培养基指利用天然的有机物配制而成的培养基，例如牛肉膏、麦芽汁、豆芽汁、麦曲汁、马铃薯、玉米粉、麸皮、花生饼粉等制成的培养基。天然培养基的特点是配制方便、营养全面而丰富、价格低廉，适合于各类异养微生物生长，并适于大规模培养微生物之用。缺点是成分复杂，不同单位生产或同一单位不同批次所提供的产品成分都

不稳定，一般自养型微生物不能在这类培养基上生长。

② 合成培养基　合成培养基是由化学成分完全了解的物质配制而成的培养基，也称化学限定培养基，如高氏1号培养基和查氏培养基就属于此种类型。此类培养基优点是成分精确、重复性较强，一般用于实验室进行营养代谢、分类鉴定和菌种选育等工作。缺点是配料复杂，微生物在此类培养基上生长缓慢、成本较高，不适宜用于大规模的生产。

③ 半合成培养基　用一部分天然的有机物作为碳源、氮源及生长因子等物质，并适当补充无机盐类，这样配制的培养基称为半合成培养基，如实验室中使用的马铃薯蔗糖培养基属于半合成培养基。此类培养基用途最广，大多数微生物都能在此类培养基上生长。

（2）根据物理状态来划分

① 液体培养基　把各种营养物质溶于水中，混合制成水溶液，调节适当的pH值，成为液体状的培养基质。液体培养基培养微生物时，通过搅拌可以增加培养基的通气量，同时使营养物质分布均匀，有利于微生物的生长和积累代谢产物。常用于大规模工业化生产和实验室观察微生物生长特征及应用方面的研究。

② 固体培养基　在液体培养基中加入一定量的凝固剂，如琼脂（1.5%～2.0%）、明胶等煮沸冷却后，使其凝成固体状态。常作为观察、鉴定、活菌计数和分离纯化微生物的培养基。

③ 半固体培养基　在液体培养基中加入少量的凝固剂（0.5%～0.8%的琼脂）则成半固体状的培养基。常用来观察微生物的运动特征、分类鉴定及噬菌体效价滴定等。

（3）根据用途划分

① 加富培养基　根据某种微生物的生长要求，加入有利于这种微生物生长繁殖而不适合其他微生物生长的营养物质配制而成的培养基，这种培养基称为增殖培养基或加富培养基。这种培养基常用于菌种分离筛选。

② 鉴别培养基　根据微生物代谢特点，通过指示剂的显色反应，以鉴定不同种类的微生物的培养基，称为鉴别培养基。

③ 选择培养基　用来将某种微生物从混杂的微生物群体中分离出来的培养基。根据不同种类微生物的特殊营养要求或对某种化学物质的敏感性不同，在培养基中加入特殊的营养物质或化学物质以抑制杂菌的生长，而促进某种待分离菌的生长，这类培养基叫选择培养基。

二、微生物的营养

微生物同其他生物一样都是具有生命的，需要从生活环境中吸收所需的各种营养物质来合成细胞物质和提供机体进行各种生理代谢所需的能量，使机体能进行生长与繁殖。微生物从环境中吸收营养物质并加以利用的过程即称为微生物的营养。营养物质是微生物进行各种生理活动的物质基础。

1. 微生物的基本营养

根据对各类微生物细胞物质成分的分析，发现微生物细胞的化学组成和其他生物相比较，没有本质上的差别。微生物细胞平均含水分80%，其余20%左右为干物质。在干物质中有蛋白质、核酸、碳水化合物、脂类和矿物质等。这些干物质主要是由碳、氢、氧、氮、磷、硫、钾、钙、镁、铁等化学元素组成，其中碳、氢、氧、氮是组成有机物质的四大元素，占干物质的 $90\%\sim97\%$，其余的 $3\%\sim10\%$ 是矿物质元素（表 3-1）。除上述磷、硫、钾、钙、镁、铁外，还有一些含量极的钼、锌、锰、硼、钴、碘、镍、钒等微量元素。这些矿质元素对微生物的生长也起着重要的作用，但微生物细胞的化学组成随种类、培养条件及菌龄的不同在一定的范围内发生改变。

表 3-1　微生物细胞中主要化学元素的含量（干物质重）

微生物种类	元素/%			
	C	N	H	O
细菌	50	15	8	20
酵母菌	50	12	7	31
霉菌	48	5	7	40

组成微生物细胞的化学元素来自微生物生存所需要的营养物质，即微生物生长所需的营养物质应该包含组成细胞的各种化学元素。营养物质按照在机体中的生理作用不同，可分成水、碳源、氮源、无机盐和生长因子五大类。

（1）水

水是微生物细胞的主要组成成分，占鲜重的 $70\%\sim90\%$。不同种类微生物细胞含水量不同。同种微生物处于发育的不同时期或不同的环境其水分含量也有差异，幼龄菌含水量较多，衰老和休眠体含水量较少（表 3-2）。微生物所含水分以游离水和结合水两种状态存在，两者的生理作用不同。结合水不具有一般水的特性，不能流动、不易蒸发、不冻结、不能作为溶剂、不能渗透。游离水则与之相反，具有一般水的特性，能流动，容易从细胞中排出，并能作为溶剂，帮助水溶性物质进出细胞。微生物细胞游离态的水同结合态的水的平均比大约是 $4:1$。

表 3-2　各类微生物细胞中的含水量

微生物类型	细菌	霉菌	酵母菌	芽孢	孢子
水分含量/%	75~85	85~90	75~80	40	38

微生物细胞中的结合态水约束于原生质的胶体系统之中，成为细胞物质的组成成分，是微生物细胞生活的必要条件。游离态的水是细胞吸收营养物质和排出代谢产物的溶剂及生化反应的介质；一定量的水分又是维持细胞渗透压的必要条件。由于水的比热高，故能有效地吸收代谢过程中产生的热量，使细胞温度不致骤然升高，能有效地调节细胞内的温度。微生物如果缺乏水分，则会影响代谢作用的进行。

（2）碳源

凡是可以被微生物用来构成细胞物质或代谢产物中碳素来源的物质通称碳源。碳源通过机体内一系列复杂的化学变化被用来构成细胞物质或提供机体完成整个生理活动所需要的能量。因此，碳源通常也是机体生长的能源。能作为微生物生长的碳源的种类极其广泛，既有简单的无机含碳化合物 CO_2 和碳酸盐等，也有复杂的天然的有机含碳化合物，包括糖和糖的衍生物、脂类、醇类、有机酸、烃类、芳香族化合物以及其他各种含碳的化合物。但是微生物不同，利用这些含碳化合物的能力也不相同。

目前在微生物发酵工业中，常根据不同微生物的需要，利用各种农副产品如玉米粉、米糠、麦麸、马铃薯、甘薯以及各种野生植物的淀粉，作为微生物生产的廉价碳源。

（3）氮源

微生物细胞中含氮 $5\%\sim15\%$，是微生物细胞蛋白质和核酸的主要成分。微生物利用氮源在细胞内合成氨基酸，并进一步合成蛋白质、核酸等细胞成分。因此，氮素对微生物的生长发育有着重要的意义。无机氮源一般不用作氮源，只有少数化能自养细菌能利用铵盐、硝酸盐作为机体生长的氮源与能源。

对于许多微生物来说，通常可以利用无机含氮化合物作为氮源，也可以利用有机含氮化合物作为氮源。许多腐生型细菌、肠道菌、动植物致病菌一般都能利用铵盐或硝酸盐作为氮源。大肠杆菌、产气杆菌、枯草杆菌、铜绿假单胞菌等都可以利用硫酸铵、硝酸铵作为氮源。放线菌可以利用硝酸钾作为氮源。霉菌可以利用硝酸钠作为氮源等。

在实验室和发酵工业中，常用的有机氮源有牛肉膏、蛋白胨、酵母膏、鱼粉、黄豆饼粉、花生饼粉、玉米浆等。

（4）无机盐

无机盐是微生物生长必不可少的一类营养物质，也是构成微生物细胞结构物质不可缺少的成分。许多无机矿物质元素在机体中的生理作用有参与酶的合成或酶的激活剂，并具有调节细胞的渗透压，控制细胞的氧化还原电位和作为有些自养型微生物生长的能源物质等。根据微生物对矿物质元素需要量的不同，将其分为大量元素和微量元素。

大量矿物质元素是磷、硫、钾、钠、钙、镁、铁等。磷和硫需要量最大，磷在微生物生长与繁殖过程中起着重要的作用，既是合成核酸、核蛋白、磷脂与其他含磷化合物的重要元素，也是许多酶与辅酶的重要元素。硫是胱氨酸、半胱氨酸、甲硫氨酸的组成元素之一。钠、钙、镁等是细胞中某些酶的激活剂。

微量元素是锌、钼、锰、钴、硼、碘、镍、铜、钒等，这些元素一般是参与酶蛋白的组成，或者能使许多酶活化，会大大提高机体的代谢能力。如果微生物在生长过程中，缺乏这些元素，会导致机体生理活性降低或导致生长过程停止。微量元素通常混杂存在其他营养物质中，如果没有特殊原因，在配制培养基的过程中没有必要另外加入，过量的微量元素反而会对微生物起到毒害作用。

（5）生长因子

生长因子通常指那些微生物生长所必需而且需要量很小的，是微生物维持正常生命活动所不可缺少的、微量的特殊有机营养物。这些物质微生物自身不能合成，必须在培养基中加入，缺少这些生长因子新陈代谢就不能正常进行。

生长因子是指维生素、氨基酸、嘌呤、嘧啶等特殊有机营养物。而狭义的生长因子仅指维生素。这些微量营养物质被微生物吸收后，一般不被分解，而是直接参与或调节代谢反应。

2. 微生物的营养类型

由于各种微生物的生活环境和对不同营养物质的利用能力不同，营养需要和代谢方式也不尽相同。根据微生物所要求的碳源不同（无机碳化合物或有机碳化合物），可以分为自养微生物和异养微生物两大类。自养微生物一般都以 CO_2 为唯一的碳源，能够在完全无机的环境中生长；而异养微生物的生长则至少需要有一种有机物存在，不能以 CO_2 作为唯一的碳源。

根据微生物所利用的能源不同，又可将微生物分为两种能量代谢类型。一种是吸收光能来维持其生命活动的，称为光能微生物；另一类是用吸收的营养物质降解产生化学能，称为化能微生物。

将以上两种分类方法结合起来，可以把微生物的营养类型归纳为光能自养型、化能自养型、光能异养型和化能异养型四种类型。

（1）光能自养型微生物

这类微生物利用光作为生长所需要的能源，以 CO_2 作为碳源。光能自养微生物都含有光合色素，能够进行光合作用。但是必须注意，光合细菌的光合作用与高等绿色植物的光合作用有所区别。在高等绿色植物的光合作用中，水是同化 CO_2 时的还原剂，同时释放出氧。而在光合细菌中，则是以 H_2S、$Na_2S_2O_3$ 等无机化合物作为供氢体来还原 CO_2，从而合成细胞有机物。例如绿硫细菌以 H_2S 为供氢体，光合作用可以概括为：

$$CO_2 + 2H_2S \xrightarrow[\text{细胞叶绿素}]{\text{光能}} [CH_2O] + 2S + H_2O$$

（2）化能自养型微生物

这类微生物的能源来自无机物氧化所产生的化学能，碳源是 CO_2 或碳酸盐。常见的化能自养微生物有硫化细菌、硝化细菌、氢细菌、铁细菌、一氧化碳细菌和甲烷氧化细菌等，分别以硫和还原态硫化物、氨和亚硝酸、氢、二价铁、一氧化碳和甲烷作为能源。

硝化细菌在自然界的氮素循环中起着重要作用，使自然界中的氨转化为亚硝酸、硝酸，提高了土壤的肥力。

硫化细菌可用来处理矿石，浸出一些金属矿物，这样的处理方法被叫作湿法冶金。在农业上，硫化细菌被用来改造碱性土壤。

化能自养微生物一般需消耗 ATP，促使电子沿电子传递链逆向传递，以取得固定 CO_2 时所必需的 NADH 与 H^+。因此这类菌的生长较为缓慢。

（3）光能异养型微生物

这类微生物利用光作为能源，不能在完全无机的环境中生长，需利用有机化合物作为供氢体来还原 CO_2，合成细胞有机物质。

（4）化能异养型微生物

这类微生物所需要的能源来自有机物氧化所产生的化学能，只能利用有机化合物，如淀粉、纤维素、有机酸等。因此有机碳化物对这类微生物来说既是碳源也是能源，氮素营养可以是有机物如蛋白质，也可以是无机物如硝酸铵等。化能异养微生物又可分为腐生的和寄生的两类。前者是利用无生命的有机物，而后者则是寄生在活的有机体内，从寄主体内获得营养物质。在腐生和寄生之间存在着不同程度的既可腐生又可寄生的中间类型，称为兼性腐生或兼性寄生。

化能异养微生物的种类和数量有很多，包括绝大多数细菌、放线菌和几乎全部真菌。因此，与人类的关系也非常密切，研究和应用也最多。

以上四大营养类型的划分在自然界中并不是绝对的，存在着许多过渡类型。因此，在实践中要全面分析。

3. 微生物对营养的吸收方式

外界环境或培养基中的营养物质只有被微生物吸收到细胞内，才能被微生物逐步分解与利用。微生物对营养物质的吸收是借助于细胞膜的半渗透特性及其结构特点，以不同的方式来吸收营养物质和水分的。但不同的物质对细胞膜的渗透性不一样，根据对细胞膜结构以及物质传递的研究，目前一般认为营养物质主要以单纯扩散、促进扩散、主动运输和基团转位四种方式透过微生物细胞膜。

(1) 单纯扩散

在微生物营养物质的吸收方式中，单纯扩散是通过细胞膜进行内外物质交换最简单的一种方式。营养物质由微生物通过分子不规则运动通过细胞膜中的小孔进入细胞，其特点是物质由高浓度的细胞外向低浓度的细胞内扩散（浓度梯度），这是一种单纯的物理扩散作用。一旦细胞膜内外的物质浓度达到平衡（即浓度梯度消失），简单扩散就达到动态平衡。但实际上，进入微生物细胞的物质不断地被生长代谢所利用，浓度不断降低，细胞外的物质不断地进入细胞内。这种扩散是非特异性的，没有运载蛋白质（渗透酶）的参与，也不与膜上的分子发生反应，本身的分子结构也不发生变化，但膜上的小孔的大小和形状对被扩散的营养物质分子大小有一定的选择性。由于单纯扩散不需要能量的作用，因此，物质不能进行逆浓度交换。单纯扩散的物质主要是一些小分子的物质，如水、一些气体（O_2，CO_2）、有些无机离子及水溶性的小分子物质（甘油、乙醇等）。

(2) 促进扩散

促进扩散也是一种物质运输方式，与单纯扩散的方式相类似，营养物质在运输过程中不需要能量，物质本身在分子结构上也不会发生变化，不能进行逆浓度运输，运输的速率随着细胞内外该物质浓度差的缩小而降低，直至膜内外的浓度差消失，从而达到动态平衡。所不同的是，这种物质运输方式需要借助于细胞膜上的一种称为渗透酶的特异性蛋白（运载营养物质）参与物质的运输，这样就加快了营养物质的透过速度，以满足微生物细胞代谢的需要。而且每种渗透酶只运输相应的物质，即对被运输的物质有高度的专一性。

(3) 主动运输

如果微生物仅依靠单纯扩散和促进扩散这两种从高浓度到低浓度的扩散方式来吸收营养物质，这样微生物就不能吸收低于细胞内浓度的外界营养物质，生长代谢就会受到限制。实际上微生物细胞中的有些物质以高于细胞外的浓度在细胞内积累。如大肠杆菌在生长期中，细胞中的钾离子浓度比细胞外环境高许多倍；以乳糖为碳源的微生物，细胞内的乳糖浓度比细胞外高 500 多倍。可见主动运输的特点是营养物质由低浓度向高浓度进行，是逆浓度梯度的。因此这种物质的运输过程不仅需要渗透酶，还需要代谢能量（ATP）的参与。目前研究得比较深入的是大肠杆菌对乳糖的吸收，其细胞膜的渗透酶为 β-半乳糖苷酶，该酶可以在细胞内外特异性地与乳糖结合（在膜内结合程度比膜外小），在代谢能量（ATP）的作用下，酶蛋白构型发生变化而使乳糖到达膜内，并在膜内降低其对乳糖的亲和力而在膜内释放出来，从而实现乳糖由细胞外的低浓度向细胞内的高浓度运输。

(4) 基团转位

在微生物对营养物质的吸收过程中，还有一种特殊的运输方式——基团转位。这种方式除了具有主动运输的特点外，主要是被运输的物质改变了其本身的性质，有些化学基团被转移到被运输的营养物质上。如许多的糖及糖的衍生物在运输中被细菌的磷酸酶系统催化，使其磷酸化，这样磷酸基团被转移到糖分子上，以磷酸糖的形式进入细胞。

基团转位可转运葡萄糖、甘露糖、果糖、β-半乳糖苷以及嘌呤、嘧啶、乙酸等，但不能运输氨基酸，这个运输系统主要存在于兼性厌氧菌和厌氧菌中。也有研究表明，某些好氧菌，如枯草杆菌和巨大芽孢杆菌也利用磷酸转移酶系统将葡萄糖运输到细胞内。

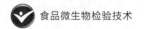

三、微生物的生长

1. 微生物生长与繁殖

微生物在适宜的条件下，不断从周围环境中吸收营养物质，并转化为细胞物质的组分和结构，同化作用的速度超过了异化作用，使个体细胞质量和体积增加，称为生长。单细胞微生物，如细菌个体细胞增大是有限的，体积增大到一定程度就会分裂，分裂成两个大小相似的子细胞，子细胞又重复上述过程，使细胞数目增加，称为繁殖。单细胞微生物的生长实际是以群体细胞数目的增加为标志的。霉菌和放线菌等丝状微生物的生长主要表现为菌丝的伸长和分枝，其细胞数目的增加并不伴随着个体数目的增多而增加。因此，其生长通常以菌丝的长度、体积及重量的增加来衡量，只有通过形成无性孢子或有性孢子使其个体数目增加才叫繁殖。生长与繁殖的关系是：

个体生长→个体繁殖→群体生长

群体生长＝个体生长＋个体繁殖

除了特定的目的以外，在微生物的研究和应用中只有群体的生长才有实际意义，因此，在微生物学中提到的"生长"均指群体生长。这一点与研究高等生物时有所不同。

微生物生长繁殖是内外各种环境因素相互作用下的综合反映，生长繁殖情况可以作为研究各种生理生化和遗传等问题的重要指标。同时，微生物在生产实践上的各种应用或对致病、霉腐微生物、引起食品腐败的微生物的控制，也都与微生物生长繁殖和抑制紧密相关。下面对微生物的生长繁殖及其控制的规律作较详细的介绍。

2. 微生物生长量的测定方法

研究微生物生长的对象是群体，那么测定微生物生长繁殖的方法既可以选择测定细胞数量，也可以选择测定细胞生物量。

（1）细胞数量的测定

① 稀释平板菌落计数法　该方法是一种最常用的活菌计数法。在大多数的研究和生产活动中，人们往往更需要了解活菌的生长情况。从理论上讲，在高度稀释条件下每一个活的单细胞均能繁殖成一个菌落，从而可以用培养的方法使每个活细胞生长成一个单独的菌落，并通过长出的菌落数去推算菌悬液中的活菌数，因此菌落数就是待测样品所含的活菌数。此法所得到的数值往往比直接法测定的数值小。

② 血细胞计数板法　血细胞计数板是一块特制的载玻片，计数是在计数室内进行的，即将一定稀释度的细胞悬液加到固定体积的计数器小室内，在显微镜下观测小室内细胞的个数，计算出样品中细胞的浓度。稀释浓度以计数室中的小格含有 4～5 个细胞为宜。由于计数室的体积是一定（0.1mL）的，这样可根据计数得到数值，算出单位体积菌液内的菌体总数。但一般情况下，要取一定数量的计数室进行计数，在算出计数室的平均菌数后，再进行计算。这种方法的特点是测定简便、直接、快速，但测定的对象有一定的局限性，只适合于个体较大的微生物种类，如酵母菌、霉菌的孢子等。此外，测定结果是微生物个体的总数。

③ 液体稀释培养法　对未知菌样作连续 10 倍系列稀释。根据估计数，从最适宜的 3 个连续 10 倍稀释液中各取 5mL 试样，接种到 3 组共 15 支装有培养液的试管中（每管接入 1mL）。经培养后，记录每个稀释度出现生长的试管数，然后查 MPN（most probable number）表，再根据样品的稀释倍数就可以算出其中的活菌量。该法常用于食品中微生物的检测，例如饮用水或牛奶的微生物限量检查。

④ 比浊法　在细菌培养生长过程中，由于细胞数量的增加，会引起培养物混浊度的增高，使光线透过量降低。在一定浓度范围内，悬液中细胞的数量与透光量成反比，与光密度成正比。某一未知浓度的菌液只要在透射光下用肉眼与某一比浊管进行比较，如果两者透光度相当，即可推算出该菌液的大致浓度。

（2）细胞生物量的测定

① 称干重法　该法用于测定单位体积培养物中细菌的干质量。该法要求培养物中没有除菌体外的固体颗粒，对单细胞及多细胞均适用。可用离心法或过滤法测定，一般菌体干重为湿重的 $10\%\sim20\%$。在离心法中，将待测培养液放入离心管中，用清水离心洗涤 $1\sim5$ 次后，进行干燥。干燥温度可采用 $100℃$、$105℃$ 或红外线烘干，也可在较低的温度（$80℃$ 或 $40℃$）下进行真空干燥，然后称干重。

② 总氮量测定　大多数细菌的含氮量为其干重的 12.5%，酵母菌为 7.5%，霉菌为 6.0%。根据其含氮量再乘以 6.25（蛋白质系数），即可测得粗蛋白的含量（其中包括杂环氮和氧化型氮），然后再换算成生物量。

③ 代谢活动法　从细胞代谢产物来估算，在有氧发酵中，CO_2 是细胞代谢的产物，与微生物生长密切相关。在全自动发酵罐中大多采用红外线气体分析仪来测定发酵产生的 CO_2 量，进而估算出微生物的生长量。

3. 微生物生长规律

（1）微生物群体的生长规律

根据对某些单细胞微生物在封闭式容器中进行分批（纯）培养的研究，发现在适宜条件下，不同微生物的细胞生长繁殖有严格的规律性。将少量单细胞微生物纯菌种接种到新鲜的液体培养基中，在最适条件下培养，在培养过程中定时测定细胞数量，以细胞数的对数为纵坐标，时间为横坐标，可以画出一条有规律的曲线，这就是微生物的生长曲线。严格地说，生长曲线应称为繁殖曲线，因为单细胞微生物，如细菌等都以细菌数增加作为生长指标。这条曲线代表了细菌在新的适宜环境中生长繁殖至衰老死亡的动态变化。根据微生物生长繁殖速度的不同可将其分为四个时期（见图3-7）。

① 适应期（延滞期）　微生物接种到新的培养基中，一般不立即进行繁殖，生长速率常数为零，需要经一段时间自身调整，诱导合成必要的酶、辅酶或合成某些中间代谢产物。此时，细胞重量增加、体积增大，但不分裂繁殖，细胞长轴伸长、细胞质均匀、DNA 含量高，对外界不良条件的反应敏感。

在发酵工业为提高生产效率，除了选择合适的菌种外，常要采取措施缩短延滞期。其主要方法有：以对数期的种子接种，因对数期的菌种生长代谢旺盛、繁殖力强，则子代培养期的适应期就短；适当增加接种量，生产上接种量的多少是影响延滞期的一个重要因素，接种量大，延滞期短，反之则长。一般采用 $3\%\sim8\%$ 的接种量，根据不同的微生物及生产具体情况而定，一般不超过 10% 的接种量。培养基成分同样也是一个重要因素，在发酵生产中，常采用发酵培养的成分与种子培养基的成分相近，因为微生物生长在营养丰富的天然培养基中要比生长在营养单调的合成培养基中延滞期短。

适应期的出现，可能是微生物刚被接种到新鲜培养基中，一时还缺乏分解或催化有关底

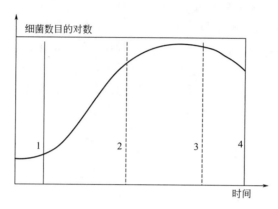

图 3-7　细菌的生长曲线
1—适应期；2—对数生长期；3—稳定期；4—衰亡期

物的酶，或是缺乏充足的中间代谢产物，为产生诱导或合成有关的中间代谢物，就需要有一个适应过程，于是就出现了生长的延滞。

② 对数生长期（指数生长期）　对数生长期是指在生长曲线中，紧接着延滞期后的一段时期。此时的菌体通过对新的环境适应后，细胞代谢活性最强、生长旺盛、分裂速度按几何级数增加，群体形态与生理特征最一致，抵抗不良环境的能力最强。其生长曲线表现为一条上升的直线。

在对数生长期，每一种微生物的传代时间（细胞每分裂一次所需要的时间）是一定的，这是微生物菌种的一个重要特征。不同微生物菌体其对数生长期中的传代时间不同；同一种微生物在不同培养基组分和不同环境条件下，如不同培养温度、培养基 pH 值、营养物性质等，传代时间也不同。但每种微生物在一定条件下，其传代时间是相对稳定的。繁殖最快的传代时间只有 9.8min 左右，最慢的传代时间长达 33h，多数种类传代时间为 20～30min，如表 3-3。

表 3-3　几种细菌在最适条件下生长的传代时间

细菌	培养基	温度/℃	传代时间/min
漂浮假单胞菌	肉汤	27	9.8
大肠杆菌	肉汤	37	17
乳酸链球菌	牛乳	37	26
金黄色葡萄球菌	肉汤	37	27～30
枯草芽孢杆菌	肉汤	25	26～32
嗜酸乳杆菌	牛乳	37	66～87
嗜热芽孢杆菌	肉汤	55	18.3
大豆根瘤菌	葡萄糖	25	344～461

影响微生物对数期传代时间的因素很多，主要有：菌种、营养成分、营养物浓度、培养温度。

③ 稳定期（最高生长期）　在一定溶剂的培养基中，由于微生物经对数生长期的旺盛生长后，某些营养物质被消耗，有害代谢产物积累以及 pH 值、氧化还原电位、无机离子浓度

等变化，限制了菌体继续高速度增殖，初期细菌分裂间隔的时间开始延长，曲线上升逐渐缓慢。随后，部分细胞停止分裂，少数细胞开始死亡，使新增殖的细胞数与老细胞死亡数几乎相等，处于动态平衡，细菌数达到最高水平，接着死亡数超过新增殖数，曲线出现下降趋势。这时，细胞内开始积累贮藏物质如肝糖原、异染颗粒、脂肪粒等，大多数芽孢细菌在此时形成芽孢。同时，发酵液中细菌的产物的积累逐渐增多，是发酵目的产物生成的重要阶段。

稳定期是以生产菌体或菌体生长相平行的代谢产物为主的。因为稳定期的微生物在数量上达到了最高水平，产物的积累也达到了高峰，所以是发酵生产的最佳收获期，例如以单细胞蛋白、乳酸等为目的一些发酵生产。稳定期也是对某些生长因子进行生物测定的必要前提，如维生素和氨基酸。

④ 衰亡期 稳定期后营养物质消耗殆尽及环境恶化不适合细菌的生长，细胞生活力衰退，死亡率增加，以致细胞死亡数大大超过新生数，细菌总数急剧下降，这时期称为衰亡期。这个时期细胞常出现畸形以及液泡，有许多菌在衰亡期后期常产生自溶现象，使工业生产下游处理过滤困难。产生衰亡期的原因主要是外界环境对继续生长的细菌越来越不利，从而引起细菌细胞内的分解代谢大大超过合成代谢，导致菌体死亡。

（2）细菌的个体生长与同步生长

在分批培养中，细菌群体以一定速率生长，但所有细胞并非同时进行分裂，即使培养中的细胞处于同一生长阶段，生理状态和代谢活动也不完全一样。要研究每个细胞所发生的变化是很困难的。为了解决这一问题，就必须设法使微生物群体处于同一发育阶段，使群体和个体行为变得一致，所有的细胞都能同时分裂。因而发展了单细胞的同步培养技术，即设法使群体中的所有细胞尽可能都处于同样细胞生长和分裂周期中，然后分析此群体的各种生物化学特征，从而了解单个细胞所发生的变化。

获得细菌同步培养的方法主要有两类：其一是通过调整环境条件来诱导同步性，如通过变换温度、光线或对处于稳定期的培养物添加新鲜培养基等来诱导同步；其二是选择法（又称机械法），是利用物理方法从不同步的细菌群体中筛选出同步的群体，一般可用过滤分离法或梯度离心法来达到。在这两种方法中，由于诱导法可能导致与正常细胞循环周期不同的周期变化，所以不及选择法好，这在生理学研究中尤其明显。

值得注意的是，同步生长的细菌，在培养的过程中会很快丧失其同步性。例如，在第一个细胞分裂周期中，开始细胞数一直不增加，到后来，数目突然增加一倍。在第二个分裂周期时，情况就没有那么明显了，到第三个周期时，几乎完全丧失同步性。其原因是不同个体间，细胞分裂周期一般都有较大的差别。

（3）微生物连续培养法

微生物连续培养法是相对于分批培养的方法。在分批培养中，培养基是一次性加入，不再补充，随着微生物的生长繁殖活跃，营养物质逐渐消耗，有害代谢产物不断积累，细菌的对数生长期不可能长时间维持。连续培养是在研究生长线的基础上，认识到了稳定期到来的原因，采取在培养器中不断补充新鲜营养物质，并搅拌均匀；另一方面，及时不断地以同样速度排出培养物（包括菌体和代谢产物）。这样，培养物就达动态平衡，其中的微生物可长期保持在对数期的平衡生长状态和稳定的生长速率上。此法是目前发酵工业的发展方向。

连续培养的方法主要有恒浊连续培养和恒化连续培养两类。

① 恒浊连续培养 用浊度计来检测培养液中菌液浓度，使培养液中细菌的浓度恒定的

培养方法称为恒浊培养。所涉及的培养和控制装置称为恒浊器。当恒浊器中浊度超过预期数值时，可促使培养液流速加快，使浊度下降；浊度计低于预期数值时，流速减慢，使浊度增加。这种方法可自动地进行控制，使培养物维持一定的浊度。浊度下降，表明体系中有丰富营养物质，浊度的改变是培养物中的菌体数量变化的标志。

在恒浊器中通过控制培养液的流速，从而获得密度高、生长速度恒定的微生物细胞的连续培养液。微生物在恒浊器中，始终能以最高生长速率进行生长，并可在允许范围内控制不同的菌体密度。在生产实践上，为了获得大量菌体或与菌体生长相平行的某些代谢产物如乳酸、乙醇时，可以采用恒浊法。

② 恒化连续培养 保持恒定的流速，使培养器内营养物质的浓度基本恒定，使细菌生长所消耗的物质及时得到补充，从而维持细菌恒定的生长速率的一种连续培养方法称为恒化培养。当营养物浓度偏高时，并不影响微生物的生长速度，而当营养物浓度较低时，则影响菌体生长速度，而且在一定范围内，生长速率与营养物浓度成正比关系。营养物质浓度的确定往往是将培养基中的一种微生物生长所必需的营养物控制在较低的浓度下，作为限制生长的因子，其他营养物是过量的。通过控制生长因子的浓度，来保持菌体恒定的生长速率。常用的限制性生长因子一般是氮源、碳源、无机盐或其他生长因子等。

连续培养如用于发酵工业中，就称为连续发酵。连续发酵与分批发酵相比有许多优点：a. 高效，简化了装料、灭菌、出料、清洗发酵罐等许多单元操作，从而减少了非生产时间和提高了设备的利用率。b. 自控，便于利用各种仪表进行自动控制。c. 产品的质量较稳定。d. 节约了大量动力、人力、水和蒸汽，且使水、气、电的负荷均匀合理。

连续培养或连续发酵也有一定的缺点，最主要的缺点是菌种易于退化，处于长期高速繁殖下的微生物，即使其自发突变率极低，也无法避免变异的发生。首先易发生比原生产菌株生长速率更高、营养要求低和代谢产物少的负变类型；其次是易受杂菌污染，在长期运转中，要保持各种设备无渗漏，尤其是通气系统不出任何故障，是极其困难的。因此，连续培养是有时间限制的，一般可达数月至一两年。此外，在连续培养中，营养物质的利用率一般也低于分批培养。

(4) 影响微生物生长的环境因素

影响微生物生长的外界因素很多，除了营养物质，还有许多物理、化学因素。当环境条件的改变在一定限度内，可引起微生物形态、生理、生长、繁殖等特征的改变；当环境条件的变化超过一定极限时，则导致微生物的死亡。研究环境条件与微生物之间的相互关系，有助于了解微生物在自然界的分布与作用，也可指导人们在食品加工过程中有效地控制微生物的生命活动，保证食品的安全性，延长食品的货架期。

影响微生物生长的环境因素主要是温度、水、pH 值、氧气等。

① 温度 温度是影响微生物生长繁殖最重要的因素之一。在一定温度范围内，机体的代谢活动与生长繁殖随着温度的上升而增加，当温度上升到一定程度，开始对机体产生不利的影响，如再继续升高，则细胞功能急剧下降以致死亡。与其他生物一样，任何微生物的生长温度尽管有高有低，但总有最低生长温度、最适生长温度和最高生长温度这三个重要指标，这就是生长温度的三个基本点。

最低生长温度是指微生物能进行繁殖的最低温度界限 处于这种温度条件下的微生物生长速率很低，如果低于此温度则生长完全停止。

最适生长温度是指某微生物分裂的世代时间最短或生长速率最高时的培养温度 但是，

同一微生物、不同的生理生化过程有着不同的最适温度，也就是说，最适生长温度并不等于生长量最高时的培养温度，也不等于发酵速度最高时的培养温度或累积代谢产物量最高时的培养温度。因此，生产上要根据微生物不同生理代谢过程的特点，采用分段式变温培养或发酵。例如，嗜热链球菌的最适生长温度为37℃，最适发酵温度为47℃，累积产物的最适温度为37℃。

最高生长温度是指微生物生长繁殖的最高温度界限　在此温度下，微生物细胞易于衰老和死亡。微生物所能适应的最高生长温度与其细胞内酶的性质有关，例如细胞色素氧化酶以及各种脱氢酶的最低破坏温度常与该菌的最高生长温度有关。

微生物按其生长温度范围可分为低温型微生物、中温型微生物和高温型微生物三类，见表3-4。

表 3-4　不同温型微生物的生长温度范围

微生物类型		生长温度范围/℃			分布的主要处所
		最低	最适	最高	
低温型	专性嗜冷	−12	5～15	15～20	两极地区
	兼性嗜冷	−5～0	10～20	25～30	海水及冷藏食品上
中温型	室温	10～20	20～35	40～45	腐生环境
	体温	10～20	35～40	40～45	寄生环境
高温型		25～45	50～60	70～95	温泉、堆肥、土壤

a. 低温型微生物　低温型微生物又称嗜冷微生物，可在较低的温度下生长，常分布在地球两极地区的水域和土壤中，即使在极微小的液态水中也有此类微生物的存在。常见的产碱杆菌属、假单胞菌属、黄杆菌属、微球菌属等常使冷藏食品腐败变质。有些肉类上的霉菌在−10℃仍能生长，如芽枝霉；荧光极毛菌可在−4℃生长，并造成冷冻食品腐败变质。

低温也能抑制微生物的生长。在0℃以下，菌体内的水分冻结，生化反应无法进行而停止生长。有些微生物在冰点下就会死亡，主要原因是细胞内水分变成了冰晶，造成细胞脱水或细胞膜的物理损伤。因此，生产上常用低温保藏食品。各种食品的保藏温度不同，分为寒冷温度、冷藏温度和冻藏温度。

寒冷温度，指在室温（14～15℃）和冷藏温度之间的温度。嗜冷微生物能在这一温度范围内生长，但生长比较缓慢，保藏食品的有效期较短，一般仅适宜于保藏果蔬食品。冷藏温度，指在0～5℃。在这一温度范围内，微生物的生命活动已显著减弱，可用于储存果蔬、鱼肉、禽蛋、乳类等食品。冻藏温度，指低于0℃以下的温度。在−18℃以下的温度几乎可阻止所有微生物的生长。在冻藏温度下可以较长期地保藏食品。

b. 中温型的微生物　绝大多数微生物属于中温型，最适生长温度在20～40℃，最低生长温度10～20℃，最高生长温度40～45℃，又可分为嗜室温和嗜体温型微生物。嗜体温型微生物多为人及温血动物的病原菌，生长的极限温度范围在10～45℃，最适生长温度与其宿主体温相近，在35～40℃，人体寄生菌为37℃左右。引起人和动物疾病的病原微生物、发酵工业应用的微生物菌种以及导致食品原料和成品腐败变质的微生物，都属于这一类群的微生物。因此，中温型的微生物与食品工业的关系最为密切。

c. 高温型微生物　适于在45～50℃以上的温度中生长，在自然界中的分布仅局限于某些地区，如温泉、日照充足的土壤表层、堆肥、发酵饲料等腐烂有机物中。堆肥中温度可达

60～70℃。能在 55～70℃ 中生长的微生物有芽孢杆菌属、梭状芽孢杆菌、嗜热脂肪芽孢杆菌、高温放线菌属、甲烷杆菌属等；其次是链球菌属和乳杆菌属。有的细菌可在近于 100℃ 的高温中生长，这类高温型的微生物，给罐头工业、发酵工业等的灭菌操作带来了一定难度。

② 水分活度与渗透压　水是微生物营养物质的溶剂，水分对维持微生物的正常生命活动是必不可少的。

水分活度（A_w）是用来表示微生物在天然环境或人为环境中实际利用游离水的含量，是指在相同条件下，密闭容器内该溶液的蒸气压（p）与纯水蒸气压（p_0）之比，即 $A_w = p/p_0$。纯水的 $A_w = 1$，各种微生物在 A_w 为 0.63～0.99 的培养条件下生长。

微生物必须在较高的 A_w 环境中生长繁殖，A_w 太低时，微生物生长迟缓、代谢停止，甚至死亡。但不同的微生物，其生长的最适 A_w 不同，即最低的水分活度不同。如微生物的最低水分活度值见表 3-5。

表 3-5　一些微生物生长的最低水分活度值

微生物类群	最低水分活度值	微生物类群	最低水分活度值	微生物类群	最低水分活度值
细菌		霉菌		酵母菌	
大肠杆菌	0.935～0.960	黑曲菌	0.88	假丝酵母菌	0.94
沙门杆菌	0.945	灰绿曲菌	0.78	裂殖酵母	0.93
枯草芽孢杆菌	0.950				
盐杆菌	0.750				

细胞内溶质浓度与胞外溶质浓度相等时的状态，称为等渗状态；胞外溶液的溶质浓度高于胞内溶质浓度，则称为高渗溶液，能在此环境中生长的微生物，称为耐高渗微生物。当胞外溶质浓度很高时，细胞就会脱水，发生质壁分离，甚至死亡。盐渍（5%～30%食盐）和蜜饯（30%～80%糖）可以抑制或杀死微生物，这是一些常用食品保存法的依据。若胞外溶液的溶质浓度低于胞内溶质浓度，则称为低渗溶液，微生物在低渗溶液中，水分向胞内转移，细胞膨胀，甚至胀破。干燥环境条件下，多数微生物代谢停止，处于休眠状态，严重时引起脱水，蛋白质变性，甚至死亡。这是干燥条件能保存食品和物品，防止腐败和霉变的原理。同时，这也是微生物菌体保藏技术的依据之一。不同微生物在不同的生长时期对干燥环境的抵抗能力不同。酵母菌失去水后可保存数个月；产荚膜的菌比不产荚膜的菌对干燥环境的抵抗力强；小型、厚壁细胞的微生物比长型、薄壁细胞的微生物抗干燥环境能力强；芽孢、孢子抗干燥环境的能力比营养细胞强。

影响微生物对干燥抵抗力的因素较多。干燥时温度升高，微生物容易死亡；微生物在低温下干燥时，抵抗力强。因此干燥后存活的微生物若处于低温下，可用于保藏菌种。干燥的速度快，微生物抵抗力强；缓慢干燥时，微生物死亡多。微生物在真空干燥时，需加保护剂（血清、血浆、肉汤、蛋白胨、脱脂牛乳）于菌悬液中，分装在安瓿内，低温下可保持微生物长达数年甚至 10 年的生命力。

③ pH 值　微生物生长的 pH 值范围极广，一般 pH 值在 2～8，有少数种类还可超出这一范围。事实上，绝大多数种类都生长在 pH 值为 5～9。

不同的微生物都有其最适生长 pH 值和一定的 pH 值范围，即最高、最适与最低三个数值。在最适 pH 值范围内微生物生长繁殖速度快，在最低或最高 pH 值的环境中，微生物虽然能生存和生长，但生长非常缓慢而且容易死亡。一般霉菌能适应的 pH 值范围最大，酵母菌适应的范围较小，细菌最小。在发酵工业中，及时地调整发酵液的 pH 值，有利于积累代谢产物，是生产中一项重要措施。pH 值低时，加氢氧化钠、碳酸钠等碱中和；pH 值高时，加硫酸、盐酸等酸中和。

④ 氧气　氧气对微生物的生命活动有着重要影响。按照微生物与氧气的关系，可分为好氧菌和厌氧菌两大类。好氧菌中又分为专性好氧菌、兼性厌氧菌和微好氧菌；厌氧菌分为专性厌氧菌、耐氧菌。

a. 专性好氧菌　专性好氧菌要求必须在有分子氧的条件下才能生长，有完整的呼吸链，以分子氧作为最终氢受体，细胞有超氧化物歧化酶（SOD）和过氧化氢酶。绝大多数真菌和许多细菌都是专性好氧菌，如米曲霉、醋酸杆菌、荧光假单胞菌、枯草芽孢杆菌和蕈状芽孢杆菌等。

b. 兼性厌氧菌　兼性厌氧菌在有氧或无氧条件下都能生长，但有氧的情况下生长得更好。有氧时进行好氧呼吸产能，无氧时进行发酵或无氧呼吸产能，细胞含 SOD 和过氧化氢酶。许多酵母菌和许多细菌都是兼性厌氧菌，例如酿酒酵母、大肠杆菌和普通变形杆菌等。

c. 微好氧菌　微好氧菌只能在较低的氧分压 $[(0.01\sim0.03)\times101kPa$，正常大气压为 $0.2\times101kPa]$ 下才能正常生长的微生物。也通过呼吸链以氧为最终氢受体而产能。例如霍乱弧菌、一些氢单胞菌、拟杆菌属和发酵单胞菌属。

d. 专性厌氧菌　专性厌氧菌的特征是：分子氧存在对专性厌氧菌有毒，即使是短期接触空气，也会抑制其生长甚至使其死亡；在空气或含 $10\%CO_2$ 的空气中，在固体或半固体培养基的表面上不能生长，只能在深层无氧或低氧化还原势的环境下才能生长；其生命活动所需能量是通过发酵、无氧呼吸、循环光合磷酸化或甲烷发酵等提供。

e. 耐氧菌　一类可在分子氧存在时进行厌氧呼吸的厌氧菌，即生长不需要氧，但分子氧的存在也无毒害。耐氧菌不具有呼吸链，仅依靠专性发酵获得能量。细胞内存在 SOD 和过氧化物酶，但没有过氧化氢酶。一般乳酸菌多数是耐氧菌，如乳链球菌、乳酸乳杆菌、肠膜明串珠菌和粪链球菌等，乳酸菌以外的耐氧菌如雷氏丁酸杆菌。

绝大多数微生物都是好氧菌或兼性厌氧菌。厌氧菌的种类相对较少，但近年来已发现越来越多的厌氧菌。关于厌氧菌的氧毒害机理曾有学者提出过，直到 1971 年在提出 SOD 的学说后，有了进一步的认识。学者们认为，厌氧菌缺乏 SOD，因此易被生物体内产生的超氧物阴离子自由基毒害致死。

四、微生物的湿热灭菌

根据高温灭菌的方法不同，分为干热灭菌和湿热灭菌。在相同的温度下，湿热灭菌的效果比干热灭菌好，其原因有三：一是湿热中细菌菌体吸收水分，蛋白质含水量增加，所需凝固温度降低，蛋白质较易凝固；二是湿热的穿透力比干热大；三是湿热的蒸汽有潜热存在，每 1g 水在 100℃ 时，由气态变为液态时可放出 2.26kJ 的热量。这种潜热，能迅速提高被灭菌物体的温度，从而增加灭菌效力。

下面介绍几个有关的术语。

① 防腐　防腐是一种抑菌措施。利用一些理化因素使物体内外的微生物暂时处于不生长繁殖但又未死亡的状态。食品工业中常利用防腐剂防止食品变质，如面包、蛋糕和月饼的防霉剂；酸性食品用苯甲酸钠、山梨酸钾、山梨酸钠防腐或利用低温、干燥、盐腌和糖渍、

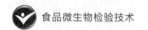

高酸度防腐等。

② 消毒 消毒是指杀死所有病原微生物的措施，可达到防止传染病的目的。例如将物体在100℃煮沸10min或60~70℃加热30min，就可杀死病原菌的营养体，但芽孢杀不死。食品加工厂的厂房和加工工具都要进行定期的消毒，操作人员的手也要进行消毒。具有消毒作用的物质称为消毒剂。

③ 灭菌 灭菌是指用物理或化学方法，使存在于物体中的所有活微生物永久性地丧失其生活力，包括耐热的细菌芽孢。这是一种彻底的杀菌方法。

④ 商业灭菌 这是从商品角度对某些食品所提出的灭菌方法。就是指食品经过杀菌处理后，按照所规定的微生物检验方法，在所检食品中无活的微生物检出，或者仅能检出极少数的非病原微生物，并且在食品保藏过程中，是不可能进行生长繁殖的，这种灭菌方法，就叫作商业灭菌。

在食品工业中，常用"杀菌"这个名词包括上述所称的灭菌和消毒。如牛奶的杀菌是指消毒；罐藏食品的杀菌，是指商业灭菌。

⑤ 无菌 即没有活的微生物存在的意思。例如，发酵工业中菌种制备的无菌操作技术、食品加工中的无菌罐装技术等。

不同微生物的生物学特性不同，因此，对各种理化因素的敏感性不同；同一因素不同剂量对微生物的效应也不同，或者起灭菌作用，或者起防腐作用。在了解和应用任何一种理化因素对微生物的抑制或致死作用时，还应考虑多种因素的综合效应。

1. 煮沸消毒法

物品在水中100℃煮沸15min以上，可杀死细菌的营养细胞和部分芽孢，如在水中加入1％碳酸钠或2％~5％石炭酸，则效果更好。这种方法适用于注射器、解剖用具等的消毒。人用注射器和手术器械在有条件的地方，一般均采用高压蒸汽灭菌法或干热灭菌法灭菌。

2. 巴氏灭菌

此法由1965年法国的科学家巴斯德所创，最初用于啤酒的消毒，之后发展至牛乳、酱腌菜类、果汁、啤酒、果酒和蜂蜜等的消毒。灭菌一般在63℃处理30min或72℃处理15min，可以杀死微生物的营养细胞，但不能达到完全灭菌的目的。用于不适于高温灭菌的食品，其主要目的是杀死其中无芽孢的病原菌（如牛奶中的结核杆菌或沙门菌），而又不影响风味。

3. 间歇灭菌法

有少数培养基例如明胶培养基、牛乳培养基、含糖培养基等用干热灭菌或高压蒸汽灭菌均会受到破坏，则必须用间歇灭菌法。此法是用阿诺流动蒸汽灭菌器进行灭菌。该器底层盛水，顶部插有温度计，加热后水蒸气温度达到100℃时，即循环流于器内，水蒸气碰到器内物体时，又凝成水，流至底层贮水处，故不致干涸。灭菌时，将培养基放在器内，每天加热100℃、30min，连续三天，第一天加热后，其中的营养体被杀死，将培养基取出放室温下保持18~24h，使其中的芽孢发育成为营养体，第二天再加热100℃、30min，发育的营养体又被杀死，但可能仍留有芽孢，故再重复一次，使彻底灭菌。一般凡能用高压蒸汽灭菌的物品均不采用此法灭菌。

4. 高压蒸汽灭菌法

此法是将物品放在高压蒸汽灭菌锅内 103kPa、121℃保持 15～30min 进行灭菌。时间的长短可根据灭菌物品种类和数量的不同而有所变化，以达到彻底灭菌为准。这种灭菌方法适用于培养基、工作服、橡胶物品等的灭菌，也可以用于玻璃器皿的灭菌。

高压蒸汽灭菌的基本原理是将待灭菌的物品放在一个密闭的加压灭菌锅内，通过加热，使灭菌锅隔套间的水沸腾而产生蒸汽。待水蒸气急剧地将锅内的冷空气从排气阀中驱尽，然后关闭排气阀，继续加热，此时由于蒸汽不能溢出，从而增加了灭菌器内的压力，使沸点增高，得到高于 100℃ 的温度，导致菌体蛋白质凝固变性而达到灭菌的目的。

在使用高压蒸汽灭菌锅灭菌时，灭菌锅内冷空气的排除是否完全极为重要，因为空气的膨胀压大于水蒸气的膨胀压，所以，当水蒸气中含有空气时，在同一压力下，含空气蒸汽的温度低于饱和蒸汽的温度。灭菌锅内留有不同分量空气时，压力与温度有一定的关系。

一般培养基用 103kPa、121.5℃、15～30min 可达到彻底灭菌的目的。灭菌的温度及维持的时间随灭菌物品的性质和容量等具体情况而有所改变。

5. 超高温杀菌

超高温杀菌（UHTS）是指在温度和时间标准分别为 135～150℃ 和 3～5s 的条件下，对牛乳或其他液态食品（如果汁及果汁饮料、豆乳、茶、酒及矿泉水等）进行处理的一种工艺，其最大的优点是既能杀死产品中的微生物，又能很好地保持食品品质与营养价值。该方法已经广泛用于液体食品的生产。

五、微生物的代谢

代谢是微生物细胞与外界环境不断进行物质和能量交换的过程，即微生物细胞不停地从外界环境中吸收适当的营养物质，在细胞内合成新的细胞物质并储存能量，同时又把衰老的细胞和不能利用的废物排出体外。代谢是细胞内各种生物化学反应的总和。代谢活动的正常进行，保证了微生物的生长繁殖，如果代谢作用停止，微生物的生命活动也就停止。代谢作用与微生物细胞的生存和发酵产物的形成紧密相关。微生物的代谢包括微能量代谢和物质代谢两部分。

1. 微生物的能量代谢

微生物在进行生命活动时都需要能量，如微生物细胞的主动运输、生物合成、细胞分裂、鞭毛运动等都要利用能量，这些能量主要通过生物氧化获得。所谓生物氧化就是发生在细胞内的一系列产能性的氧化反应总和，即物质在细胞内经过一系列的连续的氧化还原反应，逐步分解并释放能量的过程，这是一个产能代谢过程。

（1）微生物的生物氧化（呼吸）类型

根据在底物进行氧化时，脱下的氢和电子受体的不同，微生物的呼吸可分为三个类型，即：好氧呼吸、厌氧呼吸和发酵作用。

① 好氧呼吸　以分子氧作为最终电子受体的生物氧化过程称为好氧呼吸。好氧呼吸是许多异养型好氧微生物和兼性厌氧微生物在有氧条件下的主要产能方式。微生物通过有氧呼吸可以将有机物基质彻底氧化，产生大量的能量。以葡萄糖为例，通过 EMP 途径和 TCA 循环被彻底氧化成二氧化碳和水，生成 38 个 ATP，化学反应式：

$$C_2H_{12}O_6 + 6O_2 + 38ADP + 38pi \longrightarrow 6CO_2 + 6H_2O + 38ATP$$

② 厌氧呼吸　以无机氧化物作为最终电子受体的生物氧化过程称为厌氧呼吸。在无氧条件下，一些厌氧和兼性厌氧微生物可以通过无氧呼吸获得生长所需的能量，但最终电子受体是含氧的无机盐类如硝酸盐、亚硝酸盐、硫酸盐、碳酸盐，CO_2 或延胡索酸等有机物，而不是自由的氧分子。

③ 发酵作用　电子供体和最终电子受体都是有机化合物的生物氧化过程称为发酵作用。在发酵过程中，有机物质既是被氧化的基质，又是最终的电子受体，发酵作用不能使基质彻底氧化分解，因此发酵的产能水平很低，大部分能量仍储存在发酵产物中。

(2) 生物氧化链

微生物从呼吸底物脱下的氢和电子向最终受氢体转移的过程中，要经过一系列的中间传递体，这些中间传递体按一定顺序排列成链，最终将电子传递给氧，这称为生物氧化链，也称为呼吸链或电子传递链，主要由脱氢酶、辅酶 Q 和细胞色素等组成。生物氧化链主要存在于真核微生物的线粒体中，在原核微生物中，则和细胞膜及中间体结合在一起。生物氧化链的主要功能是传递氢和电子，同时在电子传递过程中释放能量，合成 ATP。

(3) ATP 的产生

生物氧化为微生物的生命活动提供了能量，而 ATP 的产生就是电子从供体经呼吸链至最终电子受体的结果。ATP 是微生物体内能量的主要传递者。当微生物获得能量后，首先是将其转换成 ATP，当需要能量时，ATP 分子上的高能键水解，释放能量，并可重新贮存。因此，ATP 对于微生物的生命活动具有重要的意义。

2. 微生物的物质代谢

微生物的物质代谢由分解代谢和合成代谢两个过程组成。分解代谢是指细胞将大分子物质分解成简单的小分子物质，并在这个过程中产生能量。合成代谢是指细胞利用简单的小分子物质合成复杂大分子物质，在这个过程中要消耗能量。合成代谢利用的小分子物质来源于分解代谢过程中产生的中间产物或环境中的小分子营养物质。

(1) 微生物的分解代谢途径

分解代谢能释放出能量供细胞生命活动所需，因此，微生物只有进行旺盛的分解代谢才能更多地合成微生物细胞物质，并提高其生长繁殖的速率。由此可见，分解作用在物质代谢中是十分重要的。

在自然界中维持微生物生命活动的有机物是纤维素、淀粉等糖类物质，也是地球上最丰富的有机物质。人们在利用微生物进行食品加工和工业发酵时，也是以糖类物质为主要的碳源和能源物质。因此，微生物的糖代谢是微生物分解代谢的一个重要方面。

① 糖酵解途径简称 EMP 途径，也叫己糖双磷酸降解途径　这个途径的特点是当葡萄糖转化成 1,6-二磷酸果糖后，在果糖二磷酸醛缩酶的作用下，分解为 3-磷酸甘油醛和磷酸二羟丙酮，再由此转化为 2 分子丙酮酸。EMP 途径由连续的四个阶段组成。

第一阶段：磷酸己糖的生成。这一阶段包括以下四步反应：

a. 葡萄糖在己糖激酶的催化下，生成 1-磷酸葡萄糖，同时消耗 1 分子的 ATP。

由葡萄糖催化生成 1-磷酸葡萄糖的反应是一步耗能的不可逆反应，为糖酵解的第一个限速反应。己糖激酶（葡萄糖激酶）是糖酵解反应的第一个关键酶。葡萄糖进入细胞首先进行磷酸化，可以使葡萄糖不能自由通过细胞膜而逸出细胞，为葡萄糖在细胞内的代谢做好了物质准备。

b. 1-磷酸葡萄糖在磷酸葡萄糖变位酶的催化下，生成 6-磷酸葡萄糖。

c. 6-磷酸葡萄糖在己糖异构酶的催化下生成 6-磷酸果糖。

d. 6-磷酸果糖在磷酸果糖激酶的催化下生成 1,6-二磷酸果糖，同时消耗 1 分子 ATP。这是糖酵解过程的第二个限速反应，磷酸果糖激酶是糖酵解的第二个关键酶。

第二阶段：1,6-二磷酸果糖降解为 3-磷酸甘油醛。这一阶段包括以下两步反应。

a. 1,6-二磷酸果糖在缩醛酶的催化下，1,6-二磷酸果糖裂解为磷酸二羟丙酮和 3-磷酸甘油醛。此步反应是可逆的。

b. 3-磷酸甘油醛和磷酸二羟丙酮是同分异构体，在磷酸丙糖异构酶催化下可互相转化。

第三阶段：由 3-磷酸甘油醛生成 2-磷酸甘油酸。这一阶段包括以下三步反应。

a. 3-磷酸甘油醛在 3-磷酸甘油醛脱氢酶的催化下，将 3-磷酸甘油醛的醛基氧化成羧基，同时也将羧基中的羟基磷酸化。

b. 1,3-二磷酸甘油酸在磷酸甘油激酶的催化下，将其高能磷酸键从羧基上转移到 ADP 上，形成 ATP 和 3-磷酸甘油酸。

此反应是糖酵解中第一个产生 ATP 的反应，该反应属于底物水平磷酸化。

c. 3-磷酸甘油酸在磷酸甘油酸变位酶的催化下，将磷酸基从 C3 位转移到 C2 位，形成 2-磷酸甘油酸。在催化反应中 Mg^{2+} 参加是必需的，该反应是可逆的。

第四阶段：2-磷酸甘油酸转变为丙酮酸。这一阶段包括以下两步反应。

a. 2-磷酸甘油酸在烯醇化酶的催化下生成磷酸烯醇式丙酮酸。

反应中脱去水的同时引起分子内部能量的重新分配，形成一个高能磷酸键，为下一步反应做准备。

b. 磷酸烯醇式丙酮酸在丙酮酸激酶的催化下，转变为丙酮酸。

反应中磷酸烯醇式丙酮酸将高能磷酸键转移给 ADP 生成 ATP，这是糖酵解途径中的第二次底物水平磷酸化。

此步反应是糖酵解途径中的第三个限速反应，丙酮酸激酶是糖酵解途径中的第三个关键酶。

② 三羧酸循环简称 TCA 循环　TCA 循环是在细胞的线粒体中进行的，由一连串的反应组成。TCA 循环的反应如下：

a. 乙酰 CoA 与草酰乙酸缩合形成柠檬酸　在柠檬酸合成酶的催化下，乙酰 CoA 中的乙酰基与草酰乙酸发生缩合反应，生成三羧酸循环中的第一个三羧酸——柠檬酸。该步反应为不可逆反应，是三羧酸循环中的第一个限速步骤，柠檬酸合成酶为三羧酸循环的第一个关键酶。

b. 柠檬酸异构化生成异柠檬酸　柠檬酸在顺乌头酸酶的催化下，经过脱水形成第二个三羧酸——顺乌头酸，后者再经加水形成第三个三羧酸——异柠檬酸。

c. 异柠檬酸氧化脱羧生成 α-酮戊二酸　异柠檬酸在异柠檬酸脱氢酶的催化下生成草酰琥珀酸，后者迅速脱羧生成 α-酮戊二酸。反应中脱下的氢由 NAD^+ 接受，形成 $NADH+H^+$ 进入呼吸链，氧化成 H_2O，释放出 ATP。

此步反应是三羧酸循环中的第一次氧化脱羧反应，也是三羧酸循环中的第二步限速步骤，异柠檬酸脱氢酶是三羧酸循环中的第二个关键酶。

d. α-酮戊二酸氧化脱羧生成琥珀酰 CoA　α-酮戊二酸在 α-酮戊二酸氧化脱羧酶系的催化下，氧化脱羧生成琥珀酰 CoA。

此步反应是三羧酸循环中的第二个氧化脱羧反应，也是三羧酸循环中的第三步限速步骤，α-酮戊二酸氧化脱羧酶系是三羧酸循环中的第三个关键酶。

e. 琥珀酰 CoA 转化成琥珀酸　琥珀酰 CoA 在琥珀酸硫激酶的催化下，高能硫酯键被水解生成琥珀酸，并使二磷酸鸟苷（GDP）磷酸化形成三磷酸鸟苷（GTP）。这是三羧酸循环中唯一的一次底物水平磷酸化。

f. 琥珀酸脱氢生成延胡索酸　琥珀酸在琥珀酸脱氢酶的催化下生成延胡索酸，反应中氢的受体是琥珀酸脱氢酶的辅酶 FAD。这是三羧酸循环中的第三次脱氢反应。

g. 延胡索酸加水生成苹果酸　延胡索酸在延胡索酸酶的催化下，加水生成苹果酸。此反应为可逆反应。

h. 苹果酸脱氢生成草酰乙酸　苹果酸在苹果酸脱氢酶催化下，脱氢生成草酰乙酸。

③ HMP 途径　葡萄糖经磷酸化脱氢生成 6-磷酸葡萄糖后，在 6-磷酸葡萄糖酸脱氢酶的作用下，再次脱氢降解为 CO_2 和磷酸戊糖。磷酸戊糖的进一步代谢生成磷酸己糖和磷酸丙糖，磷酸丙糖再经 EMP 循环转为丙酮酸。也就是说，是在单磷酸己糖的基础上降解的，因此，常称为单磷酸己糖途径，简称 HMP 途径。又因所生成的磷酸戊糖可以重新组成磷酸己糖形成循环反应，所以又常被称为磷酸戊糖循环。

（2）多糖的分解

① 淀粉的分解　微生物对淀粉的分解是由其分泌的淀粉酶催化进行的。许多微生物都能分泌胞外淀粉酶，将其生活环境中的淀粉水解成麦芽糖或葡萄糖后加以吸收和利用。微生物所分泌的淀粉酶有多种类型，作用于淀粉的方式也有所不同。

② 纤维素的分解　纤维素是由 D-葡萄糖构成的多糖，但多糖间通过 β-1,4-糖苷键相连接，形成线状的长链结构，不具分支的大分子化合物。纤维素广泛存在于自然界，并具有高度的不溶性和很强的结构稳定性。自然界中只有为数不多的生物能分解利用纤维素，并且主要是微生物，如木霉、青霉、曲霉、根霉等真菌以及某些放线菌和细菌。其主要原因是能产生纤维素酶，而人和动物均不能消化纤维素。

纤维素酶是一类纤维素水解酶的总称，包括 C_1 酶、C_x 酶和纤维二糖酶。纤维素酶的开发和应用，对开辟食品和发酵工业原料的新来源、提高饲料的营养价值及充分利用农副产品等方面具有重要的经济意义。

（3）蛋白质和氨基酸的分解

① 蛋白质的分解　蛋白质是由氨基酸组成的结构复杂的化合物，不能直接进入细胞。微生物利用蛋白质，首先在胞外分泌蛋白酶，将其分解为多肽或氨基酸等小分子化合物，再运进细胞内利用。

许多霉菌都具有较强的蛋白质分解能力。例如，某些毛霉、根霉、曲霉、青霉、镰刀菌等都能分泌胞外蛋白酶，将基质中的天然蛋白质分解利用。食品工业中生产酱油、腐乳等调味品时，就是利用一些霉菌分解蛋白质的能力。

产生蛋白酶的微生物有细菌、放线菌、霉菌等。不同的菌种可以产生不同的蛋白酶，如黑曲霉产生酸性蛋白酶、短小芽孢杆菌产生碱性蛋白酶。不同的微生物也可能产生相同的蛋白酶，同一种微生物也可产生多种性质不同的蛋白酶。

② 氨基酸的分解　蛋白质被分解成氨基酸和多肽并被微生物吸收后，可直接作为蛋白质合成的原料，也可被微生物进一步分解后，通过各种代谢途径加以利用。氨基酸的分解方式主要有脱氨基作用和脱羧作用。

3. 微生物的合成代谢

微生物利用能量代谢所生成的能量、中间产物以及从外界吸收的小分子物质，合成复杂的细胞物质的过程称为合成代谢。但微生物在合成代谢时，必须具备代谢能量、小分子前体物质和还原基三个基本条件，合成代谢才能正常进行。自养型微生物的合成代谢能力很强，利用无机物能够合成自身所需的全部物质。在食品工业，涉及最多的是异养型微生物，这些微生物所需要的代谢能量、小分子前体物质及还原基都是从复杂的有机物中获得的，这个过程也是微生物对营养物质的降解过程。

4. 分解代谢与合成代谢的关系

分解代谢和合成代谢既有明显的差别，又是紧密相关的。分解代谢为合成代谢提供能量及原料，合成代谢又是分解代谢的基础，在生物体内是相互对立而又统一的，同时决定生命的存在与发展。图 3-8 说明了分解代谢与合成代谢之间的关系。

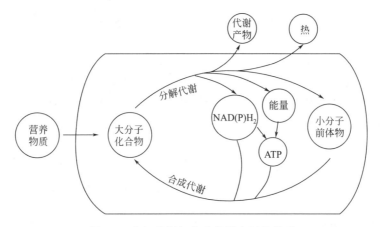

图 3-8　分解代谢与合成代谢之间的关系

5. 微生物的初级代谢和次级代谢

（1）微生物的初级代谢

初级代谢是指微生物从外界吸收各种营养物质，通过分解代谢和合成代谢，生成维持生命活动所需要的物质和能量的过程。这一过程的产物，如糖、氨基酸、脂肪酸、核苷酸以及由这些化合物聚合而成的高分子化合物，如多糖、蛋白质、酯类和核酸等，即为初级代谢产物。

初级代谢产物是微生物营养性生长所必需的，因此，微生物活细胞中初级代谢途径是普遍存在的。

（2）微生物次级代谢

次级代谢是指微生物生长到一定的时期，以初级代谢产物为前体物质，合成一些对微生物的生命活动无明显功能的物质的过程，这一过程的产物即次级代谢产物。次级代谢产物大多是一类分子结构比较复杂的含有苯环的化合物，如抗生素、激素、毒素、色素等。

6. 食品工业中微生物发酵代谢途径

（1）细菌的醋酸发酵

以淀粉质或糖质等原料生产食醋或醋酸时，在微生物作用下先生成乙醇，然后醋酸细菌在有氧条件下将乙醇氧化成醋酸。其过程分为两步，首先乙醇在乙醇脱氢酶或乙醇氧化酶的

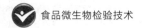

作用下，转化为中间产物乙醛，乙醛在乙醛脱氢酶的作用下转化为醋酸。

（2）霉菌的柠檬酸发酵

经微生物作用由葡萄糖合成柠檬酸的发酵途径是葡萄糖经 EMP 作用形成丙酮酸，再由两分子丙酮酸之间发生羧基转移，形成草酰乙酸和乙酰 CoA，这两种物质再缩合成柠檬酸。

柠檬酸是微生物好氧代谢途径的中间产物，正常情况下并不积累。为了积累柠檬酸，柠檬酸合成酶、磷酸烯醇式丙酮酸羧化酶和丙酮酸羧化酶的活性要强，乌头酸水合酶、异柠檬酸脱氢酶、异柠檬酸裂解酶、草酰乙酸水解酶等与柠檬酸和其底物草酰乙酸分解有关的酶的活性要微弱。乌头酸水合酶失活是阻断 TCA 循环，积累柠檬酸的必要条件之一。

能积累柠檬酸的霉菌以曲霉属、青霉属和橘霉属为主，其中黑曲霉、米曲霉、灰绿青霉、柑橘青霉、淡黄青霉等产酸量最高。

柠檬酸发酵广泛用于制造柠檬酸盐、香精、饮料、糖果等，在食品工业中有非常重要的作用。

（3）酵母菌的酒精发酵

酒精发酵是酵母菌把可发酵性糖经过细胞内酒化酶的作用，生成酒精与 CO_2，然后通过细胞膜将这些产物排出体外的过程。酒精酵母不含 α-淀粉酶和 β-淀粉酶等淀粉酶，所以不能直接利用淀粉进行酒精发酵。因此，在利用淀粉质为原料生产酒精时，必须把淀粉转化成可发酵性糖，才能被酵母菌所利用。

酒精发酵一般是不需要氧气的过程。酵母菌在无氧条件下，经 EMP 途径将葡萄糖分解成丙酮酸，丙酮酸在丙酮酸脱羧酶作用下脱羧生成乙醛和二氧化碳，乙醛在乙醇脱氢酶作用下还原生成乙醇。

（4）细菌的乳酸发酵

乳酸发酵是细菌发酵常见的最终产物。在乳酸发酵过程中，发酵产物只有乳酸的称同型乳酸发酵；发酵产物中除乳酸外，还有乙醇、乙酸及 CO_2 等产物的称异型乳酸发酵。

① 同型乳酸发酵　乳酸菌在厌氧条件下将葡萄糖经 EMP 途径降解为丙酮酸，丙酮酸在乳酸脱氢酶的作用下，直接被还原成乳酸。

② 异型乳酸发酵　乳酸菌经过 HMP 途径将葡萄糖发酵，产生 1 分子乳酸、1 分子乙醇和 1 分子 CO_2。能进行异型乳酸发酵的细菌有：肠膜明串球菌、葡萄糖明串球菌、短乳杆菌、番茄乳酸杆菌等。

每分子葡萄糖经异型乳酸发酵后只能产生 1 分子 ATP，因此其产能水平低于同型乳酸发酵。但也有例外，如双歧乳酸菌等通过 HMP 途径可将 2 分子葡萄糖发酵为 2 分子乳酸和 3 分子乙酸，并且产生 5 分子 ATP。

学习情境四

细菌的革兰染色

学习目标和职业素养目标

1. 了解革兰染色的原理、目的及应用范围；熟练掌握革兰染色技术，学习细菌的其他染色法；
2. 理解无菌操作的实质与内涵，掌握无菌操作技术，培养无菌观念；
3. 能够描述细菌的形态、结构、大小及繁殖方式；了解细菌在食品生产中的基本应用；
4. 能够解释物理、化学因素对微生物生长的影响及在消毒灭菌中的应用；
5. 培养具有客观公正，以求实严谨的工作作风为自己和他人负责的精神；
6. 通过任务实施，培养严谨的科学实验态度和科学探究精神。

任务描述

某检验机构接收到受污染的食品，经初步判断可能是被金黄色葡萄球菌污染，在鉴定试验过程中发现了可疑菌落，需要对其进行染色观察，这个环节由你们来完成。

任务要求

1. 熟练掌握革兰染色技术，同时了解细菌的其他染色方法。
2. 学会配制细菌染色所需的染色液。

学前准备

1. 学习资料
见"信息单"及食品微生物相关资料。

2. 其他参考资料来源
（1）《食品微生物》等相关书籍及音像教材等。
（2）食品检验类网站。

3. 思考题
（1）制备染色标本时，应注意哪些事项？

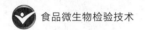

（2）涂片为什么要完全干燥后才能用油镜观察？

（3）如果涂片未经热固定，将会出现什么问题？如果加热温度过高、时间太长，又会怎样？

（4）什么是革兰染色？其原理是什么？

（5）哪些环节会影响革兰染色结果的正确性？其中最关键的环节是什么？

（6）进行革兰染色时为什么特别强调菌龄不能太老？用老龄细菌染色会出现什么问题？

（7）革兰染色时，能先加碘液后再初染吗？乙醇脱色后复染之前，革兰阳性菌和革兰阴性菌应分别是什么颜色？

（8）原核微生物、菌落、鞭毛、芽孢、荚膜的概念是什么？

（9）细菌有哪几种形态？试说明细菌的一般结构和特殊结构及其生理功能。

（10）细菌的菌落特征是什么？

（11）影响微生物生长的物理因素是什么？

（12）紫外线杀菌的机理、最强的波长及适用范围是什么？

（13）专性好氧菌、兼性厌氧菌、微好氧菌、耐氧性厌氧菌、厌氧菌的特点是什么？

（14）化学消毒剂、氧化剂的杀菌机理是什么？

任务实施

1. 材料工具
（1）材料：《食品微生物》相关书籍、染色液等。
（2）工具：纸、笔、数码相机、电脑等。

2. 工作流程
查找资料，确定革兰染色所需用品的清单→对所需材料进行清点→设计培养基制作革兰染色的方案→方案修改及确认→教师演示→教师指导学生完成任务。

3. 实施过程
分小组进行革兰染色方案设计，每组5人。
（1）查阅参考书、上网搜集革兰染色的相关材料。
（2）汇总资料，确定革兰染色液需要的材料清单，并完成清单表（附录6）。
（3）小组讨论制订、设计方案
① 学生自行设计方案并做成PPT报告展示；
② 每组选一代表，讲解小组的设计方案，组员补充方案的内容。
（4）方案的修改及确定。
（5）教师演示革兰染色，学生在教师指导下完成任务。

评价反馈

完成评价（附录7和附录8）。

信息单

一、细菌的简单染色

1. 基本原理

各种类型的显微镜都能够观察到微生物的各种形态结构，一般实验室常用的是普通光学显微镜。细菌体积小且透明，在活体细胞内又含有大量的水分，因此，对光线的吸收和反射与水溶液相差不大。当把细菌悬浮在水滴内，放在显微镜下观察时，由于与周围背景没有显著的明暗差，难于看清形状，更谈不上识别其细微结构。而经过染色，就可借助颜色的反衬作用比较清楚地看到菌体形态，亦即菌体表面及内部结构着色与背景形成鲜明对比，这样便可在普通光学显微镜下清晰地观察到微生物的形状和结构，而且还可以通过不同的染色反应来鉴别微生物的类型，区分死、活细菌等。因此，微生物染色技术是观察微生物形态结构的重要手段。

在中性、碱性或弱酸性溶液中，细菌细胞通常带负电荷，常用碱性染料进行染色。碱性染料并不是碱，和其他染料一样是一种盐，电离时染料离子带正电，易与带负电荷的细菌结合而使细菌着色。

2. 器材

显微镜、酒精灯、载玻片、接种环、双层瓶、擦镜纸、生理盐水、吕氏碱性美蓝染色液、石炭酸复红染色液、金黄色葡萄球菌、枯草芽孢杆菌。

3. 操作步骤

（1）涂片

取两块干净的载玻片，各滴一小滴生理盐水于载玻片中央，用无菌操作（图4-1）分别挑取金黄色葡萄球菌和枯草芽孢杆菌于载玻片的水滴中（每一种菌制一片），调匀并涂成薄膜（图4-2）。注意滴生理盐水时不宜过多，涂片必须均匀。

（2）干燥

于室温中自然干燥。

（3）固定

涂片面向上，于火焰上通过2～3次，使细胞质凝固，以固定细菌的形态，并使其不易脱落。热固定温度不宜过高（以背面不烫手为宜），否则会改变甚至破坏细胞形态。

（4）染色

将标本水平放置于搁架上，滴加染色液于涂片薄膜上（染液刚好覆盖涂片薄膜为宜）。吕氏碱性美蓝染色液约染1～2min，石炭酸复红染色液（或草酸铵结晶紫）约染色1min。

（5）水洗

染色时间到后，用自来水冲洗，直至冲下的水无色时为止。注意冲洗水流不宜过急、过大，水由玻片上端流下，避免直接冲在涂片处。

（6）干燥

将标本晾干或用吹风机吹干，也可用吸水纸吸干。

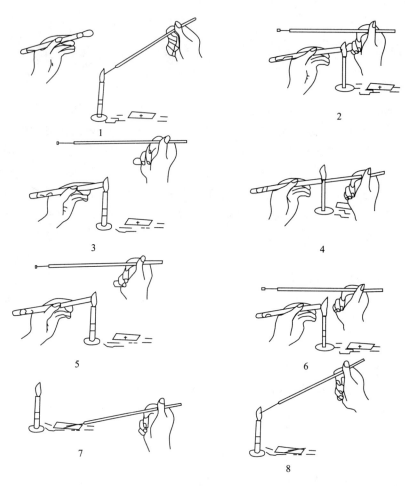

图 4-1　无菌操作过程

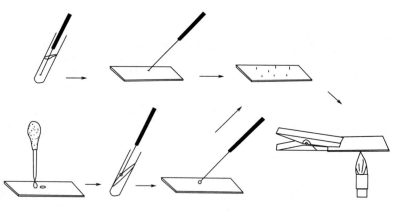

图 4-2　涂片、干燥和热固定

（7）镜检

涂片完全干燥后才可置油镜下观察。显微镜观察按学习情境二操作程序进行。

二、细菌的革兰染色

1. 基本原理

革兰染色反应是细菌分类和鉴定的重要手段，1884 年由丹麦病理学家创立的，而后一些学者在此基础上作了某些改进。

革兰染色法不仅能观察到细菌的形态而且还可将所有细菌区分为两大类：染色反应呈蓝紫色的称为革兰阳性细菌，用 G^+ 表示；染色反应呈红色（复染颜色）的称为革兰阴性细菌，用 G^- 表示。细菌对于革兰染色的不同反应，是由于细胞壁的成分和结构不同而造成的。革兰阳性细菌的细胞壁主要是由肽聚糖形成的网状结构组成的，在染色过程中，当用乙醇处理时，由于脱水而引起网状结构中的孔径变小，通透性降低，使结晶紫-碘复合物被保留在细胞内而不易脱色，呈现蓝紫色；革兰阴性细菌的细胞壁中肽聚糖含量低，而脂类物质含量高，当用乙醇处理时，脂类物质溶解，细胞壁的通透性增加，使结晶紫-碘复合物易被乙醇抽出而脱色，然后又被染上了复染液（番红）的颜色，因此呈现红色。

2. 器材

大肠杆菌，枯草芽孢杆菌，革兰染色液，载玻片，显微镜等。

革兰染色

3. 操作步骤

（1）涂片

将培养 14～16h 的枯草芽孢杆菌和培养 24h 的大肠杆菌分别作涂片、干燥、固定（图 4-3）。注意菌龄影响染色结果，如阳性菌培养时间过长，已死亡或部分菌

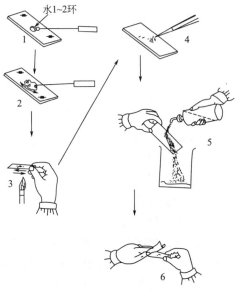

图 4-3 革兰染色过程

1—加水；2—调菌涂片；3—固定；4—加染色液；

5—水洗；6—用吸水纸吸干

已自行溶解，将呈阴性反应，因此要用活跃生长期的培养物作革兰染色。涂片不可过厚，以免脱色不完全造成假阳性。固定时通过火焰1~2次即可，不可过热，以载玻片不烫手为宜。

（2）初染

加草酸铵结晶紫（以刚好将菌膜覆盖为宜），染1~2min，水洗。

（3）媒染

滴加碘液冲去残水，并用碘液覆盖约1min，水洗。

（4）脱色

用滤纸吸去载玻片上面的残水，并衬以白背景，用95％酒精滴洗至流出酒精刚刚不出现紫色时为止，立即用水洗净酒精。革兰染色结果是否正确，乙醇脱色是关键环节。脱色不足，阴性菌被误染成阳性菌；脱色过度，阳性菌被误染成阴性菌。脱色时间约20~30s。

（5）复染

用番红液复染1~2min，水洗。

（6）镜检

干燥后，置油镜观察。革兰阴性菌呈红色，革兰阳性菌呈紫色。以分散开的细菌的革兰染色反应为准，过于密集的细菌，常易呈假阳性。

（7）混合涂片染色

按上述方法，在同一载玻片上以大肠杆菌与枯草芽孢杆菌混合制片，作革兰染色对比。

4. 注意事项

① 涂片务求均匀，切忌过厚。

② 在染色过程中，不可使染液干涸。

③ 脱色时间十分重要，过长则脱色过度，会使阳性菌被误染成阴性菌。

④ 老龄菌因体内核酸减少，会使阳性菌被误染成阴性菌，故不能选用。

一、细菌概述

根据细胞结构的明显差异可将微生物分为原核微生物、真核微生物和非细胞型微生物三大类。原核微生物是指一大类没有核膜，只有称作核区的裸露DNA的原始单细胞生物，细胞内没有线粒体等复杂的内膜系统，核糖体为70S。原核微生物群类有：细菌、放线菌、蓝细菌、支原体、衣原体和立克次体。

细菌是一类个体微小、形态结构简单的单细胞原核微生物。在自然界中，细菌分布最广、数量最多，几乎可以在地球上的各种环境下生存，一般每克土壤中含有的细菌数可达数十万个到数千万个。细菌菌体的营养和代谢类型极为多样，所以在自然界的物质循环、食品及发酵工业、医药工业、农业以及环境保护中都发挥着极为重要的作用。如用醋酸杆菌酿造食醋，生产葡萄糖酸和山梨糖，用乳酸菌做酸奶，用棒杆菌和短杆菌等发酵生产味精和赖氨酸等，用节杆菌生产甾类化合物，用基因工程大肠杆菌生产胰岛素等，用苏云金杆菌作为生物杀虫剂，用形成菌胶团的细菌净化污水。同时，不少细菌是人类和动植物的病原菌。有的致病菌产生毒素引起寄主患病，如肉毒梭菌，在灭菌不彻底的罐头中厌氧生长产生剧毒的肉毒毒素，1g 足以杀死 100 万人；有的细菌如肺炎链球菌虽不产生任何毒素，但能在肺组织中大量繁殖，引起肺功能障碍，严重时导致寄主死亡。

1. 细菌的形态与排列方式

细菌种类繁多，就单个菌体而言，细菌有三种基本形态：球状、杆状、螺旋状，分别称为球菌、杆菌、螺旋菌，其中以杆菌最为常见，球菌次之，螺旋菌较少。在一定条件下，各种细菌通常保持其各自特定的形态，可作为分类和鉴定的依据（见图 4-4）。

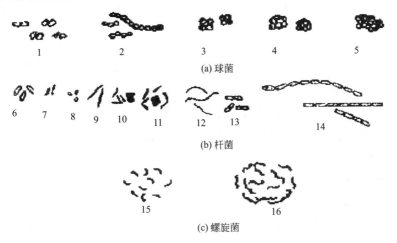

图 4-4　各种细菌形态和排列

1—双球菌；2—链球菌；3—四联球菌；4—八叠球菌；5—葡萄球菌；6—杆菌（端钝圆）；

7—杆菌（菌体稍弯）；8—短杆菌；9—杆菌（端尖）；10—分枝杆菌；11—棒状杆菌；

12—长丝状杆菌；13—双杆菌；14—链杆菌（端钝圆和平截）；15—弧菌；16—螺菌

（1）球菌

球菌是一类菌体呈球形或近似球形的细菌，按分裂后细胞的排列方式不同，可分为以下六种。

① 单球菌　又称微球菌或小球菌。细胞在一个平面上分裂，分裂后的细胞分散且以单独个体存在，如尿素小球菌。

② 双球菌　细菌沿一个平面分裂，且分裂后菌体成对排列，如肺炎双球菌。

③ 链球菌　细菌在一个平面上分裂，且分裂后多个菌体相互连接呈链状排列，如乳链球菌。

④ 四联球菌　细菌在两个相互垂直的平面上分裂，分裂后每四个菌体呈正方形排列在一起，如四联小球菌。

⑤ 八叠球菌　细菌在三个相互垂直的平面分裂，分裂后每八个菌体在一起呈立方体排列，如乳酪八叠球菌。

⑥ 葡萄球菌　细菌在多个不规则的平面上分裂，且分裂后的菌体聚在一起呈葡萄串状，如金黄色葡萄球菌。

（2）杆菌

细菌呈杆状或圆柱状。各种杆菌的长短、大小、粗细、弯曲程度差异较大，有长杆菌、杆菌和短杆菌。有的杆菌的两端或一端有平截状、圆弧状（或称钝圆状）、分枝状或膨大呈棒槌状，称为棒状杆菌。

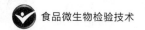

杆菌在培养条件下，有的呈单个存在，如大肠杆菌；有的呈链状排列，如枯草芽孢杆菌；有的呈栅状排列或"V"字排列，如棒状杆菌。

（3）螺旋菌

菌体呈弯曲状的杆菌，根据其弯曲程度不同可分成弧菌与螺菌两个类型。弧菌菌体仅一个弯曲，形态呈弧形或逗号形，如霍乱弧菌；螺旋菌菌体有多个弯曲，回转呈螺旋状，如小螺菌。

除上述三种基本形态外，近年来，人们还发现了细胞呈梨形、星形、方形或三角形的细菌。

在正常生长条件下，细菌形态是相对稳定的。但如果培养时间、温度、pH 值以及培养基的组成或浓度等环境条件发生改变，就有可能引起细菌形态的改变。即使在同一培养基中，细胞也常出现不同大小的球状、长短不一的杆状或不规则的多边形态。有的细菌具有一定的生活周期，在不同的生长阶段表现出不同的形态，如放线菌等。一般在幼龄阶段或生长条件适宜时，细菌形态表现出自身特定的形态；在较老的菌龄或不正常的培养条件下，细菌常出现不正常的形态。

2. 细菌细胞的大小

细菌的个体通常很小，常用微米（μm）作为测量其长度、宽度和直径的单位。细菌的形态和大小受培养条件的影响，因此测量菌体大小应以最适培养条件下培养的细菌为准。多数球菌的直径为 0.5～2.0μm；杆菌的大小（长×宽）为（0.5～1.0）μm×（1～5）μm；螺旋菌的大小（宽×长）为（0.25～1.7）μm×（2～60）μm。螺旋菌的长度是菌体两端点间的距离，不是其实际的长度，所以在表示螺旋菌的长度仅指其两端的空间距离。在进行形态鉴定时，其真正的长度按螺旋的直径和圈数来计算。

细菌的大小与细菌的固定和染色方法以及培养时间等因素有关。如经干燥固定的菌体比活菌体的长度一般要缩短 1/4～1/3；用衬托菌体的负染色法，其菌体往往大于普通染色法，有的甚至比活菌体还要大，有荚膜的细菌最容易出现此情况。影响细菌形态的因素也同样影响细菌的大小，如培养 4h 的枯草芽孢杆菌比培养 24h 的长 5～7 倍，但宽度变化不明显，这可能与代谢产物的积累有关。

3. 细菌细胞的结构与功能

细菌细胞的结构包括基本结构和特殊结构。基本结构是各种细菌所共有的，包括细胞壁、细胞膜、细胞质和内含物、拟核及核糖体。特殊结构是某些细菌特有的，包括芽孢、荚膜、鞭毛等。细菌细胞构造模式结构见图 4-5。

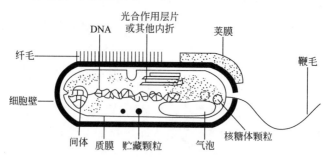

图 4-5　细菌细胞构造模式

（1）细胞壁

细胞壁是包围在细胞最外的一层坚韧且略具弹性的无色透明薄膜，占菌体干重的10%～25%。细胞壁的主要功能是维持细胞形状、提高机械强度、保护细胞免受机械性或其他破坏。细胞壁可阻拦酶蛋白和某些抗生素等大分子物质进入细胞，保护细胞免受溶菌酶、消化酶等物质的损伤等。

原核微生物细胞壁包括肽聚糖、磷壁质。肽聚糖是原核微生物细胞壁所特有的成分，由N-乙酰葡萄糖胺（NAG）、N-乙酰胞壁酸（NAM）和短肽聚合而成的多层网状结构的大分子化合物组成。不同的细菌的细胞壁的化学组成和结构不同。通过革兰染色法可将大多数的细菌分为革兰阳性菌（G^+）和革兰阴性菌（G^-）两大类。

革兰染色法是细菌学中最常用、最重要的一种鉴别染色法，染色过程如下：

细菌涂片 → 草酸铵结晶紫初染 → 鲁哥碘液媒染 →

乙醇（或丙酮）脱色 ┬ 褪色 → 番红复染 → 菌体呈红色者为 G^-
　　　　　　　　 └ 不褪色 → 番红复染 → 菌体仍呈深紫色者为 G^+

G^+ 菌的细胞壁只有一层，厚 20～80nm，由肽聚糖、磷壁质和少量脂类组成，其中肽聚糖含量高，占细胞壁干重的 40%～90%，且网状结构致密。

G^- 菌细胞壁分两层，厚约 20nm，结构比 G^+ 细菌复杂。外层为脂蛋白和脂多糖层，内层为肽聚糖层。肽聚糖含量低，占细胞壁干重的 5%～10%，且网状结构疏松。

经电子显微镜及化学分析发现，G^+ 细菌和 G^- 细菌在细胞壁的化学组成与结构上有显著差异，见表 4-1 和图 4-6。

表 4-1　G^+ 和 G^- 细胞壁的化学组成及结构比较

细菌类群	壁厚度/nm	肽聚糖			磷壁酸	蛋白质/%	脂多糖	脂肪/%
		含量/%	层次	网格结构				
G^+	20～80	40～90	单层	紧密	多数有	约20	无	1～4
G^-	10	5～10	多层	疏松	无	约60	有	11～22

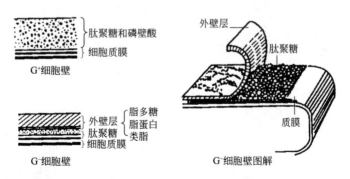

图 4-6　细菌细胞壁的结构图

革兰染色的机理，关于革兰染色的机理有许多学说，目前一般认为与细胞壁的结构、化学组成、细胞壁的渗透性有关。在革兰染色过程中，细胞内形成了深紫色的结晶紫-碘的复合物，这种复合物可被酒精（或丙酮）等脱色剂从革兰阴性菌细胞内浸出，而革兰阳性菌则不易被浸出。这是由于革兰阳性菌的细胞壁较厚，肽聚糖含量高且网格结构紧密，脂类含量极低，当用酒精（或丙酮）脱色时，引起肽聚糖层脱水，使网格结构的孔径缩小，导致细胞壁的通透性降低，从而使结晶紫-碘的复合物不易被洗脱而保留在细胞内，使菌体仍呈深紫色。反之，革兰阴性菌因其细胞壁肽聚糖层薄且网格结构疏松，脂类含量又高，当酒精（或丙酮）脱色时，脂类物质溶解，细胞壁通透性增大，使结晶紫-碘复合物较易被洗脱出来，所以，菌体经番红复染后呈红色。

（2）细胞膜

细胞膜又称细胞质膜、内膜或原生质膜，是外侧紧贴细胞壁，内侧包围细胞质的一层柔软而富有弹性的半透性薄膜，厚度一般为 $7\sim8nm$。其基本结构为双层单位膜：内外两层磷脂分子，含量为 $20\%\sim30\%$；蛋白质有些穿透磷脂层，有些位于表面，含量为 $60\%\sim70\%$；另外有少量多糖（约 2%）。细胞膜的基本结构见图 4-7。

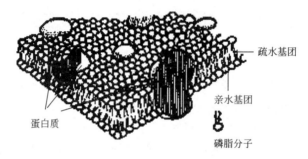

图 4-7　细胞膜的基本结构

细胞膜是具有高度选择性的半透膜，含有丰富的酶系和多种膜蛋白，具有重要的生理功能。

① 选择渗透性　在细胞膜上镶嵌有大量的渗透蛋白（渗透酶），控制着营养物质和代谢产物的进出，并维持着细胞内正常的渗透压。

② 参与细胞壁各种组分以及糖等的生物合成。

③ 参与产能代谢　在细菌中，电子传递和 ATP 合成酶均位于细胞膜上。

（3）细胞质及内含物

细胞质是细胞膜以内核以外的无色透明、黏稠的复杂胶体，亦称原生质。其主要成分为蛋白质、核酸、多糖、脂类、水分和少量无机盐类。细胞质中含有许多的酶系，是细菌新陈代谢的主要场所。细胞质中无真核细胞所具有的细胞器，但含有许多内含物，主要有核糖体、液泡和贮藏性颗粒。由于含有较多的核糖核酸（特别在幼龄和生长期含量更高），所以呈现较强的嗜碱性，易被碱性和中性染料染色。

① 核糖体　核糖体是分散在细胞质中沉降系数为 70S 的亚显微颗粒物质，是合成蛋白质的场所，成分为蛋白质（40%）和 RNA（60%）。

② 贮藏性颗粒　贮藏性颗粒是一类由不同化学成分累积而成的不溶性的沉淀颗粒，主要功能是贮藏营养物质，如聚-β-羟基丁酸、异染粒、硫粒、肝糖粒和淀粉粒。这些颗粒通常较大，并为单层膜所包围，经适当染色可在光学显微镜下观察到，是成熟细菌细胞在其生存环境中营养过剩时的积累，营养缺乏时又可被利用。

③ 液泡（气泡）　一些细菌如无鞭毛的水生细菌，生长一段时间后，在细胞质出现几个甚至更多的圆柱形或纺锤形气泡，其内充满水分、盐类或一些不溶性颗粒。气泡使细菌具有浮力，漂浮于水面，以便吸收空气中的氧气供代谢需要。

（4）原核

细菌细胞核因无核仁和核膜，故称为原核或拟核，是由一条环状双链的 DNA 分子（脱氧核糖核酸）高度缠绕折叠而形成。每个细胞所含的核区数与该细菌的生长速度有关，生长迅速的细胞在核分裂后往往来不及分裂，一般在细胞中含有 1～4 个核区。以大肠杆菌为例，菌体长度仅 1～2μm，而 DNA 长度可达 1100μm，相当于菌体长度的 1000 倍。原核是重要的遗传物质，携带着细菌的全部遗传信息。

（5）荚膜

荚膜是细菌的特殊结构。某些细菌在新陈代谢过程中产生的覆盖在细胞壁外的一层疏松透明的黏液状物质，见图 4-8。一般厚约 200nm。荚膜使细菌在固体培养基上形成光滑型菌落。根据荚膜的厚度和形状不同又可分为以下几种情况。

① 大荚膜：具有一定的外形，厚约 200nm，较稳定地附着于细胞壁外，并且与环境有明显的边缘。

② 黏液层：没有明显的边缘且扩散在环境中。

③ 菌胶团：许多细菌的荚膜物质相互融合而成，使菌体连为一体。

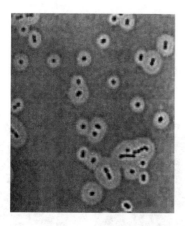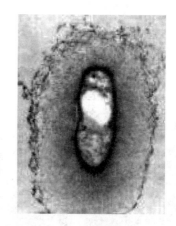

图 4-8　细菌荚膜

细菌失去荚膜仍然能正常生长，所以荚膜不是其生命活动所必需的。荚膜的形成与否主要由菌种的遗传特性决定，也与其生存的环境条件有关。如肠膜明串珠菌在碳源丰富、氮源不足时易形成；而炭疽杆菌则只在其感染的宿主体内或在二氧化碳分压较高的环境中才能形成荚膜。产生荚膜的细菌并不是在整个生活期内都能形成荚膜，如某些链球菌在生长早期形成荚膜，后期则消失。

荚膜的主要成分为多糖，少数含多肽、脂多糖等，含水量在 90％以上。荚膜的主要功能有以下几方面。①保护作用：可保护细菌免受干旱损伤，对于致病菌来说，则可保护免受宿主细胞的吞噬。②贮藏养料：营养缺乏时可作为细胞外碳（或氮）源和能源的贮存物质。③表面吸附作用：其多糖、多肽、脂多糖等具有较强的吸附能力。④作为透性屏障：可保护细菌免受重金属离子的毒害。荚膜的折射率很低，不易着色，必须通过特殊的荚膜染色法，使背景和菌体着色，衬托出无色的荚膜，才可在光学显微镜下观察到。

在食品工业中，由于产荚膜细菌的污染，可造成面包、牛奶、酒类和饮料等食品的黏性变质。肠膜明串珠菌是制糖工业的有害菌，常在糖液中繁殖，使糖液变得黏稠而难以过滤，因而降低了糖的产量。同时，可利用肠膜明串珠菌将蔗糖合成大量的荚膜物质——葡聚糖，再利用葡聚糖来生产右旋糖酐，作为代血浆的主要成分。此外，还可从野油菜黄单胞菌的荚膜中提取黄干胶，作为石油钻井液、印染、食品等的添加剂。

（6）芽孢

芽孢是细菌的特殊结构。某些细菌生长到一定阶段，在细胞内形成一个圆形（或椭圆形、圆柱形）、厚壁、含水量极低、对不良环境极具抗性的休眠孢子，称为芽孢，又叫内生孢子。

芽孢具有极强的抗热、抗辐射、抗化学药物和抗静水压等特性。如一般细菌的营养细胞在 70～80℃时 10min 就死亡，而在沸水中，枯草芽孢杆菌的芽孢可存活 1h、破伤风芽孢杆菌的芽孢可存活 3h、肉毒梭菌的芽孢可存活 6h。一般在 121℃条件下，需 15～20min 才能杀死芽孢。细菌的营养细胞在 5%石炭酸溶液中很快死亡，芽孢却能存活 15d。芽孢抗紫外线辐射的能力一般要比营养细胞强一倍，而巨大芽孢杆菌芽孢的抗辐射能力要比大肠杆菌营养细胞强 36 倍。因此在微生物实验室或工业发酵中常以是否杀死芽孢作为杀菌指标。

芽孢的休眠能力也是十分惊人的，在休眠期间，代谢活力极低。一般的芽孢在普通条件下可存活几年至几十年。有些湖底沉积土中的芽孢杆菌经 500～1000 年后仍有活力，还有经 2000 年甚至更长时间仍保持生命力的芽孢。

用孔雀绿将芽孢进行染色，在光学显微镜下观察其存在。芽孢在细胞中的位置、形状与大小因菌种不同而异，是分类鉴定的重要依据之一。如枯草芽孢杆菌等细菌的芽孢位于细胞中央或近中央，直径小于细胞宽度；而破伤风梭状芽孢杆菌的芽孢则位于细胞一端，且直径大于细胞宽度，呈鼓槌状。芽孢的形态和着生位置如图 4-9 所示。

  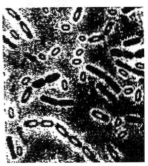

(a) 近中央 (b) 末端 (c) 中央

图 4-9　芽孢的形态和着生位置

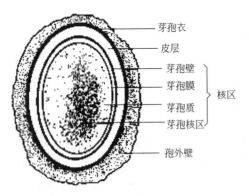

图 4-10　芽孢的结构模式

芽孢的结构主要由孢外壁、芽孢衣、皮层和核区组成。从图 4-10 可知成熟的芽孢具有多层结构。其中芽孢核心是原生质部分，含 DNA、核糖体和酶类。皮层是最厚的一层，在芽孢形成过程中产生一种高度抗性物质（2,6-吡啶二羧酸）存在于皮层中，孢外壁（芽孢壳）是一种类似角蛋白的蛋白质，非常致密，无通透性，可抵抗有害物质的侵入。成熟的芽孢结构特点是含水少、壁致密、含大量的抗性物质。因此芽孢具有高度的耐热性、抗性和休眠等

（图 4-10 标注：芽孢衣、皮层、芽孢壁、芽孢膜、芽孢质、芽孢核区、核区、孢外壁）

特性。

细菌能否形成芽孢除遗传因素外，与环境条件如气体、养分、温度、生长因子等密切相关。菌种不同所需环境条件也不相同，大多数细菌的芽孢在营养缺乏、代谢产物积累、温度较高等生存环境较差时形成；少数菌种如苏云金芽孢杆菌则在营养丰富、温度、氧气均适宜时形成芽孢。芽孢极强的抗逆性、休眠的稳定性、复苏的快捷性，对有芽孢的细菌的纯种分离、分类鉴定及研究、应用提供了帮助。

（7）鞭毛与纤毛

① 鞭毛　鞭毛是细菌的特殊结构，是某些运动细菌菌体表面着生的一根或数根由细胞内生出的细长而呈波状弯曲的丝状结构。鞭毛起源于细胞膜内侧，直径 12～18nm，长度可超过菌体的数倍到数十倍。其特点是极易脱落而且非常纤细，需经特殊染色才可在光学显微镜下观察到。

大多数的球菌没有鞭毛；杆菌有的生鞭毛，有的不生鞭毛；螺旋菌一般都有鞭毛。根据鞭毛数量和排列情况，可将细菌鞭毛分为以下类型：

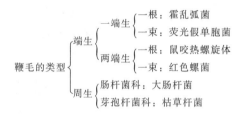

鞭毛的化学组成主要是蛋白质、少量多糖、脂类和核酸。鞭毛的结构由鞭毛基体、鞭毛钩和截毛丝三部分组成。革兰阴性菌的鞭毛最典型。鞭毛是负责细菌运动的结构，一般幼龄细菌在有水的适温环境中能进行活跃的运动，衰老菌常因鞭毛脱落而运动不活跃。另外，鞭毛与病原微生物的致病性有关。细菌鞭毛的着生类型，如图 4-11 所示。鞭毛的着生位置、数量和排列方式因菌种不同而异，常用来作为分类鉴定的重要依据。

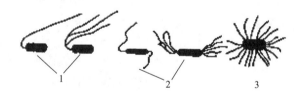

图 4-11　鞭毛着生方式

1—端生鞭毛；2—两端生鞭毛；3—周生鞭毛

② 纤毛　又称菌毛、伞毛、须毛等，是某些革兰阴性菌和少数革兰阳性菌细胞上长出的数目较多、短而直的蛋白质丝或细管，分布于整个菌体。纤毛不是细菌的运动器官。有纤毛的细菌以革兰阴性致病菌居多。纤毛有两种：一种是普通纤毛，能使细菌附着在某物质上或液面上形成菌膜；另一种是性纤毛，又称性菌毛（F⁻菌毛），比普通菌毛长，数目较少，为中空管状，一般常见于 G⁻ 菌的雄性菌株中，其功能是细菌在接合作用时向雌性菌株传递遗传物质。有的噬菌体纤毛还是其吸附于寄主细胞的受体。

4. 细菌的繁殖

细菌最普遍、最主要的繁殖方式是无性繁殖——二分裂法，其主要过程如下。

① 核质分裂　细菌分裂前先进行 DNA 复制，形成两个原核，随着细菌的生长，两个原核彼此分开，同时细胞膜向细胞质延伸，然后闭合，形成细胞质隔膜，使细胞质和原核分开，即完成核质分裂。

② 横隔壁形成　随着细胞膜向内延伸，细胞壁同时向四周延伸，最后闭合形成横隔壁，这样便产生两个子细胞。

③ 子细胞分裂　前两个过程完成后，两个子细胞即开始分离，形成两个完全独立的新细胞。根据菌种不同，形成不同的排列形式。如双球菌、双杆菌、链球菌等。

5. 细菌的培养特征

（1）细菌在固体培养基上的培养特征

细菌在固体培养基上的生长繁殖，由于受到固体表面的限制不能自由活动，只能聚集形成菌落。所谓菌落，是指由一个细菌繁殖得到的一堆由无数个个体组成的肉眼可见的具有一定形态特征的群体。细菌菌落特征因种而异，是细菌分类鉴定的依据之一。可以从菌落的表面形状（圆形、不规则形、假根状）、隆起形状（扁平、台状、脐状、乳头状等）、边缘情况（整齐、波状、裂叶状、锯齿状）、表面状况（光滑、皱褶、龟裂状、同心环状）、表面光泽（闪光、金属光泽、无光泽）、质地（硬、软、黏、脆、油脂状、膜状）以及菌落的大小、颜色、透明程度等方面进行观察、描述，见图 4-12。

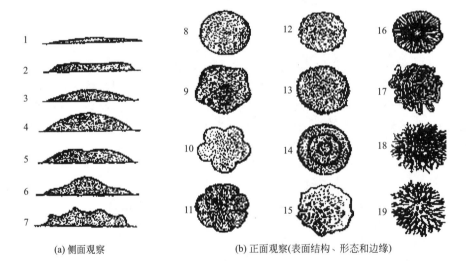

(a) 侧面观察　　　　(b) 正面观察(表面结构、形态和边缘)

图 4-12　常见细菌菌落的特征

1—扁平；2—隆起；3—低凸起；4—高凸起；5—脐状；6—草帽状；7—乳头状表面结构；

8—圆形，边缘整齐；9—不规则，边缘波状；10—不规则；11—规则，放射状，边缘花瓣形；

12—规则，边缘整齐，表面光滑；13—规则，边缘齿状；14—规则，有同心环，边缘完整；

15—不规则似毛毯状；16—规则似菌丝状；17—不规则，卷发状，边缘波状；

18—不规则，丝状；19—不规则，根状

（2）细菌在半固体培养基中的培养特征

用穿刺接种技术将细菌接种在含 0.3%～0.5% 琼脂的半固体培养基中培养，可根据细菌的生长状态判断细菌的呼吸类型、有无鞭毛和能否运动。如果细菌在培养基的表面及穿刺线的上部生长者为好氧菌，沿整条穿刺线生长者为兼性厌氧菌，在穿刺线底部生长的为厌氧菌。如果只在穿刺线上生长的为无鞭毛、不运动的细菌；在穿刺线上及穿刺线周围扩散生长的为有鞭毛、能运动的细菌，如图 4-13。

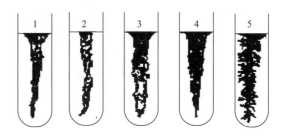

图 4-13　细菌在半固体上的生长特征
1,2—不运动性好氧菌；3—不运动性兼性菌；4—运动性好氧菌；5—运动性兼性菌

6. 食品中常见的细菌

在日常生活中食品经常受到细菌的污染，从而使食品变质。此外，尚有些对人有益的细菌，人们常常利用其生产一些食品或药品。现将常见的、主要的几个细菌属分述如下。

① 假单胞杆菌属　直杆或弯杆状 $[(0.5\sim1)\mu m\times(1.5\sim4)\mu m]$，革兰阴性菌，极生鞭毛，可运动，不生芽孢，化能有机营养型，需氧，在自然界分布很广。某些菌株具有很强的分解脂肪和蛋白质的能力。污染食品后如环境条件适宜，可在食品表面迅速生长，一般产生水溶性色素、氧化产物和黏液，引起食品产生异味及变质，很多假单胞菌在低温下能很好地生长，所以在冷藏食品的腐败变质中起主要作用。例如：荧光假单胞菌在低温下可使肉、牛乳及乳制品腐败；腐败假单胞菌，可使鱼、牛奶及乳制品腐败变质，可使奶油的表面出现污点；菠萝假单胞菌可使菠萝果实腐烂，被侵害的组织变黑并枯萎。

② 醋酸杆菌属　醋酸杆菌分布也很普遍，一般从腐败的水果、蔬菜及变酸的酒类、果汁等食品中都能分离出醋酸杆菌。细菌细胞呈椭圆形杆状、单生或呈链状，不生芽孢，需氧，运动或不运动。本属菌有很强的氧化能力，可将乙醇氧化成醋酸。醋酸杆菌有两种类型：一种为周生鞭毛，可以把生成的醋酸进一步氧化成 CO_2 和水；另一种为极生鞭毛，不能进一步氧化醋酸。醋酸杆菌是制醋的生产菌株，在日常生活中常危害水果与蔬菜，可使酒、果汁变酸。

③ 无色杆菌属　革兰阴性杆菌，分布在水和土壤中，有鞭毛，能运动。多数能分解葡萄糖和其他糖类，产酸而不产氧，能使禽、肉和海产品变质、发黏。

④ 产碱杆菌属　革兰阴性菌，这个属的细菌不能分解糖类而产酸，能产生灰黄色、棕黄色或黄色色素。分布极广，存在于水、土壤、饲料和人畜的肠道内。能使乳制品及其他动物性食品产生黏性而变质，能在培养基上产碱。

⑤ 黄色杆菌属　细胞直杆或弯曲状 $[(0.2\sim2.0\mu m)\times(0.5\sim6.0\mu m)]$，通常极生鞭毛，可运动，革兰染色阴性，好氧或兼性厌氧，有机营养型，中温或嗜冷，大多来源于水和土壤。菌落可产生黄色、橘红、红色或褐色非水溶性色素，有强分解蛋白质的能力，可产生热稳定的胞外酶，故可在低温下使牛乳及乳制品酸败。有的黄色杆菌在 4℃ 引起牛乳变黏等。对其他食品如禽、鱼、蛋等食品同样引起腐败变质。

⑥ 埃希杆菌属和肠细菌属　这两个菌属均归于大肠菌群，细胞杆状 $[(0.4\sim0.7\mu m)\times(1.0\sim4.0\mu m)]$，通常单个出现，周生鞭毛，可运动或不运动，革兰阴性菌，好氧或兼性厌氧，化能有机型。埃希杆菌属和肠细杆菌属的细菌是食品中重要的腐生菌，存在于人类及牲畜的肠道中，在水和土壤中也极为常见。大肠杆菌在合适条件下可使牛乳及乳制品腐败，产

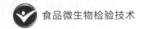

生一种不洁净或粪便气味。

⑦ 沙门菌　沙门菌为无芽孢杆菌，不产荚膜，通常可运动，周生鞭毛，也有无动力的变种，革兰阴性菌。该菌属常污染鱼、肉、禽、蛋、乳等食品，特别是肉类，是人类主要的肠道致病菌。误食由此菌污染的食品，可引起肠道传染病或食物中毒。

⑧ 变形杆菌　无芽孢的革兰阴性菌 $[(0.4\sim0.6)\mu m\times(1\sim3)\mu m]$，卵圆形。幼龄时常变成缕状或弯曲状，周生鞭毛，运动性强。广泛分布于土壤、水及粪便之中。有较强分解蛋白质的能力，是食品的腐败菌，可引起食物中毒。

⑨ 李斯特菌属　无芽孢的短杆菌，革兰染色阳性，周生鞭毛，在低温下可以生长。因此，在冷藏食品中可以发现，是人畜共患李氏菌病的病原菌，可引起人的脑膜炎、败血症、肺炎等。在食品中常见的是单核细胞增生李斯特菌。

⑩ 乳杆菌属　菌体单个或呈链状，不运动或极少能运动，厌氧或兼性厌氧，革兰染色阳性。该属的细菌分解糖的能力很强，可从牛乳、乳制品和植物产品中分离出来，常被用作生产乳酸、干酪、酸乳等乳制品的发酵菌剂。

⑪ 明串珠菌属　菌体呈圆形或卵圆形，呈链状排列，革兰染色阳性，分布较广，常在牛乳、蔬菜、水果上发现。肠膜明串珠菌能利用蔗糖合成大量荚膜物质——葡萄糖，已被用来生产右旋糖酐，作为代血浆的主要成分。右旋糖酐具有维持血液渗透压、增加血容量的作用，在临床上可以用于抗休克、消肿和解毒。但是，明串珠菌常给食品的生产带来麻烦，如导致牛乳的变黏以及制糖工业中增加了糖液黏度，影响过滤而延长了时间，降低了产量。

⑫ 双歧杆菌属　双歧杆菌最初于 1899 年由法国巴斯德研究院的蒂赛尔首先从健康母乳喂养婴儿的粪便中分离出来。革兰染色阳性，多形态杆菌，呈 Y 字形、V 字形、弯曲状、棒状、勺状等，菌种不同其形态不同，专性厌氧。目前市场上保健饮品风行，其中发酵乳制品及一些保健饮料常加入双歧杆菌，以提高产品的保健效果。

⑬ 芽孢杆菌属　细胞杆状，有些很大 $[(0.3\sim2.2\mu m)\times(1.2\sim7.0\mu m)]$，能出现单个、成对或短链状。端生或周生鞭毛，运动或不运动，革兰染色阳性，好氧或兼性厌氧，可产生芽孢。在自然界中广泛分布，在土壤、水中尤为常见。此菌产生的芽孢对热具有一定的抗性。因此，在食品工业中是经常遇到的污染菌。蜡状芽孢杆菌污染食品引起食物变质，可引起食物中毒。枯草芽孢杆菌常引起面包腐败，但产生蛋白酶的能力强，常用作蛋白酶产生菌。该菌属中炭疽芽孢杆菌能引起人、畜共患的烈性传染病——炭疽病。

二、影响微生物生长的理化因素

1. 水分

水分对维持微生物的正常生命活动是必不可少的。干燥会造成微生物因失水而停止代谢甚至死亡。不同的微生物对干燥的抵抗力是不一样的，细菌的芽孢抵抗力最强，霉菌和酵母菌的孢子也具较强的抵抗力。

影响微生物对干燥抵抗力的因素较多。高温干燥时，微生物容易死亡；在低温下干燥时，其抵抗力强。因此，干燥后存活的微生物若处于低温下，可用于保藏菌种。干燥的速度快，微生物抵抗力强；缓慢干燥时，微生物死亡多。微生物在真空干燥时，再加保护剂（血清、血浆、肉汤、蛋白胨、脱脂牛乳）于菌悬液中，分装在安瓿内，低温下可保持长达数年的生命力。食品工业中常用干燥方法保藏食品。

2. 渗透压

大多数微生物适于在等渗的环境生长。若置于高渗溶液（如 20％NaCl）中，水将通过细胞膜进入细胞周围的溶液中，造成细胞脱水而引起质壁分离，使细胞不能生长甚至死亡；若将微生物置于低渗溶液（如 0.01％NaCl）或水中，外环境中的水从溶液进入细胞内引起细胞膨胀，甚至破裂致死。一般微生物不能耐受高渗透压，因此，食品工业中利用高浓度的盐或糖保存食品，如腌渍蔬菜、肉类及果脯蜜饯等，糖的浓度通常在 50％～70％，盐的浓度为 5％～15％，在二者浓度相等的情况下，盐的保存效果优于糖。有些微生物耐高渗透压的能力较强，如发酵工业中鲁氏酵母。另外，嗜盐微生物（生活在含盐量高的海水中）可在 15％～30％的盐溶液中生长。

3. 辐射

电磁辐射包括可见光、红外线、紫外线、X 射线和 γ 射线等均具有杀菌作用。在辐射能中无线电波的波长最长，对生物的作用最弱；红外辐射波长在 800～1000nm，可被光合细菌作为能源；可见光部分的波长为 380～760nm，是蓝细菌等藻类进行光合作用的主要能源；紫外辐射的波长为 136～400nm，有杀菌作用。可见光、红外辐射和紫外辐射的最强来源是太阳，由于大气层的吸收，紫外辐射与红外辐射不能全部达到地面；而波长更短的 X 射线、γ 射线、β 射线和 α 射线（由放射性物质产生），往往引起水与其他物质的电离，对微生物有害，故被作为一种灭菌措施。

波长为 265～266nm 的紫外线杀菌力最强，其杀菌机理是复杂的。细胞原生质中的核酸及其碱基对紫外线吸收能力强，吸收峰为 260nm，而蛋白质的吸收峰为 280nm，当这些辐射能作用于核酸时，便能引起核酸的变化，破坏分子结构，主要是对 DNA 的作用，最明显的是形成胸腺嘧啶二聚体，妨碍蛋白质和酶的合成，引起细胞死亡。紫外线的杀菌效果，因菌种及生理状态而异，照射时间、距离和剂量的大小也有影响。由于紫外线的穿透能力差，不易透过不透明的物质，即使一薄层玻璃也会被滤掉大部分，在食品工业中适于厂房内空气及物体表面消毒，也有用于饮用水消毒的。适量的紫外线照射，可引起微生物的核酸物质 DNA 结构发生变化，培育新性状的菌种。因此，紫外线常作为诱变剂用于育种工作中。

4. pH 值

微生物生长的 pH 值范围极广，一般在 pH 值为 2～8，有少数种类还可超出这一范围，事实上，绝大多数种类都生长在 pH 值 5～9。

不同的微生物都有其最适生长 pH 值和一定的 pH 范围，即最高、最适与最低三个数值。在最适 pH 范围内微生物生长繁殖速度快；在最低或最高 pH 值的环境中，微生物虽然能生存和生长，但生长非常缓慢而且容易死亡。一般霉菌能适应的 pH 值范围最大，酵母菌适应的范围较小，细菌最小。霉菌和酵母菌生长最适宜 pH 值都在 5～6，而细菌的生长最适宜 pH 值在 7 左右。一些最适宜生长 pH 值偏于碱性范围内的微生物，称嗜碱性微生物，如硝化菌、尿素分解菌、根瘤菌和放线菌等；有的不一定要在碱性条件下生活，但能耐较碱性的条件，称耐碱微生物，如若干链霉菌等。生长 pH 值偏于酸性范围内的微生物也有两类：一类是嗜酸微生物，如硫杆菌属等；另一类是耐酸微生物，如乳酸杆菌、醋酸杆菌、许多肠杆菌和假单胞菌等。见表 4-2。

表 4-2　不同微生物生长的 pH 值范围

微生物	pH 值		
	最低	最适	最高
乳杆菌	4.8	6.2	7.0
嗜酸乳杆菌	4.0~4.6	5.8~6.6	6.8
金黄色葡萄球菌	4.2	7.0~7.5	9.3
大肠杆菌	4.3	6.0~8.0	9.5
伤寒沙门菌	4.0	6.8~7.2	9.6
放线菌	5.0	7.0~8.0	1.0
一般酵母菌	3.0	5.0~6.0	8.0
黑曲霉	1.5	5.0~6.0	9.0
大豆根瘤菌	4.2	6.8~7.0	11.0

5. 氧气

氧气对微生物的生命活动有着重要影响。专性好氧菌要求必须在有分子氧的条件下才能生长，有完整的呼吸链，以分子氧作为最终氢受体，细胞有超氧化物歧化酶和过氧化氢酶。绝大多数真菌和许多细菌都是专性好氧菌，如米曲霉、醋酸杆菌、荧光假单胞菌、枯草芽孢杆菌和蕈状芽孢杆菌等。兼性厌氧菌在有氧或无氧条件下都能生长，但有氧的情况下生长得更好。有氧时进行呼吸产能，无氧时进行发酵或无氧呼吸产能。细胞含 SOD 和过氧化氢酶。许多酵母菌和许多细菌都是兼性厌氧菌，例如酿酒酵母、大肠杆菌和普通变形杆菌等。微好氧菌只能在较低的氧分压下才能正常生长的微生物，也通过呼吸链以氧为最终氢受体而产能，例如霍乱弧菌、一些氢单胞菌、拟杆菌属和发酵单胞菌属。耐氧性厌氧菌，可在分子氧存在时进行厌氧呼吸的厌氧菌，即生长不需要氧，但分子氧存在对其也无毒害；不具有呼吸链，仅依靠专性发酵获得能量；细胞内存在 SOD 和过氧化物酶，但没有过氧化氢酶。一般乳酸菌多数是耐氧菌，如乳链球菌、乳酸乳杆菌、肠膜明串珠菌和粪链球菌等，乳酸菌以外的耐氧菌如雷氏丁酸杆菌。厌氧菌，其特征是分子氧的存在有毒害作用，即使是短期接触空气，也会抑制其生长甚至使其死亡；在空气或含 $10\%CO_2$ 的空气中，在固体或半固体培养基的表面上不能生长，只能在深层无氧或低氧化还原势的环境下才能生长；其生命活动所需能量是通过发酵、无氧呼吸、循环光合磷酸化或甲烷发酵等提供；细胞内缺乏 SOD 和细胞色素氧化酶，大多数还缺乏过氧化氢酶。常见的厌氧菌有罐头工业的腐败菌，如肉毒梭状芽孢杆菌、嗜热梭状芽孢杆菌、拟杆菌属、双歧杆菌属以及各种光和细菌和产甲烷菌等。一般绝大多数微生物都是好氧菌或兼性厌氧菌，厌氧菌的种类相对较少，但近年来已发现越来越多的厌氧菌。

6. 化学消毒剂

有重金属盐类、有机化合物、氧化剂等。

(1) 重金属盐类

重金属盐类对微生物都有毒害作用，其机理是金属离子容易和微生物的蛋白质结合而发生变性或沉淀。汞、银、砷的离子对微生物的亲和力较大，能与微生物酶蛋白的—SH 结合，影响其正常代谢。汞化合物是常用的杀菌剂，杀菌效果好，用于医药业中。重金属盐类虽然杀菌效果好，但对人有毒害作用，所以严禁用于食品工业中的防腐或消毒。

（2）有机化合物

对微生物有杀菌作用的有机化合物种类有很多，其中酚、醇、醛等能使蛋白质变性，是常用的杀菌剂。

酚及其衍生物（苯酚又称石炭酸），杀菌作用是使微生物蛋白质变性，并具有表面活性剂作用，破坏细胞膜的通透性，使细胞内含物外溢。酚浓度低时有抑菌作用，浓度高时有杀菌作用，2%～5%的酚溶液能在短时间内杀死细菌的繁殖体，杀死芽孢则需要数小时或更长的时间。许多病毒和真菌孢子对酚有抵抗力。适用于医院的环境消毒，不适于食品加工用具以及食品生产场所的消毒。

醇类是脱水剂、蛋白质变性剂，也是脂溶剂，可使蛋白质脱水、变性，损害细胞膜而具杀菌能力。75%的乙醇杀菌效果最好，其原因是高浓度的乙醇可使菌体迅速脱水，其表面蛋白质凝固，形成了保护膜，阻止了乙醇分子进一步渗入。乙醇常用于皮肤表面消毒，实验室用于玻棒、玻片等用具的消毒。醇类物质的杀菌力随着分子量的增大而增强，但分子量大的醇类水溶性比乙醇差，因此，醇类中常用乙醇作消毒剂。

甲醛是一种常用的杀细菌与杀真菌剂，杀菌机理是与微生物蛋白质的氨基结合而使蛋白质变性致死。市售的福尔马林溶液就是37%～40%的甲醛水溶液。0.1%～0.2%的甲醛溶液可杀死细菌的繁殖体，5%的甲醛可杀死细菌的芽孢。甲醛溶液可作为熏蒸消毒剂，对空气和物体表面有消毒效果，但不适宜于食品生产场所的消毒。

（3）氧化剂

氧化剂杀菌的效果与作用的时间和浓度成正比关系，杀菌的机理是氧化剂放出游离氧作用于微生物蛋白质的活性基团（氨基、羟基和其他化学基团），造成代谢障碍而死亡。

氯具有较强的杀菌作用，其机理是使蛋白质变性。氯气常用于城市生活用水的消毒，饮料工业用于水处理工艺中杀菌。

漂白粉中有效氯为28%～35%。当浓度为0.5%～1%时，5min可杀死大多数细菌，5%的漂白粉在1h可杀死细菌芽孢。漂白粉常用于饮用水消毒，也可用于蔬菜和水果的消毒。

过氧乙酸是一种高效广谱杀菌剂，能快速地杀死细菌、酵母、霉菌和病毒。据报道，0.001%的过氧乙酸水溶液能在10min内杀死大肠杆菌，而0.005%的过氧乙酸水溶液只需5min；杀死金黄色葡萄球菌（0.005%过氧乙酸）需要60min，但提高浓度为0.01%只需2min；0.04%浓度的过氧乙酸水溶液，在1min内杀死99.99%的蜡状芽孢杆菌；0.5%的过氧乙酸可在1min内杀死枯草杆菌。能够杀死细菌繁殖体过氧乙酸的浓度，足以杀死霉菌和酵母菌。过氧乙酸对病毒的灭菌效果也好，是高效、广谱和速效的杀菌剂，并且几乎无毒，使用后即使不去除，其也会分解为醋酸、过氧化氢、水和氧。适用于一些食品包装材料（如超高温灭菌乳、饮料的利乐包等）的灭菌；过氧乙酸也适于食品表面的消毒（如水果、蔬菜和鸡蛋）；食品加工厂工人的手、地面和墙壁的消毒以及各种塑料、玻璃制品和棉布的消毒。用于手消毒时，只能用浓度低于0.5%的溶液，才不会对皮肤产生刺

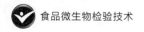

激和腐蚀。

三、细菌芽孢染色法

1. 实验内容

细菌的芽孢染色法，观察芽孢、营养体及芽孢囊。

2. 器材

枯草芽孢杆菌，球形芽孢杆菌 1～2d 营养琼脂斜面培养物，5％孔雀绿水溶液，0.5％番红水溶液，小试管，滴管，烧杯，试管架，载玻片，木夹子，显微镜等。

3. 操作步骤

（1）改良的 Schaeffer-Fulton 染色法

① 菌悬液制备　加 1～2 滴水于小试管，用接种环挑取 2～3 环菌苔于试管中，搅拌均匀，制成浓的菌悬液。

所用菌种应掌握菌龄（培养 24h 左右），以大部分细菌已形成芽孢囊为宜；取菌不宜太少。

② 染色　加孔雀绿染液 2～3 滴于小试管中，并使其与菌液混合均匀，然后将试管置于沸水浴的烧杯中，加热染色 15～20min。

③ 涂片固定　用接种环挑取试管底部菌液数环于洁净载玻片上，涂成薄膜，然后将涂片通过火焰 3 次以固定。

④ 脱色　水洗，直至流出的水无绿色为止。

⑤ 复染　用番红染液染色 2～3min，倾去染液并用滤纸吸干残液。

⑥ 镜检　干燥后用油镜观察。芽孢呈绿色，芽孢囊及营养体为红色。

（2）Schaeffer-Fulton 染色法

① 制片　将培养 24h 左右的枯草芽孢杆菌或其他芽孢杆菌，按常规涂片、干燥、固定。

② 染色　滴加 3～5 滴孔雀绿染液于已固定的涂片上，用木夹夹住载玻片一端，在微火上加热至染料冒蒸汽（但勿沸腾）并开始计时，维持 5min（这一步也可不加热，改用饱和的约 7.6％孔雀绿水溶液染 10min）。加热过程中要及时补充染液，切勿让涂片干涸。

③ 水洗　倾去染液，待玻片冷却后，用缓流自来水水洗至流出的水无色为止。勿用水对着菌膜冲洗，以免细菌被水冲掉。

④ 复染　用番红染液复染 2min。

⑤ 水洗　用缓流水洗后，吸干。

⑥ 镜检　待干燥后，置油镜观察。芽孢呈绿色，芽孢囊及营养体呈红色。

4. 注意事项

供芽孢染色用的菌种应控制菌龄，使大部分芽孢仍保留在菌体上为宜。

四、细菌鞭毛染色法及运动观察

1. 实验内容

细菌的鞭毛染色法、用压滴法观察细菌的运动、用悬滴法观察细菌的运动。

2. 器材

普通变形菌、金黄色葡萄球菌、牛肉膏蛋白胨培养基斜面、鞭毛染色液（配制方法见附录2）、0.01%美蓝水溶液、香柏油、二甲苯、无菌水、凡士林、显微镜、擦镜纸、接种环、酒精灯、载玻片、凹载玻片、盖玻片、镊子、细玻棒、吸水纸。

3. 操作步骤

（1）活化菌种

将保存的变形菌在新制备的普通牛肉膏蛋白胨斜面培养基上连续移种 2～3 次，每次于 30℃培养 10～15h。活化后，菌种备用。

（2）制片

在干净载玻片的一端滴一滴蒸馏水，用无菌操作法，以接种环从活化菌种中取少许菌苔（注意不要带培养基），在载玻片的水滴中轻蘸几下。将载玻片稍倾斜，使菌液随水滴缓缓流到另一端，然后平放，于空气中干燥。

（3）染色

① 滴加鞭毛染色液 A 液，染 3～5min。

② 用蒸馏水充分洗净 A 液，使背景清洁。

③ 将残水沥干或用 B 液冲去残水。

④ 滴加 B 液，在微火上加热使微冒蒸汽，并随时补充染料使不干涸，染 30～60s。

⑤ 待冷却后，用蒸馏水轻轻冲洗干净，自然干燥或滤纸吸干。

（4）镜检

先用低倍镜和高倍镜找到典型区域，然后用油镜观察。菌体为深褐色，鞭毛为褐色。注意观察鞭毛着生位置（镜检时应多找几个视野，有时只在部分涂片上染出鞭毛）。

4. 细菌运动的观察

（1）压滴法

① 制备菌液。从幼龄菌斜面上，挑数环菌放入装有 1～2mL 无菌水的试管中，制成轻度混浊的菌悬液。

② 取 2～3 环稀释菌液于洁净载玻片中央，再加入一环 0.01% 的美蓝水溶液，混匀。

③ 用镊子夹一洁净的盖玻片，先使其一边接触菌液，然后慢慢地放下盖玻片，这样可防止产生气泡。

④ 镜检。将光线适当调暗，先用低倍镜找到观察部位，再用高倍镜观察。要区分细菌鞭毛运动和布朗运动，后者只是在原处左右摆动，细菌细胞间有明显位移者，才能判定为有运动性。

（2）悬滴法

① 取洁净盖玻片，在四周涂少许凡士林。

② 在盖玻片中央滴一小滴菌液。

③ 将凹玻片的凹窝向下，使凹窝中心对准盖玻片中央的菌液，轻轻地盖在盖玻片上，使凹玻片与盖玻片粘在一起（注意液滴不得与凹玻片接触）。

④ 小心将玻片翻转过来，使菌液正好悬在凹窝的中央。再用火柴棒轻压盖玻片四周使封闭，以防菌液干燥。

⑤ 镜检。将光线适当调暗，先用低倍镜找到悬滴的边缘后，再将菌液移至视野中央，

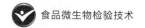

换用高倍镜观察，注意细菌是如何运动的。

5. 注意事项

① 鞭毛染色液最好在当日配制当日使用，次日使用则鞭毛染色浅、观察效果差。染色时一定要充分洗净 A 液后再加 B 液，否则背景不清晰。

② 观察细菌的运动，载玻片和盖玻片都要洁净无油，否则会影响细菌的运动。有些细菌，温度太低时不能运动。

五、荚膜染色法

1. 实验内容

细菌的荚膜染色法、观察细菌的荚膜。

2. 器材

褐球固氮菌、牛肉膏蛋白胨培养基斜面、荚膜染色液、95％乙醇、香柏油、二甲苯、无菌水、凡士林、显微镜、擦镜纸、接种环、酒精灯、载玻片、凹载玻片、盖玻片、镊子、细玻棒、吸水纸。

3. 操作步骤

（1）石炭酸复红染色

① 取培养了 72h 的褐球固氮菌制成涂片，自然干燥（不可用火焰烘干）。

② 滴入 1～2 滴 95％乙醇固定（不可加热固定）。

③ 加石炭酸复红染液染色 1～2min，水洗，自然干燥。

④ 在载玻片一端加一滴墨汁，另取一块边缘光滑的载玻片与墨汁接触，再以匀速推向另一端，涂成均匀的薄层，自然干燥。

⑤ 干燥后用油镜观察。菌体红色，荚膜无色，背景黑色。

（2）背景染色

① 先加 1 滴墨水于洁净的玻片上，并挑取少量褐球固氮菌与之充分混合均匀。

② 放一清洁盖玻片于混合液上，然后在盖玻片上放一张滤纸，向下轻压，吸收多余的菌液。

③ 干燥后用油镜观察。背景灰色，菌体较暗，在其周围呈现一明亮的透明圈即荚膜。

4. 注意事项

荚膜染色涂片不要用加热固定，以免荚膜皱缩变形。

学习情境五

放线菌的个体形态观察

学习目标和职业素养目标

1. 掌握两种以上观察放线菌形态的方法；
2. 了解放线菌的形态结构、繁殖方式、菌落特征，能够辨认放线菌的营养菌丝、气生菌丝、孢子丝、孢子；
3. 说出放线菌在食品生产中的基本应用；
4. 培养认真细心、实事求是的态度；
5. 通过任务实施，掌握多种自主学习方法，树立自信心和终身学习理念。

任务描述

学院食品微生物室新进一批放线菌菌种，需要采取两种以上方法观察其个体形态并摄取照片留存，用于日后教学，请完成此项任务。

任务要求

1. 每组同学查阅资料，掌握制片方法过程，并对给定的菌种熟练地制片和观察。
2. 每组同学会配制染色过程中所需的染色液。

学前准备

1. 学习资料

见"信息单"及食品微生物相关资料。

2. 其他参考资料来源

（1）《食品微生物》等相关书籍。

（2）食品检验类网站。

3. 思考题

（1）比较放线菌的三种培养及观察方法的优缺点。

（2）玻璃纸培养和观察法是否还可以用于其他类群微生物的培养和观察？为什么？

（3）镜检时，如何区分放线菌的基内菌丝和气生菌丝？

（4）放线菌、菌丝体、营养菌丝、气生菌丝的概念是什么？

（5）据形态与功能的不同，放线菌的菌丝分为哪几类？其功能分别是什么？

（6）放线菌菌落的特征是什么？

（7）什么是原核微生物？包括哪些微生物？其特点是什么？

任务实施

1. 材料工具

（1）材料：《食品微生物》等相关书籍、染色液、菌种等。

（2）工具：纸、笔、数码相机、电脑等。

2. 工作流程

查找资料，确定放线菌个体形态观察所需用品的清单→对所需材料进行清点→设计方案→方案修改及确认→完成任务。

3. 实施过程

分小组，每组5人，设计放线菌的个体形态观察方案。

（1）查阅参考书、上网搜集实验所需相关材料。

（2）确定实验需要的材料清单，并完成清单表（附录6）。

（3）由组长汇总相关材料。

（4）小组讨论制订、设计方案

① 学生自行设计方案并做成PPT报告展示；

② 每组选一代表，讲解小组的设计方案，组员补充方案的内容。

（5）方案的修改及确定。

（6）教师演示并指导学生完成任务。

评价反馈

完成评价（附录7和附录8）。

信息单——放线菌个体形态观察的方法

1. 基本原理

放线菌是指能形成分枝丝状体或菌丝体的一类革兰阳性细菌。常见放线菌大多能形成菌丝体，紧贴培养基表面或深入培养基内生长的叫基内菌丝（简称"基丝"），基丝生长到一定阶段还能向空气中生长出气生菌丝（简称"气丝"），并进一步分化产生孢子丝及孢子。有的放线菌只产生基丝而无气丝。在显微镜下直接观察时，气丝在上层，基丝在下层；气丝色暗，基丝较透明。孢子丝依种类的不同，有直线形、波曲形、各种螺旋形或轮生。在油镜下观察，放线菌的孢子有球形、椭圆、杆状或柱状。能否产生菌丝体及由菌丝体分化产生的各种形态特征是放线菌分类鉴定的重要依据。为了能观察放线菌的形态特征，人们设计了各种培养和观察方法，这些方法的主要目的是尽可能保持放线菌自然生长状态下的形态特征并进行观察。本实验介绍其中几种常用方法。

(1) 扦片法

将放线菌接种在琼脂平板上，扦上灭菌盖玻片后培养，使放线菌菌丝沿着培养基表面与盖玻片的交接处生长而附着在盖玻片上。观察时，轻轻取出盖玻片，置于载玻片上直接镜检。这种方法可观察到放线菌自然生长状态下的特征，且便于观察不同生长期的形态。

(2) 玻璃纸法

玻璃纸是一种透明的半透膜，将灭菌的玻璃纸覆盖在琼脂平板表面，然后将放线菌接种于玻璃纸上，经培养，放线菌在玻璃纸上生长形成菌苔。观察时，揭下玻璃纸，固定在载玻片上直接镜检。这种方法既能保持放线菌的自然生长状态，也便于观察不同生长期的形态特征。

(3) 印片法

将要观察的放线菌的菌落或菌苔，先印在载玻片上，经染色后观察。这种方法主要用于观察孢子丝的形态、孢子的排列及其形状等。此方法简便，但放线菌的形态特征可能有所改变。

2. 器材

菌种：5406 放线菌或青色链霉菌；弗氏链霉菌。

培养基：灭菌的高氏 1 号培养基。

仪器及其他工具：石炭酸复红染液，载玻片，显微镜等；经灭菌的玻璃纸、盖玻片，玻璃涂布棒、接种铲、接种环、小刀、镊子。

3. 操作步骤

(1) 扦片法（图 5-1）

盖玻片
培养基

图 5-1　扦片法

① 倒平板　将灭菌后的高氏 1 号培养基（冷却至大约 50℃）倒入培养皿，每皿倒 15mL 左右，凝固后备用。

② 接种　用接种环挑取菌种斜面培养物（孢子）在琼脂平板上划线接种。划线要密一些，以利于扦片。

③ 扦片　以无菌操作用镊子将灭菌的盖玻片以大约 45°角扦入琼脂内（扦在接种线上），扦片数量可根据需要而定。

④ 培养　将扦片平板倒置，28℃培养，培养时间根据观察的目的而定，通常 3～5d。

⑤ 镜检　用镊子小心拔出盖玻片，擦去背面培养物，将有菌的一面朝上放在载玻片上，直接镜检。观察时，宜用略暗光线，先用低倍镜找到适当视野，再换高倍镜观察。如果用 0.1%美蓝对经培养的盖玻片进行染色后再观察，效果会更好。

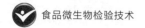
（2）玻璃纸法

① 倒平板　同扦片法。

② 铺玻璃纸　以无菌操作用镊子将已灭菌（155～160℃干热灭菌 2h）的玻璃纸片（似盖玻片大小）铺在培养基琼脂表面，用无菌玻璃棒（或接种环）将玻璃纸压平，使其紧贴在琼脂表面，玻璃纸和琼脂之间不留气泡。每个平板可铺 5～10 块玻璃纸。也可用略小于平皿的大张玻璃纸代替小纸片，但观察时需要再剪成小块。

在玻璃纸灭菌时，若直接将干燥的玻璃纸灭菌，玻璃纸就会缩小，不便使用，故需作如下处理：将玻璃纸和滤纸剪成培养皿大小的圆形，用水浸泡后把湿滤纸和玻璃纸交互重叠地放在培养皿中，借滤纸将玻璃纸隔开，然后进行湿热灭菌，备用。

③ 接种　用接种环挑取菌种斜面培养物（孢子）在玻璃纸上划线接种。

④ 培养　将平板倒置，28℃培养 3～5d。

⑤ 镜检　在洁净载玻片上加一滴水，用镊子小心取下玻璃纸片，菌面朝上放在玻片的水滴上，使玻璃纸平贴在玻片上（中间勿留气泡）。先用低倍镜找到适当视野，再换高倍镜观察。操作过程勿碰动玻璃纸面上的菌培养物。

（3）印片法

① 接种　培养用高氏 1 号琼脂平板，常规划线接种或点种，28℃培养 4～7d。也可用上述两种方法所使用的琼脂平板上的培养物，作为制片观察的材料。

② 印片　用接种铲或解剖刀将平板上的菌苔连同培养基切下一小块，菌面朝上放在一载玻片上。另取一洁净载玻片置火焰上微热后，盖在菌苔上，轻轻按压，使培养物（气丝、孢子丝或孢子）附着（印）在后一块载玻片中央，有印迹的一面朝上，通过火焰 2～3 次固定。印片时不要用力过大，以免压碎琼脂；也不要挪动，以免改变放线菌的自然形态。

③ 染色　用石炭酸复红覆盖印迹，染色约 1min 后水洗。

④ 镜检　干燥后，用油镜观察营养菌丝的形态。

一、放线菌

放线菌因在固体培养基上的菌落呈放射状生长而得名，是一类革兰染色阳性的原核微生物。放线菌多数为腐生菌，少数为寄生菌。放线菌广泛分布在人类生存的环境中，特别是在有机质丰富的微碱性土壤中含量最多。放线菌与人类的关系极为密切，是主要的抗生素产生菌。到目前为止，在 6000 多种抗生素中约有 4000 多种是由放线菌产生的。放线菌在纤维素降解、甾体转化、石油脱蜡、污水处理等方面有广泛的应用。有的放线菌还能用来生产维生素和酶制剂，只有少数放线菌能引起人类、动物和植物的病害。

1. 放线菌的形态和大小

放线菌为单细胞，菌体由纤细的分枝状菌丝组成，放线菌细胞的成分与结构与细菌类似。直径在 0.5～1.0μm，与细菌差不多，菌丝无隔膜。

放线菌的菌丝因形态与功能不同，分成三类，见图 5-2。

① 基内菌丝　基内菌丝是放线菌的孢子萌发后，伸入培养基内摄取营养的菌丝，又称

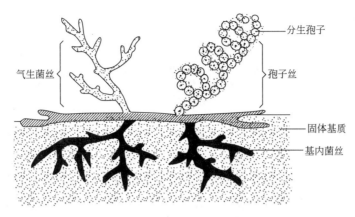

图 5-2 链霉菌的形态结构模式图

营养菌丝。

② 气生菌丝 气生菌丝是由基内菌丝长出培养基，外伸向空间的菌丝。

③ 孢子丝 孢子丝是气生菌丝生长发育到一定阶段，在其上部分化出可形成孢子的菌丝。孢子丝的形状和着生方式因种而异，形状有直形、波曲形和螺旋形之分；着生方式也可分成互生、丛生、轮生等方式（见图 5-3）。孢子丝生长到一定阶段后，断裂为孢子。放线菌孢子丝的形态、孢子的形状和颜色等特征均为菌种鉴定的依据。

图 5-3 放线菌孢子丝形态图

2. 放线菌的繁殖与菌落特征

（1）繁殖方式

放线菌主要通过产生无性孢子及菌丝片段等形式进行繁殖。

（2）菌落特征

放线菌的气生菌丝较细，生长缓慢，分枝的菌丝互相交错缠绕，因而形成的菌落小且质地致密，表面呈紧密的绒状或坚实、干燥、多皱。由于放线菌的基内菌丝长在培养基内，故菌落一般与培养基结合紧密，不易挑起，或整个菌落被挑起而不致破碎。放线菌中的诺卡菌，其菌丝体生长 15～48h，菌丝将产生横膈膜，分枝的菌丝体全部断裂成杆状、球状或带杈的杆状，这时的菌落质地松散，易被挑取。幼龄菌落因气生菌丝尚未分化成孢子丝，故菌落表面与细菌菌落相似而不易区分。当产生的大量孢子布满菌落表面时，就形成外观呈绒状、粉末状或颗粒状的典型放线菌菌落。此外，由于放线菌菌丝及孢子常具有不同的色素，可使菌落的正面与背面呈现不同颜色，其中的水溶性色素可扩散到培养基中，脂溶性色素则

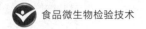

不能扩散。

3. 常见放线菌代表种

① 诺卡菌属　在固体培养基上生长时，只有基内菌丝，没有气生菌丝或只有很薄的一层气生菌丝，靠菌丝断裂进行繁殖。该菌属产生多种抗生素，对结核分枝杆菌和麻风分枝杆菌有特效的利福霉素就是由该属菌产生的。

② 链霉菌属　在固体培养基上生长时，形成发达的基内菌丝和气生菌丝。气生菌丝生长到一定时候分化产生孢子丝或孢子，孢子丝有直形、波曲形、螺旋形等各种形态；孢子有球形、椭圆、杆状等各种形态，并且有的孢子表面还有刺、疣、毛等各种纹饰。链霉菌的气生菌丝和基内菌丝有各种不同的颜色，有的菌丝还产生可溶性色素分泌到培养基中，使培养基呈现各种颜色。链霉菌的许多种类可产生对人类有益的抗生素，如链霉素、红霉素、四环素等都是由链霉菌中的一些种产生的。

③ 小单孢菌属　菌丝体纤细，只形成基内菌丝，不形成气生菌丝，在基内菌丝上长出许多小分枝，顶端着生一个孢子。此属也是产生抗生素较多的一个属，如庆大霉素就是由该属的绛红小单孢菌和棘孢小单孢菌产生的。

二、其他原核微生物

1. 古细菌

在过去很长一段时间里，由于微生物研究技术和手段落后，对古细菌的了解甚少，一直将古细菌划分为细菌范畴。1977 年以后，科学家改进了研究方法，对细菌进行深入研究后发现，在细菌中有一类在细胞形态、化学组成及生活环境等方面都很特殊的微生物。为了区分这类独特的微生物类群，将其命名为古细菌，简称古菌。古细菌的细胞薄而扁平，形态独特多样，如叶片状（嗜热硫化叶菌）、棍棒状（热棒菌）、盘状（富盐菌）、球状、丝状等；细胞壁大多不含肽聚糖；质膜中有具醚键的类脂；古细菌大多生活在厌氧、高盐或高热等极端环境中。根据古细菌的生活习性和生理特性的不同，可将其分成三大类群：产甲烷菌、嗜热嗜酸菌、极端嗜盐菌。下面仅对产甲烷菌群进行简单介绍。

古细菌的常见类群——产甲烷菌，早在大约 150 年前，人们就认识了产甲烷菌，并对其产生了极大的兴趣，原因是产甲烷菌在处理有机废物时能产生清洁的生物能源物质——甲烷。随着对产甲烷菌研究的深入，产甲烷菌新种不断被发现，截至 1992 年产甲烷菌已发现有 70 余种。产甲烷菌在形态上具有多样性，从已分离的产甲烷菌就有球形、八叠球状、短杆状、长杆状、丝状或盘状。产甲烷菌是严格的厌氧菌，只能生活在与氧气隔绝的水底、沼泽、水稻田、厌氧处理装置以及动物的消化道特别是反刍动物的瘤胃中。产甲烷菌是化能有机营养型或化能无机营养型。

2. 蓝细菌

蓝细菌是一类含有叶绿素 a，能进行放氧性光合作用的原核生物。蓝细菌过去归入藻类植物，称为蓝藻或蓝绿藻，现根据其细胞具原始核、只有叶绿素没有叶绿体、革兰染色阴性等特点而归为原核微生物中的一个特殊类群，故称为蓝细菌。蓝细菌约有 2000 种，在自然界分布广泛，无论在淡水、海水、潮湿土壤、树皮或岩石表面，还是在沙漠的岩石缝隙里或是在温泉（70～73℃）等极端环境中都能生长。有些蓝细菌还能与真菌、苔藓、蕨类、种子植物、珊瑚或一些无脊椎动物共生。蓝细菌与人类的关系密切，有的种类富含营养，可供人类食用；有的种类能固氮，可增加水体和土壤的氮素营养；有的种类在富营养的湖泊或水库中大量繁殖，形成水华，污染水体；有些还产生毒素，通过食物链危害人类健康。蓝细菌形态差异大，有单细胞体、群体和丝状体。蓝细菌的营养类型为光能自养型，光合色素为叶绿素 a 和独特的藻胆素（包括藻蓝素、藻红素与藻黄素）。菌体通常呈蓝色或蓝绿色（藻蓝素占优势），少数呈红、紫、褐等颜色。光合作用产氧，有异形胞的蓝细菌能固氮。异形胞较营养细胞稍大、壁厚、色浅，内含固氮酶，具有固定大气中游离氮的功能，目前已知的固氮蓝细菌有 120 多种。细胞壁外常有胶被或胶鞘，胶被和胶鞘厚度不等，无色或有各种颜色。繁殖方式主要为无性繁殖的二分裂法。丝状蓝细菌还可通过丝状体断裂形成短片状的段殖体，每个段殖体可长成新的个体。

3. 支原体

支原体又称类菌质体，是一类介于细菌与立克次体之间，能独立生活的最小原核微生物。广泛分布于污水、土壤和动物体内，多数致病，如可引起人、畜和禽类的呼吸系统、尿道以及生殖系统（输卵管和附睾）的炎症。常引起植物黄化病、矮缩病等的支原体通常又称类支原体，体形微小，直径为 150～300nm，一般为 250nm 左右，在显微镜下，勉强可见；无细胞壁，细胞柔软而形态多变；在含血清等营养丰富的培养基上形成"油煎蛋形"的小菌落，直径为 10～600μm。

4. 立克次体

立克次体是一类只能寄生在真核细胞内的革兰阴性原核微生物。1909 年，美国医生 H. T. Ricketts 首次发现斑疹伤寒的病原体，并在 1910 年因研究该病原体不幸感染而殉职，为表示纪念，将斑疹伤寒等这类病原体命名为立克次体。细胞呈球状、杆状或丝状，细胞大小一般为（0.3～0.7）μm×（1～2）μm，光学显微镜下可见；有细胞壁，革兰染色阴性；在真核细胞内营专性寄生（个别例外），其宿主一般为虱、蚤、蜱、螨等节肢动物，并可传至人或其他脊椎动物；以二分裂方式繁殖；不能在人工培养基上生长，可用鸡胚、敏感动物或合适的组织培养物培养。

5. 衣原体

衣原体是一类能通过细菌过滤器在真核细胞内营专性能量寄生的原核微生物。细胞为球形或椭圆形，直径 0.2～0.7μm，大的可达 1.5μm；有细胞壁，革兰染色阴性；有不完整的酶系统，尤其缺乏能代谢的酶系统，故必须依靠寄生细胞提供能量，进行严格的细胞内寄生；核酸为 DNA 和 RNA，以二分裂方式繁殖；传播途径不需媒介，而是直接由空气传染给鸟类、哺乳动物或人类，引起沙眼、结膜炎、肺炎、多发性关节炎、肠炎等；在宿主细胞内的发育阶段，存在原基体和始体两种细胞形态，即由细胞壁厚而坚韧且具感染性的原基体变成细胞较大壁厚的非传染性的始体，然后再形成致密的具传染性的原基体。

6. 螺旋体

螺旋体是一类介于细菌与原生动物之间的单细胞原核微生物，形态结构和运动方式独特。其特点是：菌体细长 [(0.1～3.0)μm×(3～500)μm]、极柔软、易弯曲、无鞭毛，在液体培养基中运动时能做特殊的弯曲、卷曲或像蛇一样扭动。螺旋体广泛分布于各种水体环境和动物体内，如哺乳动物肠道、睫毛表面、白蚁、石斑鱼的肠道、软体动物躯体和反刍动物瘤胃中。在这些螺旋体中，有些是动物体内固有的正常微生物，对动物有利，但有些则引发人、畜疾病，如梅毒、回归热、钩端螺旋体病等。

学习情境六

霉菌和酵母菌的个体形态观察

学习目标和职业素养目标

1. 能够说出霉菌、酵母菌的形态结构，菌落特征和繁殖方式；
2. 掌握观察霉菌和酵母菌形态的基本方法；
3. 学会观察酵母菌的出芽生殖方式，能够鉴别区分酵母菌死细胞、活细胞；
4. 了解酵母菌的一般形态特征及与细菌的区别，了解食品中常见霉菌的基本特点，了解病毒的基本特性；
5. 能够说出霉菌、酵母菌在食品中的应用及危害；
6. 培养务实肯干、坚持不懈、精雕细琢的敬业精神；
7. 通过任务实施，提高良好的表达、沟通和团队协作能力，培养竞争意识和集体荣誉感。

任务描述

学院微生物实验室将制作一批霉菌和酵母菌的标准片子，用于日后的教学。现要求学生每人完成霉菌和酵母菌各两个标准片子的制作，并从中挑选出好的片子留存。

任务要求

1. 每组同学通过查找资料，掌握制片方法过程；对给定的菌种能熟练地制片。
2. 学会配染色所需的染色液。

学前准备

1. 学习资料

见"信息单"及食品微生物相关资料。

2. 其他参考资料来源

（1）《食品微生物》等相关书籍。

（2）食品检验类网站。

3. 思考题

（1）吕氏碱性美蓝染液浓度和作用时间不同，对酵母死、活细胞数量有何影响？试分析其原因。

（2）在显微镜下，酵母菌区别于一般细菌有哪些突出的特征？

（3）主要根据哪些形态特征来区分曲霉、青霉、根霉和毛霉四种霉菌？

（4）根据载玻片培养观察方法的基本原理，你认为操作过程中哪些步骤可以根据具体情况做一些改进或可用其他的方法替代？

（5）在显微镜下，细菌、放线菌、酵母菌和霉菌形态上的主要区别是什么？

（6）玻璃纸应怎样进行灭菌？为什么？

（7）名词解释：真菌、霉菌、芽殖、初生菌丝、次生菌丝。

（8）真菌有哪些特点？

（9）试述酵母菌细胞的主要特征。

（10）试述酵母菌的菌落特征。

（11）举例说明酵母菌生活史的过程。

（12）试述酵母菌和细菌的菌落的异同。

（13）简述霉菌的细胞结构特征。

（14）简述霉菌的菌落特征。

（15）病毒、烈性噬菌体、温和噬菌体的概念是什么？

（16）病毒的形态特征和主要结构是什么？

（17）噬菌体的生长繁殖过程分为哪几个阶段？各自的特点是什么？

（18）简述食品中常见的噬菌体的防治办法。

任务实施

1. 材料工具

（1）材料：《食品微生物》相关书籍、染色液、菌种等。

（2）工具：纸、笔、数码相机、电脑等。

2. 工作流程

查找资料，确定霉菌和酵母菌片子制作和个体形态观察所需用品的清单→对所需材料进行清点→设计方案→方案修改及确认→完成任务。

3. 实施过程

分小组进行设计制作酵母菌、霉菌标准片子及个体形态观察的方案，每组5人。

（1）查阅参考书、上网搜集实验所需相关材料。

（2）通过查找资料，确定实验需要材料清单，并完成清单表（附录6）。

（3）由组长汇总相关材料。

（4）小组讨论制订、设计方案

① 学生自行设计方案并做成PPT报告展示；

② 每组选一代表，讲解小组的设计方案，组员补充方案的内容。

（5）方案的修改及确定。

（6）完成任务。

完成评价（附录 7 和附录 8）。

一、霉菌的形态观察

1. 基本原理

霉菌可产生复杂分枝的菌丝体，分基内菌丝和气生菌丝，气生菌丝生长到一定阶段分化产生繁殖菌丝，由繁殖菌丝产生孢子。霉菌菌丝体（尤其是繁殖菌丝）及孢子的形态特征是识别不同种类霉菌的重要依据。霉菌菌丝和孢子的宽度（约 3～10μm）通常比细菌和放线菌粗得多，通常是细菌菌体宽度的几倍至几十倍，因此用低倍显微镜即可观察。观察霉菌的形态有几种方法，常用的有下列三种。

（1）直接制片观察法

霉菌菌丝较粗大，细胞易收缩变形，而且孢子很容易飞散，所以制标本时常将培养物置于乳酸石炭酸棉蓝染色液中，制成霉菌制片镜检。此染色液制成的霉菌标本片的特点是：细胞不变形；具有杀菌防腐作用，且不易干燥，能保持较长时间；能防止孢子飞散；溶液本身呈蓝色，能增强反差；必要时还可以用树胶封固，制成永久标本。

（2）载玻片培养观察法

此法是接种霉菌孢子于载玻片上的适宜培养基上，接种后盖上盖玻片培养，霉菌即在载玻片和盖玻片之间的有限空间内沿盖玻片横向生长。培养一定时间后，将载玻片上的培养物置显微镜下观察。这种方法既可保持霉菌自然生长状态，还便于观察不同发育期的培养物。

（3）玻璃纸培养观察法

此法是利用玻璃纸的半透膜特性及透光性，将霉菌生长在覆盖于琼脂培养基表面的玻璃纸上，然后将长菌的玻璃纸剪取一小片，贴放在载玻片上用显微镜观察。具体方法与放线菌的玻璃纸培养观察方法相似。这种方法用于观察不同生长阶段霉菌的形态，也可获得良好的效果。

2. 器材

① 菌种　曲霉、青霉、根霉和毛霉培养 2～5d 的马铃薯琼脂平板培养物。

② 培养基　察氏琼脂平板、马铃薯琼脂平板。

③ 溶液或试剂　乳酸石炭酸棉蓝染色液、20％甘油、50％乙醇。

④ 仪器和其他用具　无菌吸管、平皿、载玻片、盖玻片、U 形玻璃棒、解剖刀、玻璃纸、镊子、滤纸、显微镜等。

3. 操作步骤

（1）直接制片观察法

于洁净的载玻片上，滴一滴乳酸石炭酸棉蓝染色液，用解剖针从霉菌菌落的边缘处取少量带有孢子的菌丝，先置于50％乙醇中浸一下，以洗去脱落的孢子，再置于染色液中，小心将菌丝挑散开，然后盖上盖玻片，置显微镜下先用低倍镜观察，必要时再换高倍镜。挑菌和制片时要细心，尽可能保持霉菌自然生长状态，加盖玻片时，注意不要产生气泡。

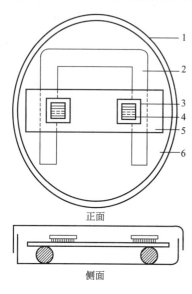

正面

侧面

图6-1　载玻片培养法示意图
1—培养皿；2—U形玻璃棒；3—盖玻片；
4—培养物；5—载玻片；6—保湿用滤纸

（2）载玻片培养观察法

① 培养小室的灭菌　将略小于培养皿底内径的滤纸放入皿内，再放上U形玻璃棒，其上放一洁净的载玻片，然后将两个盖玻片分别放在载玻片的两端（图6-1），盖上皿盖，把数套（根据需要而定）如此装置的培养皿叠起，包扎好，121℃灭菌20min或干热灭菌，备用。

② 琼脂块的制作　取已灭菌的马铃薯琼脂（或察氏琼脂）培养基6～7mL注入另一已灭菌的平皿中，使之凝固成薄片。用解剖刀切成0.5～1cm²的琼脂块，用刀尖铲起琼脂块放在已灭菌的培养室内的载玻片上，每片上放置两块（图6-1）。制作过程应实现无菌操作。

③ 接种　用已灭菌的尖细接种针挑取少量霉菌孢子，接种于琼脂块的边缘上，再用无菌镊子将盖玻片盖在琼脂块上，盖上皿盖。接种量要少，尽可能将分散的孢子接种在琼脂块边缘上，否则培养后菌丝过于稠密影响观察。

④ 培养　在培养皿的滤纸上，加无菌的20％甘油3～5mL（用于保持平皿内的湿度），盖上皿盖，置于28℃下培养。

⑤ 镜检　根据需要可以在不同时间内取出载玻片置显微镜下观察。

（3）玻璃纸培养观察法

① 向霉菌斜面试管中加入5mL无菌水，洗下孢子，制成孢子悬液。

② 用无菌镊子将已灭菌的、直径与培养皿相同的圆形玻璃纸覆盖于察氏培养基平板上。

③ 用1mL无菌吸管吸取0.1mL孢子悬液于上述玻璃纸平板上，并用无菌玻璃刮棒涂抹均匀。

④ 置28℃温室培养48h后，取出培养皿，打开皿盖，用镊子将玻璃纸与培养基分开，再用剪刀剪取一小片玻璃纸置载玻片上，用显微镜观察。

二、酵母菌的形态观察及死、活细胞的鉴别

1. 基本原理

酵母菌是多形的、不运动的单细胞真核微生物，细胞核与细胞质已有明显的分化，菌体比细菌大几倍甚至十几倍。繁殖方式也较复杂，无性繁殖主要是出芽生殖，但裂殖酵母属是以分裂方式繁殖；有性繁殖是通过接合产生子囊孢子。本实验通过用美蓝染色制成水浸片和水-碘水浸片来观察活的酵母形态和出芽生殖方式。

美蓝是一种无毒性染料，氧化型是蓝色的，而还原型是无色的。用美蓝对酵母的活细胞进行染色，由于细胞中新陈代谢的作用，细胞内具有较强的还原能力，能使美蓝从蓝色的氧化型变为无色的还原型，所以酵母的活细胞无色，而对于死细胞或代谢缓慢的老细胞，则因无此

还原能力或还原能力极弱，而被美蓝染成蓝色或淡蓝色。因此，用美蓝水浸片不仅可观察酵母的形态，还可以区分死、活细胞。但美蓝的浓度、作用时间等均有影响，应加以注意。

2. 器材

① 酿酒酵母或卡尔酵母培养约 2d 的麦芽汁（或豆芽汁）斜面培养物；

② 0.05％和 0.1％吕氏碱性美蓝染液，革兰染色所用的碘液；

③ 显微镜、载玻片、盖玻片等。

3. 操作步骤

（1）美蓝浸片的观察

① 在载玻片中央加一滴 0.1％吕氏碱性美蓝染液，然后按无菌操作法在豆芽汁琼脂斜面上培养 48h 的酿酒酵母取少许，放在吕氏碱性美蓝染液中，使菌体与染液均匀混合。液滴不可过多或过少，以免盖上盖玻片时，溢出或留有气泡。

② 用镊子取盖玻片一块，小心地盖在液滴上。盖片时应注意，不能将盖玻片平放下去，应先将盖玻片的一边与液滴接触，然后将整个盖玻片慢慢放下，这样可以避免产生气泡。

③ 将制好的水浸片放置约 3min 后镜检。先用低倍镜观察，然后换用高倍镜观察酿酒酵母的形态和出芽情况，并根据是否染上颜色来区别死、活细胞。

④ 染色 30min 后，再观察死细胞数是否增加。

⑤ 用 0.05％吕氏碱性美蓝染液重复上述的操作。

（2）水-碘液浸片的观察

在载玻片中央滴一滴革兰染色用的碘液，然后再在其上加三小滴水，取酿酒酵母少许，放在水-碘液滴中，使菌体与溶液混匀，盖上盖玻片后镜检。

学习拓展

真核微生物是指细胞核有核仁和核膜、能进行有丝分裂、细胞质中存在线粒体和内质网等细胞器的微生物。真核微生物主要包括：真菌（酵母菌、霉菌和担子菌）、微型藻类和原生动物等。以下主要介绍在食品微生物中最常见的真菌——酵母菌和霉菌。

一、酵母菌

酵母菌是指以出芽繁殖为主的单细胞真菌的俗称，在分类上属于子囊菌纲、担子菌纲和半知菌纲。主要分布在含糖质较高的偏酸环境中，如果品、蔬菜、花蜜、植物叶子的表面或果园的土壤中。此外，在动物粪便、油田或炼油厂附近的土壤中也能分离到利用烃类的酵母菌。酵母菌大多为腐生型，少数为寄生型。

酵母菌应用很广，在与人类密切相关的酿造、食品、医药等行业和工业废水的处理方面，都起着重要的作用。酵母菌可用来酿酒，制造美味可口的饮料和营养丰富的食品（面包、馒头），生产多种药品（核酸、辅酶 A、细胞色素 C、维生素 B、酶制剂等），进行石油脱蜡，降低石油的凝固点和生产各种有机酸。由于酵母菌细胞的蛋白质含量很高（一般大于细胞干重的 50％），且含有多种维生素、矿物质和核酸等，所以，人类在利用拟酵母、热带假丝酵母、白色假丝酵母、黏红酵母等酵母菌处理各种食品工业废水时，还可以获得营养丰富的菌体蛋白。当然，也有少数酵母菌（约 25 种）是有害的，如鲁氏酵母、蜂蜜酵母等能使蜂蜜、果酱变质；有些酵母菌是发酵工业的污染菌，使发酵产量降低或产生不良气味，影响产品质量。白假丝酵母又称白色念珠菌，可引起皮肤、黏膜、呼吸道、消化道以及泌尿系统等多种疾病；新型隐球酵母可引起慢性脑膜炎、肺炎等。

1. 酵母菌的形态结构

酵母菌的形态因种而异，一般有卵圆形、圆形、圆柱形、柠檬形或假丝状（图 6-2）。假丝状是指有些酵母菌的细胞进行一连串的芽殖后，长大的子细胞与母细胞不分离，彼此连成藕节状或竹节状的细胞串，形似霉菌菌丝，为了区别于霉菌的菌丝，称之为假菌丝。酵母菌细胞的直径为 $1\sim5\mu m$，长 $5\sim30\mu m$ 或更长。酵母菌的形状可因大小培养条件及菌龄不同而改变。如成熟的细胞一般大于幼龄细胞，液体培养的细胞一般大于固体培养的细胞。

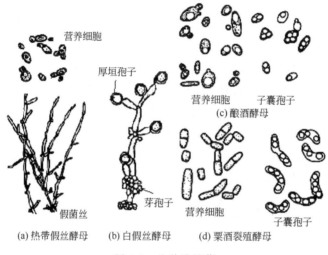

图 6-2　几种酵母菌

酵母菌的细胞与细菌的细胞一样有细胞壁、细胞膜和细胞质等基本结构以及核糖体等细胞器。此外，酵母菌细胞还具有一些真核细胞特有的结构和细胞器，如细胞核有核仁和核膜。DNA 与蛋白质结合形成染色体，能进行有丝分裂，细胞质中有线粒体（能量代谢的中心）、中心体、内质网和高尔基体等细胞器以及多糖、脂类等储藏物质（图 6-3）。细胞壁的

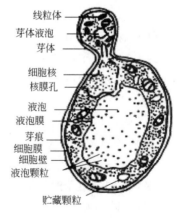

图 6-3　酵母菌细胞的膜结构

成分主要是葡聚糖和甘露聚糖。

2. 酵母菌的繁殖方式

酵母菌的繁殖方式如下所示：

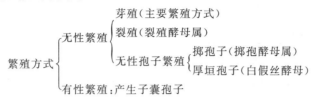

（1）**无性繁殖**　无性繁殖是指不经过性细胞、由母细胞直接产生子代的繁殖方式。

（2）**芽殖**　芽殖是酵母菌无性繁殖的主要方式。成熟的酵母菌细胞表面向外突出形成一个小芽体，接着，复制后的一个核和部分细胞质进入芽体，使芽体得到母细胞一套完整的核结构和线粒体等细胞器。当芽体长到一定程度时，在芽体与母细胞之间形成横隔壁，然后脱离母细胞，成为独立的新个体，或暂时与母细胞连在一起。一个成熟的酵母细胞在其一生中通过芽殖可产生9～43个子细胞，平均可产生24个子细胞。

（3）**裂殖**　这是少数酵母菌借助于细胞的横分裂而繁殖的方式。细胞长大后，核复制后分裂为二，然后在细胞中产生一隔膜，将细胞一分为二。这种繁殖方式为裂殖。

（4）**无性孢子繁殖**　有些酵母菌可形成一些无性孢子进行繁殖。这些无性孢子有掷孢子、厚垣孢子和节孢子等。如掷孢酵母属等少数酵母菌产生掷孢子，其外形呈肾状，也有的呈镰刀形或豆形，这种孢子是在卵圆形的营养细胞生出的小梗上形成的。孢子成熟后通过一种特有的喷射机制射出。此外，有的酵母菌还能在假菌丝的顶端产生厚垣孢子，如白假丝酵母菌等。

（5）**有性繁殖**　有性繁殖是指通过两个具有性差异的细胞相互接合形成新个体的繁殖方式。有性繁殖过程一般分为三个阶段，即质配、核配和减数分裂。质配是两个配偶细胞的原生质融合在同一细胞中，而两个细胞核并不结合，每个核的染色体数都是单倍的。核配即两个核结合成一个双倍体的核。减数分裂则使细胞核中的染色体数目又恢复到原来的单倍体。当酵母菌细胞发育到一定阶段，邻近的两个性别不同的细胞各自伸出一根管状原生质突起，随即相互接触，接触处的细胞壁溶解，融合成管道，然后通过质配、核配形成双倍体细胞，该细胞在一定条件下进行1～3次分裂，其中第一次是减数分裂，形成4个或8个子核，每一子核与其附近的原生质一起，在其表面形成一层孢子壁后，就形成了一个子囊孢子，而原有的营养细胞就成了子囊。子囊孢子的数目可以是4个或8个，因种而异。酵母菌形成子囊孢子的难易程度因种类不同而异。有些酵母菌不形成子囊孢子；而有些酵母菌几乎在所有培养基上都能形成大量子囊孢子；有的种类则必须用特殊培养基才能形成；有些酵母菌在长期的培养中会失去形成子囊孢子的能力。形成子囊孢子的酵母菌也可以芽殖，芽殖的酵母菌也可能同时裂殖。

3. 酵母菌的培养特征

酵母菌在固体培养基上形成的菌落与细菌的菌落相似，但较大且厚实，表面光滑、湿润、黏稠、易被挑取。若培养时间长，则菌落表面由湿润转为干燥，呈皱缩状。菌落颜色多为乳白色，少数红色，偶见黑色。其中不产假菌丝的酵母菌的菌落更加隆起，边缘十分圆整；而产假菌丝的酵母菌的菌落较平坦，表面和边缘则较粗糙。

酵母菌在液体培养基中，有的在培养基底部生长并形成沉淀，有的在培养基中均匀生

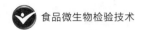

长，有的在培养基表面生长并形成菌膜或菌醭。酵母菌在液体培养基中的生长情况反映了对氧需求的差异。菌醭的形成，菌落的颜色、光泽、质地、表面和边缘等特征都是菌种鉴定的依据。

4. 酵母菌的生活史

个体经过一系列生长发育阶段后产生下一代个体的全部过程，就称为该生物的生活史或生命周期。酵母菌的单倍体细胞（n）和二倍体细胞（$2n$）都有可能独立存在，并各自进行生长和繁殖，因此，酵母菌的生活史包含了单倍体生长阶段和二倍体生长阶段两个部分。

根据酵母菌生活史中单倍体和二倍体阶段存在时间的长短，可以把酵母菌分成单倍体型、二倍体型和单双倍体型三种类型。

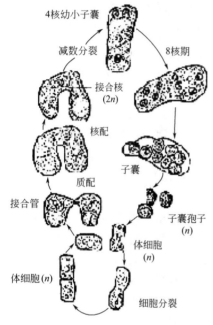

图 6-4　八孢裂殖酵母生活史

（1）单倍体型　该类酵母菌的主要特点是：营养细胞为单倍体；无性繁殖以裂殖方式进行；二倍体细胞不能独立生活，故此阶段很短。

以八孢裂殖酵母为例（图 6-4）：①单倍体营养细胞通过裂殖进行无性繁殖；②两个营养细胞接触后形成接合管，质配后立即核配，两个细胞核合成一体；③二倍体核（$2n$）连续分裂 3 次，第一次为减数分裂；④形成 8 个单倍体的子囊孢子；⑤子囊破裂，释放子囊孢子。

（2）二倍体型　该类酵母菌的主要特点是：二倍体的营养细胞不断进行芽殖，此阶段较长；单倍体的子囊孢子只在子囊内发生接合；单倍体阶段只能以子囊孢子形式存在，故不能进行独立生活。

以路德酵母为例（图 6-5）：①单倍体子囊孢子在孢子囊内成对接合，发生质配和核配后形成二倍体的细胞；②二倍体细胞萌发，穿破子囊壁；③二倍体的营养细胞可独立生活，通过芽殖方式进行无性繁殖；④在二倍体营养细胞内的核进行减数分裂，营养细胞成为子囊，形成 4 个单倍体的子囊孢子。

（3）单双倍体型　该类酵母菌的主要特点是：单倍体营养细胞和二倍体营养细胞都可进行出芽繁殖，一般以出芽繁殖为主，特定条件下进行有性繁殖。

图 6-6 是啤酒酵母生活史的全过程：①囊孢子在合适的条件下出芽，产生单倍体营养细胞；②单倍体细胞不断进行出芽繁殖；③两个不同性别的营养细胞彼此接合，在质配后发生核配，形成二倍体营养细胞；④单倍体营养细胞并不立即进行核分裂，而是不断进行出芽繁殖，成为二倍体营养细胞；⑤在生孢培养基（例如在含 0.5% 醋酸钠和 1.0% 的氯化钾培养基或石膏块、胡萝卜条培养基上）和好氧等特定条件下（pH 值 6~7，缺 N 源等），二倍体营养细胞转变为子囊，细胞核经减数分裂后形成 4 个子囊孢子；⑥子囊经自然破壁或人为破壁（如加蜗牛消化酶溶壁，或加硅藻土和石蜡油研磨等）后，释放出单倍体子囊孢子。

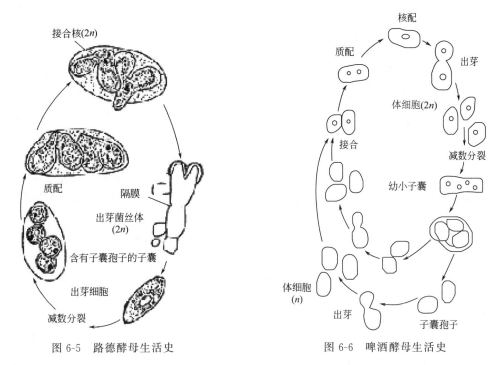

图 6-5　路德酵母生活史　　　　　图 6-6　啤酒酵母生活史

啤酒酵母的二倍体营养细胞因其体积大、生命力强，从而被广泛应用于发酵工业生产、科学研究或是遗传工程实践中。

5. 食品中常见的酵母

（1）酵母菌属

酵母菌属于子囊菌亚门、半子囊菌纲、内孢霉目、酵母科。这属的一些菌种具有典型的酵母菌的形态和构造。细胞为圆形、椭圆形或腊肠形。没有真菌丝，有的有假菌丝，无性繁殖为芽殖，有性繁殖形成子囊孢子。种类较多，在娄德酵母菌属中曾列举 41 种，但最主要的是啤酒酵母和葡萄汁酵母。

啤酒酵母是酵母菌属中的典型菌种，也是重要的菌种，广泛应用于啤酒、白酒、果酒的酿造和面包的制造中。由于酵母菌含有丰富的维生素和蛋白质，因而可作为药用，也可用于饲料，具有较大的经济价值。啤酒酵母分布也很广泛，在各种水果的表皮上、发酵的果汁、酒曲、土壤中，特别是果园土壤中都可分离到。啤酒酵母的种类也很多，根据细胞长与宽的比例，可将啤酒酵母分为三组：第一组的细胞多为圆形、短卵形或卵形，细胞长与宽之比为 1～2，应用广泛，如啤酒、白酒和酒精发酵及面包制作中，多应用这类菌种；第二组的细胞为卵形或长卵形，长与宽之比通常为 2，常常用于葡萄酒和果酒的酿造；第三组的细胞为长圆形，长与宽之比大于 2，这组的酵母菌比较耐高渗透压，用甘蔗糖蜜作原料时可供酒精发酵。在麦芽汁琼脂上的啤酒酵母菌的菌落为乳白色、有光泽、平坦、边缘整齐。

娄德于 1970 年将卡尔斯伯酵母、娄哥酵母和葡萄汁酵母合并成一种，叫葡萄汁酵母，在麦芽汁中 25℃下培养 3d，细胞为圆形、卵形、椭圆或长形。供啤酒酿造底层发酵，或作饲料和药用。此外，葡萄汁酵母是维生素的测定菌，可测定泛酸、硫铵素、吡哆醇、肌醇等。

裂殖酵母属，属于子囊菌亚门、酵母科中的裂殖酵母亚科。细胞为椭圆形或圆柱形，无性繁殖为分裂繁殖，有时形成假菌丝。有性繁殖是营养细胞结合形成子囊，子囊内有 1～4 个或 8 个子囊孢子。子囊孢子是球形或卵圆形，具有酒精发酵的能力，不同化硝酸盐。八孢裂殖酵母是这一属的重要菌种，无性繁殖为裂殖，麦芽汁中 25℃ 下培养 3d，液面无菌醭，液清，菌体沉于管底。在麦芽汁琼脂培养基上菌落为乳白色、无光泽，曾经从蜂蜜、粗制蔗糖和水果上分离到。

（2）假丝酵母属

未发现此属酵母菌的有性繁殖，属于半知菌亚门、芽孢菌纲、隐球酵母目、隐球酵母科。细胞为圆形、卵形或长圆形，无性繁殖为多边芽殖，形成假菌丝，有的菌有真菌丝；也可形成厚垣孢子，不产生色素，此属中有许多种具有酒精发酵的能力。有的菌种能利用农副产品或碳氢化合物生产蛋白质，可用于生产食品或饲料。

热带假丝酵母是最常见的假丝酵母。在葡萄糖-酵母汁-蛋白胨液体培养基中，25℃ 下培养 3d，细胞呈球形或卵球形，大小为 （4～8）μm×（6～11）μm。在麦芽汁琼脂上菌落为白色到奶油色、无光泽或稍有光泽、软而平滑或部分有皱纹。培养时间长时，菌落变硬。在加盖玻片的玉米粉琼脂培养基上培养，可看到大量的假菌丝和芽生孢子。热带假丝酵母氧化烃类的能力强，在 230～290℃ 石油馏分的培养基中，经 22h 后，可得到相当于烃类重量 92% 的菌体。因此，热带假丝酵母属是生产石油蛋白质的重要菌种。农副产品和工业废弃物也可培养热带假丝酵母，如用生产味精的废液培养热带假丝酵母，既扩大了饲料来源，又减少了工业废水对环境的污染。

解脂假丝酵母的细胞为卵形到长形，有的细胞可长达 20μm。在加盖玻片的玉米粉琼脂培养基上，可看到假菌丝或具有横隔的真菌丝。在菌丝顶端或中间有单个或成双的芽生孢子。解脂假丝酵母能利用的糖类很少，但分解脂肪和蛋白质的能力很强，主要用于石油发酵。可用廉价的石油为原料生产酵母蛋白，同时可使石油脱蜡，降低石油分馏的凝固点。此外，还可利用解脂假丝酵母生产柠檬酸、维生素、谷氨酸和脂肪酸等。从黄油、石油井口的油黑土中、炼油厂或生产油脂车间等地方都可以分离到这种微生物。

产朊假丝酵母又叫产朊圆酵母或食用圆酵母。其蛋白质和维生素 B 的含量都比啤酒酵母高，能以尿素和硝酸作为氮源，在培养基中不需要加入任何生长因子即可生长，能利用五碳糖和六碳糖，既能利用造纸工业的亚硫酸废液，还能利用糖蜜、木材水解液等生产出可食用的蛋白质。

（3）球拟酵母属

此属与假丝酵母同属隐球酵母科，细胞为球形、卵形或略长形，生殖方式为芽殖，无假菌丝、无色素，有酒精发酵能力。有些种能产生甘油等多元醇，在适宜条件下能将 40% 的糖转化为多元醇。由于甘油是重要的化工原料，所以这属的酵母菌是工业中应用的重要种类，其代表菌种为白色球拟酵母，广泛存在于自然界，能发酵甘油。球形球拟酵母能耐高渗透压，可在高糖浓度的基质上生长，如蜜饯、蜂蜜等食品上。有的菌种也可进行石油发酵，可生产蛋白质或其他产品。

（4）红酵母属

此属属于隐球酵母科，细胞为圆形、卵形或长形，为多边芽殖。多数种类没有假菌丝，有明显的红色或黄色色素，很多种因形成荚膜而使菌落呈黏质状，如黏红酵母。红酵母菌没有酒精发酵的能力，少数种类为致病菌，在空气中时常被发现。黏红酵母等能产生脂肪，其脂肪含量可达干物质量的 $50\%\sim60\%$，但合成脂肪的速度较慢，培养液中添加氮和磷，可加快其合成脂肪的速度。产 1g 脂肪大约需 4.5g 葡萄糖。此外，黏红酵母还可产生丙氨酸、谷氨酸、蛋氨酸等多种氨基酸。

（5）掷孢酵母属

属于担子菌亚门、冬孢菌纲、黑粉菌目、掷孢酵母科。掷孢是指投掷其孢子的真菌。孢子是由卵圆形的营养细胞生出的小突起形成的，然后由一种机制有力地射出，Buller 证明，这种机制是担子菌所特有的。也有一些学者认为掷孢酵母是一种低等的担子菌。这一属的菌形成红至鲑肉粉红色的菌落及肾形或豆形的掷孢子。掷孢酵母的幼年菌落几乎和红酵母的菌落无法区别。因此，也有人认为，红酵母可能是由掷孢酵母退化而来，已经丧失了形成掷孢的能力。

二、霉菌

霉菌是丝状真菌的统称，在自然界分布极广，土壤、水域、空气、动植物体内外均有踪迹。霉菌与人类的关系密切，对人类有利也有害。有利的方面主要是：食品工业利用霉菌制酱、制曲；发酵工业则用霉菌来生产酒精、有机酸（如柠檬酸、葡萄糖酸等）；医药工业利用霉菌生产抗生素（如青霉素、灰黄霉素等）、酶制剂（淀粉酶等）、维生素等；在农业上可用霉菌发酵饲料、生产农药。此外，霉菌还可分解自然界中的淀粉、纤维素、木质素、蛋白质等复杂大分子有机物，使之变成葡萄糖等微生物能利用的物质，从而保证了生态系统中的物质得以不断循环。霉菌对人类有害方面主要是：使食品、粮食发生霉变，使纤维制品腐烂。据统计，每年因霉变造成的粮食损失达 2%，霉菌能产生 100 多种毒素，许多毒素的毒性大，致癌力强，即使食入少量，也会对人、畜有害。

1. 霉菌的形态与结构

霉菌菌体由分枝或不分枝的菌丝构成，许多菌丝交织在一起，称为菌丝体。菌丝直径 $2\sim10\mu m$，是细菌和放线菌菌丝的几倍到几十倍，与酵母菌差不多。根据菌丝有无隔膜可分成无隔膜菌丝和有隔膜菌丝两类（图 6-7）。无隔膜菌丝是长管状的单细胞，细胞内含多个核；有隔膜菌丝是由隔膜分隔成许多细胞，细胞内含有 1 个或多个细胞核。根据菌丝的分化程度又可分为两类：营养菌丝和气生菌丝。营养菌丝伸入培养基表层内吸取营养物质，而气生菌丝则伸展到空气中，其顶端可形成各种孢子，故又称繁殖菌丝。霉菌菌丝细胞的结构与酵母菌相似，不同的是多数霉菌细胞壁的成分中有几丁质，少数种类还含有纤维素。

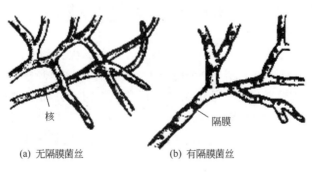

(a) 无隔膜菌丝　　　　　(b) 有隔膜菌丝

图 6-7　霉菌的营养菌丝

2. 霉菌的繁殖

霉菌的繁殖能力极强，繁殖方式复杂多样，菌丝的碎片即可发育成新个体，此为断裂增殖。而在自然界中，霉菌主要是形成各种无性孢子和有性孢子进行繁殖，即为无性繁殖和有性繁殖。

（1）无性孢子繁殖

不经两性细胞的结合，只是营养细胞的分裂或营养菌丝的分化形成同种新个体。产生无性孢子是霉菌进行无性繁殖的主要方式，这些孢子主要有孢囊孢子、分生孢子、节孢子、厚垣孢子和芽孢子。常见的霉菌无性孢子见图 6-8。

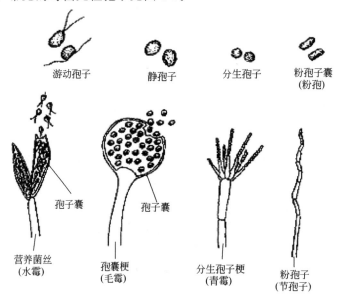

游动孢子　　　静孢子　　　分生孢子　　粉孢子囊
（粉孢）

孢子囊　　　　孢子囊

营养菌丝　　　孢囊梗　　　　分生孢子梗　　粉孢子
（水霉）　　　（毛霉）　　　（青霉）　　　（节孢子）

图 6-8　常见霉菌无性孢子的类型

① 孢囊孢子　在孢子囊内产生的孢子称孢囊孢子。在孢子形成前，气生菌丝或孢囊梗顶端膨大，形成孢子囊，囊内形成许多细胞核，每一个核外包以细胞质，产生孢子壁，即形成了孢囊孢子。产生孢子囊的菌丝叫孢囊梗，孢囊梗伸入孢子囊的膨大部分叫囊轴。孢子成熟后孢子囊破裂，孢囊孢子扩散。孢囊孢子按运动性分为两类，一类是游动孢子，如水霉的游动孢子，呈圆形、梨形或肾形，顶生两根鞭毛；另一类是陆生霉菌所产生的，无鞭毛、不运动的不动孢子，如毛霉、根霉等。

② 分生孢子　在菌丝顶端或分生孢子梗上以出芽方式形成单个、成链或成簇的孢子称为分生孢子，是霉菌中最常见的一类无性孢子，由于是生在菌丝细胞外的孢子，所以又称外生孢子，如曲霉、青霉等。

③ 节孢子　又称裂生孢子，由菌丝断裂形成。当菌丝生长到一定阶段，出现许多横隔膜，然后从横隔膜处断裂，产生许多单个的孢子，孢子形态多呈圆柱形，如白地霉。

④ 厚垣孢子　又称厚壁孢子，是由菌丝的顶端或中间部分细胞的原生质浓缩变圆，细胞壁变厚而形成球形、纺锤形或长方形的休眠孢子。对不良环境有很强的抵抗力，即使菌丝遇到不良的环境死亡，而厚垣孢子则常能继续存活，一旦环境条件好转，便萌发形成新的菌丝体，如总状毛霉、地霉等。

⑤ 芽孢子　菌丝细胞像发芽一样产生小突起，经过细胞壁紧缩而成的一种球形的小芽

体，如毛霉、根霉在液体培养基中形成的酵母型细胞属芽孢子。

（2）有性繁殖

经过两性细胞结合而形成的孢子称为有性孢子。有性孢子的产生不如无性孢子那么频繁和丰富，通常只在一些特殊的条件下产生。常见的有卵孢子、接合孢子、子囊孢子和担孢子（图6-9）。

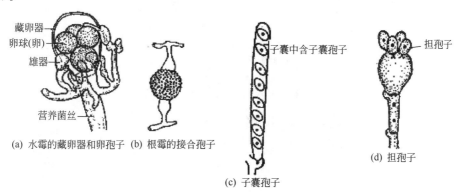

(a) 水霉的藏卵器和卵孢子　(b) 根霉的接合孢子

(c) 子囊孢子

(d) 担孢子

图6-9　霉菌的各种有性孢子形态图

① 卵孢子　菌丝分化成形状不同的雄器和藏卵器，雄器与藏卵器结合后所形成的有性孢子叫卵孢子，如水霉。

② 接合孢子　由菌丝分化成两个形状相同但性别不同的配子囊结合而形成的有性孢子叫接合孢子，如根霉。

③ 子囊孢子　菌丝分化成产囊器和雄器，两者结合形成子囊，在子囊内形成的有性孢子即为子囊孢子，如曲霉、镰刀霉。

④ 担孢子　菌丝经过特殊的分化和有性结合形成担子，在担子上形成的有性孢子即为担孢子，如担子菌。

由于霉菌的孢子特别是无性孢子，具有小、轻、干、多，以及形态色泽各异、休眠期长和抗逆性强等特点。每个个体所产生的孢子数，经常是成千上万的，有时竟达几百亿、几千亿甚至更多。因此，霉菌在自然界中可以随处散播而且有极强的繁殖能力。对人类来说，孢子的这些特点有利于接种、扩大培养、菌种选育、保藏和鉴定等工作，对人类的不利之处则是容易造成污染、霉变和导致动植物的病害。

3. 霉菌的菌落特征

霉菌菌落和放线菌一样，都是由分枝状菌丝组成。由于霉菌菌丝较粗而长，故形成的菌落较疏松，常呈绒毛状、絮状或蜘蛛网状。菌落是细菌和放线菌的几倍到几十倍，并且较放线菌的菌落易于挑取。霉菌菌落表面的结构与色泽因孢子的形状、结构与颜色的不同而异。

4. 食品中常见的霉菌

（1）毛霉属

毛霉是接合菌亚门中的重要类群，属接合菌纲、毛霉目、毛霉科。种类较多，在自然界广泛分布，如在土壤、空气中经常被发现，是食品工业的重要微生物。毛霉的淀粉酶的活力很强，可把淀粉转化为糖，在酿酒工业上多用作淀粉质原料酿酒的糖化菌。毛霉还能产生蛋白酶，有分解大豆蛋白质的能力，多用于制作豆腐乳和豆豉。有些毛霉还能产生草酸、乳酸、琥珀酸和甘油等。毛霉的菌丝体发达，呈棉絮状，由许多分枝的菌丝构成。菌丝无隔膜，有多个细胞核。其无性繁殖通过孢囊孢子进行。毛霉生长迅速，产生发达的菌丝。菌丝一般呈白色，不具隔膜，不产生假根，是单细胞真菌，以孢囊孢子进行无性繁殖，孢子囊为黑色或褐色，表面光滑。有性繁殖产生接合孢子，见图 6-10。

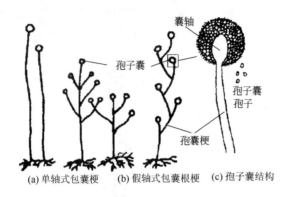

(a) 单轴式包囊梗   (b) 假轴式包囊根梗   (c) 孢子囊结构

图 6-10　毛霉

（2）根霉属

　　根霉与毛霉同属毛霉目，很多特征相似，主要区别在于根霉有假根和匍匐菌丝。匍匐菌丝呈弧形，在培养基表面水平生长。匍匐菌丝着生孢子囊梗的部位接触培养基处，菌丝伸入培养基内呈分枝状生长，犹如树根，故称假根，这是根霉的重要特征。其有性繁殖产生接合孢子，无性繁殖形成孢囊孢子。根霉菌菌丝体为白色、无隔膜、单细胞、气生性强，在培养基上交织成疏松的絮状菌落，生长迅速，可蔓延覆盖整个表面。在自然界分布很广，空气、土壤以及各种器皿表面都有存在，并常出现于淀粉质食品上，引起馒头、面包、甘薯等发霉变质，或造成水果和蔬菜腐烂。根霉在生命活动过程中能产生淀粉酶、糖化酶，是工业上重要的生产菌种，有的用作发酵饲料的曲种，我国酿酒工业中，用根霉作为糖化菌种已有悠久的历史，同时，根霉也是家用甜酒曲的主要菌种。近年来在甾体激素转化、有机酸（延胡索酸、乳酸）的生产中被广泛利用。常见的根霉有匍枝根霉、米根霉等（图 6-11）。

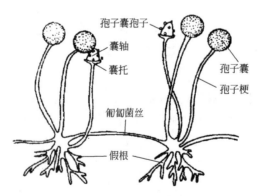

图 6-11　根霉

（3）曲霉属

　　曲霉是发酵工业和食品加工业的重要菌种，已被利用的有近 60 种。2000 多年前，我国就将曲霉用于制酱，也是酿酒、制醋曲的主要菌种。现代工业利用曲霉生产各种酶制剂（淀粉酶、蛋白酶、果胶酶等）、有机酸（柠檬酸、葡萄糖酸、五倍子酸等），农业上用作糖化饲料菌种，例如黑曲霉、米曲霉等。曲霉广泛分布在谷物、空气、土壤和各种有机物上。生长在花生和大米上的曲霉，有的能产生对人体有害的真菌毒素，如黄曲霉毒素 B_1 能导致癌症；有的可引起水果、蔬菜、粮食霉腐。曲霉菌丝有隔膜，为多细胞霉菌。在幼小而活力旺盛时，菌丝体产生大量的分生孢子梗。分生孢子梗顶端膨大成为顶囊，一般呈球形。顶囊表面长满一层或两层辐射状小梗（初生小梗与次生小梗），最上层小梗呈瓶状，顶端着生成串的球形分生孢子。以上几部分结构合称"孢子穗"。孢子呈绿、黄、橙、褐、黑等颜色。这些都是菌种鉴定的依据。分生孢子梗生于足细胞上，并通过足细胞与营养菌丝相连。曲霉孢子穗的形态，包括：分生孢子梗的长度、顶囊的形状、小梗着生是单轮还是双轮，分生孢子的形状、大小、表面结构及颜色等，都是菌种鉴定的依据（图6-12）。

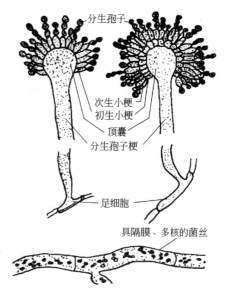

图 6-12　曲霉形态结构

（4）青霉属

青霉是产生青霉素的重要菌种。广泛分布于空气、土壤和各种物品上，常生长在腐烂的柑橘皮上，呈青绿色。目前已发现几百种，其中黄青霉、点青霉等都能大量产生青霉素。青霉素的发现和大规模地生产、应用，对抗生素工业的发展起了巨大的推动作用。此外，有的青霉菌还用于生产灰黄霉素及磷酸二酯酶、纤维素酶等酶制剂和有机酸。青霉菌菌丝与曲霉相似，但无足细胞。分生孢子梗顶端不膨大，无顶囊，经多次分枝产生几轮对称或不对称小梗，小梗顶端产生成串的青色分生孢子。孢子穗形如扫帚。孢子穗的形态构造是分类鉴定的重要依据，见图6-13。

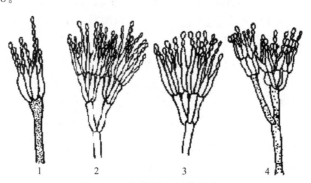

图 6-13　青霉属孢子穗的类型
1—单轮生；2—对称二轮生；3—多轮生；4—不对称青霉群

（5）红曲属

红曲属散囊菌目、红曲科。由于能产生红色色素，可用作食品加工中天然红色色素的来源，如在红腐乳、饮料、肉类加工中用的红曲米，就是用红曲霉制作的。常用的菌种为紫红曲，紫红曲在麦芽汁琼脂上菌落成膜状的蔓延生长物，菌丝体最初为白色，以后呈红色、红紫色，色素可分泌到培养基中。闭囊壳为橙红色、球形；子囊为球形，含8枚子囊孢子。子囊孢子为卵圆形、光滑、无色或淡红色。分生孢子着生在菌丝及其分枝的顶端，单生或成

链，球形或梨形。

（6）赤霉属

赤霉菌在真菌分类中属于核菌纲、球壳菌目、肉座霉科。其有性繁殖产生子囊和子囊孢子。子囊壳球状、光滑、蓝色。子囊为长棒形，内含 8 枚子囊孢子，排列成两个不规则的行，子囊孢子直而狭长。赤霉菌在自然环境和人工培养条件下都很少产生有性世代，一般按其无性分生孢子世代进行鉴定，其菌落为棉絮状、白色或有色。菌丝有隔膜、分枝、无色或有色。分生孢子梗分枝或不分枝。其无性世代产生的分生孢子有两种类型：一种为小型分生孢子，为单细胞，为圆形、卵形或长柱形；另一种为大型分生孢子，由多个细胞组成，有隔膜，孢子呈镰刀形或长柱形。两种类型的孢子都在菌丝顶端串生或集聚成团，无色或有各种颜色。赤霉属包括许多寄生植物的病原菌。有的赤霉可引起水稻秧苗的疯长，水稻秧苗变黄、瘦弱，因此，赤霉菌又叫水稻恶苗病菌。

（7）木霉属

木霉属于半知菌，分布较广，在朽木、种子、动植物残体、有机肥料、土壤和空气中都有木霉存在，木霉也常寄生于某些真菌的子实体上。栽培蘑菇时，有时会污染木霉。但人类对木霉的利用比较广泛，如木霉分解纤维素的能力很强，可用来制备纤维素酶；有的木霉能合成核黄素，并可转化为甾体；也有的木霉能产生抗生素。木霉的菌落生长迅速，呈棉絮状，开始为白色，以后呈绿色，产孢区常排列成同心轮纹。菌丝无色、有隔膜、有分枝，并有厚垣孢子。分生孢子梗呈对生或互生分枝，分枝上还可再分枝，分枝顶端着生瓶状小梗，由小梗生出多个分生孢子。由黏液聚成球形孢子头，分生孢子呈球形或椭圆形，光滑或粗糙，孢子为黄绿色。

5. 引起食物中毒的霉菌

（1）主要产毒霉菌

① 曲霉菌属　曲霉具有发达的菌丝体，菌丝有隔膜、多细胞。其无性繁殖产生分生孢子，分生孢子不分枝，顶端膨大呈球形或棒槌形，称顶囊。顶囊上辐射着生一层或两层小梗，小梗顶端着生一串串分生孢子，分生孢子呈不同颜色，如黑色、褐色、黄色等。曲霉的有性世代产生闭囊壳，内含多个圆球状子囊，子囊内着生子囊孢子。曲霉在自然界分布极为广泛，对有机质分解能力很强。曲霉属中有些种如黑曲霉等被广泛用于食品工业。同时，曲霉也是重要的食品污染霉菌，可导致食品发生腐败变质。有些种还产生毒素，曲霉属中可产生毒素的种有黄曲霉、杂色曲霉、烟曲霉、构巢曲霉和寄生曲霉等。

② 青霉菌属　青霉的菌丝体呈无色或浅色，多分枝并具横隔。由菌丝发育成为具有横隔的分生孢子梗，顶端经过 1～2 次分支，这些分枝称为副枝和梗基。在梗基上产生许多小梗，小梗顶端着生成串的分生孢子，这一结构称为帚状体。分生孢子可有不同颜色，如青、灰绿、黄褐色等，帚状体有单轮生、对称多轮生、非对称多轮生。青霉中只有少数种类形成闭囊壳，产生子囊孢子。青霉分布广泛，种类很多，经常存在于土壤和粮食及果蔬上。有些种具有很高的经济价值，能产生多种酶及有机酸。青霉可引起水果、蔬菜、谷物及食品的腐败变质；有些种及菌株还可产生毒素，例如，岛青霉、橘青霉、黄绿青霉、红色青霉、扩展青霉、圆弧青霉、纯绿青霉、展开青霉、斜卧青霉等。

③ 镰刀菌属　该属的气生菌丝发达或不发达，分生孢子分大小两种类型：大型分生孢子有 3～7 个隔，产生在菌丝的短小爪状突起上，或产生在黏孢团中，形态多样，如镰刀形、纺锤形等；小型分生孢子有 1～2 个隔，产生在分生孢子梗上，有卵形、椭圆形等形状。气

生菌丝、黏孢团，菌核可呈各种颜色，并可将基质染成各种颜色。

（2）常见的霉菌毒素

① 黄曲霉毒素（简称 AFT 或 AT）　黄曲霉毒素是黄曲霉和寄生曲霉的代谢产物。黄曲霉毒素主要有 B_1、B_2、G_1、G_2 以及另外两种代谢产物 M_1、M_2。在污染的天然食品中以黄曲霉毒素 B_1 最为多见，其毒性和致癌性也最强。寄生曲霉的所有菌株都能产生黄曲霉毒素，但在我国寄生曲霉罕见。黄曲霉是我国粮食和饲料中常见的真菌，黄曲霉毒素的致癌力强，因而受到重视。但并非所有的黄曲霉都是产毒菌株，即使是产毒菌株也必须在适合产毒的环境条件下才能产毒。

黄曲霉毒素污染可发生在多种食品上，如粮食、油料、水果、干果、调味品、乳和乳制品、蔬菜、肉类等。其中以玉米、花生和棉籽油最易受到污染，其次是稻谷、小麦、大麦、豆类等。花生和玉米等谷物是产黄曲霉毒素菌株适宜生长并产生黄曲霉毒素的基质。花生和玉米在收获前就可能被黄曲霉污染，使成熟的花生不仅被污染而且可能带有毒素；玉米果穗成熟时，不仅能从果穗上分离出黄曲霉，并能够检出黄曲霉毒素。

黄曲霉毒素能溶于多种极性有机溶剂如氯仿、甲醇、乙醇、丙醇、乙二甲基酰胺，难溶于水，不溶于石油醚、乙醚和己烷。黄曲霉毒素对光、热、酸较稳定，只有加热到 $280 \sim 300℃$ 才裂解，高压灭菌 2h 毒力降低 $25\% \sim 33\%$，4h 降低 50%。

黄曲霉毒素 B_1 的毒性要比呕吐毒素的毒性强 30 倍，比玉米赤霉烯酮的毒性强 20 倍。黄曲霉毒素 B_1 的急性毒性是氰化钾的 10 倍，砒霜的 68 倍；慢性毒性可诱发癌变，致癌能力为二甲基亚硝胺的 75 倍，比二甲基偶氮苯高 900 倍，人的原发性肝癌也很可能与黄曲霉毒素有关。

② 黄变米毒素　黄变米是 20 世纪 40 年代日本在大米中发现的。这种米由于被真菌污染而呈黄色，故称黄变米。可以导致大米黄变的真菌主要是青霉属中的一些种。黄变米毒素可分为三大类：黄绿青霉毒素、橘青霉毒素、岛青霉毒素。

三、非细胞型微生物

非细胞型微生物包括病毒和亚病毒，后者又包括类病毒、拟病毒和朊病毒。

病毒是一类超显微的非细胞型微生物，每一种病毒只含有一种核酸（DNA 或 RNA）；只能在活细胞内营专性寄生，依靠其宿主的代谢系统进行增殖，在离体条件下，能以无生命的化学大分子状态长期存在并保持侵染活性。病毒分布极为广泛，几乎可以感染所有的生物，包括各类微生物、植物、昆虫、鱼类、禽类、哺乳动物和人类。据统计，人类传染病的 80% 由病毒引起，恶性肿瘤中约有 15% 是由于病毒的感染而诱发的。许多动、植物的疾病与病毒有关。

1. 病毒的形态与大小

病毒形态多种多样，有球形、卵圆形、砖形、杆状、子弹状、丝状和蝌蚪状等，但以近似球形的多面体和杆状的种类为多。植物病毒大多呈杆状（如烟草花叶病毒），少数呈丝状（如甜菜黄化病毒），还有一些呈球状（如花椰菜花叶病毒等）。动物病毒多呈球形（如口蹄疫病毒、脊髓灰质类病毒和腺病毒等），有的呈砖形或卵圆形（如痘病毒），少数呈子弹状（如狂犬病毒）。细菌病毒则多为蝌蚪形，也有球状和丝状等，见图 6-14。病毒的形体极微小，常用 nm 表示（$1nm = 10^{-6}mm = 10^{-9}m$）。病毒种类不同，其大小相差悬殊，直径在

$10\sim300nm$，通常为100nm左右，能通过细菌滤器，必须借助电子显微镜才能观察到。

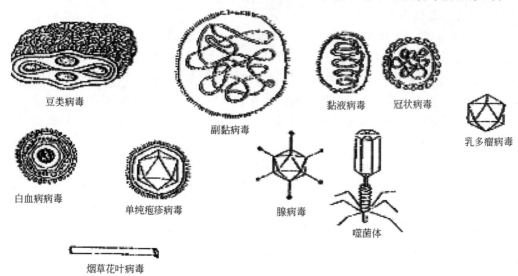

图 6-14 常见病毒形态

2. 病毒的化学组成与结构

病毒的基本化学组成是蛋白质和核酸，而且每种病毒只含 RNA 或 DNA 一种核酸。有些较大病毒除含核酸和蛋白质外，还含有类脂质和多糖等成分。病毒的结构如图6-15所示。位于病毒中心的核酸称核髓，是病毒繁殖、遗传变异与感染性的重要物质基础。包在核髓外的是蛋白质外壳，称衣壳。衣壳由衣壳粒构成，衣壳粒则由一种或几种多肽链折叠而成的蛋白质亚单位构成。衣壳呈对称结构排列，主要作用在于保护核酸免受外界核酸酶及其他理化因子的破坏，决定病毒感染的特异性和抗原性。核髓和衣壳构成核衣壳后，即成为具有感染性的病毒粒子。有些较大型的病毒，在核衣壳外还有一层包被物，称为包膜或囊膜。包膜外常有刺突，是多糖与蛋白质的复合物。刺突因病毒的种类不同而异，可作为鉴定的依据。这些有包膜结构复杂的大病毒，多数含有一些酶类，但因病毒酶系极不完全，所以一旦离开宿主细胞就不能进行独立的代谢和繁殖。

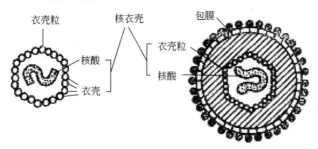

图 6-15 病毒的基本结构

3. 病毒的主要类群

自从1892年伊万诺夫斯基发现病毒以来，迄今已发现了5000余种病毒。虽然很多病毒学家对病毒的分类做了不懈的努力，探索了很多种分类方法，提出了大量方案，但目前仍还不成熟、不完善，还没有一个公认的病毒分类系统。因此，为了实际应用和叙述的方便，人们习惯按病毒感染的宿主种类，将病毒分为：微生物病毒、植物病毒、脊椎动物病毒和昆虫病毒。

4. 病毒的增殖

病毒的增殖又称为病毒的复制，是病毒在活细胞中的繁殖过程。各类病毒的增殖过程基本相似，现以大肠杆菌 T_4 噬菌体为例（图 6-16）介绍其繁殖过程，该过程包括吸附、侵入、生物合成、装配和释放等阶段。

① 吸附　吸附是指在病毒表面蛋白质与宿主细胞的特异接受位点上发生特异性结合。大肠杆菌 T 系列噬菌体是通过尾丝末端蛋白质吸附在大肠杆菌的细胞壁上的。不同噬菌体吸附的接受位

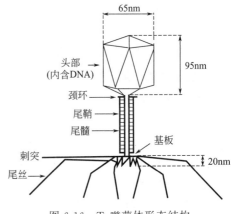

图 6-16　T_4 噬菌体形态结构

点不同，如 T_3、T_4、T_7 吸附于脂多糖，枯草杆菌噬菌体吸附于磷壁酸，沙门菌 X 噬菌体吸附在鞭毛上，还有的吸附在荚膜上。吸附过程受环境因素的影响，二价和一价阳离子可以促进噬菌体的吸附，三价阳离子可以引起失活；pH 值为 7 时呈现出最大吸附速度，pH 值小于 5 或大于 10 时则很少吸附；温度对吸附也有影响。

② 侵入　T 系列噬菌体吸附到宿主细胞壁上后，尾部的溶菌酶水解宿主细胞壁的肽聚糖，使之形成小孔，然后通过尾鞘收缩，将头部的 DNA 注入菌体内，而蛋白质外壳则留在菌体细胞外。

③ 生物合成　生物合成包括核酸的复制、转录与蛋白质的合成。噬菌体的核酸进入宿主细胞后，操纵宿主细胞的代谢功能，使之大量复制噬菌体的核酸和合成所需的蛋白质。

④ 装配　将分别合成的核酸和蛋白质组装成完整的有感染性的病毒粒子。

⑤ 释放　噬菌体粒子完成装配后，宿主细胞裂解，释放出子代噬菌体粒子。1 个宿主细胞可释放 10～10000 个（平均 300 个）噬菌体粒子。T_4 噬菌体从吸附到释放全过程，在 37℃时只需 22min。这种使宿主细胞裂解的噬菌体称为烈性噬菌体。在平板培养基的菌苔表面，大量的宿主细胞裂解后会产生数个透明圈，这些透明圈称为噬菌斑（图 6-17）。

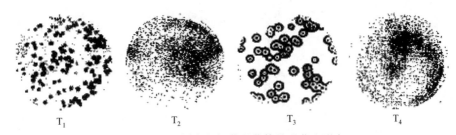

| T_1 | T_2 | T_3 | T_4 |

图 6-17　不同大肠杆菌噬菌体的噬菌斑形态

如果在细菌的培养液中，细菌被噬菌体感染，导致细菌裂解，混浊的菌液就会变成透明的裂解溶液。而有一些噬菌体侵染宿主细胞后，并不立即在侵染的细胞内增殖，而是将侵入的核酸整合到宿主细胞的基因组中，与其一起同步复制，这种不导致宿主细胞裂解，并使之能正常分裂的噬菌体称为温和噬菌体或溶源性噬菌体。含有温和噬菌体的宿主细胞称为溶原细胞，而在溶原细胞内的温和噬菌体核酸称为原噬菌体。温和噬菌体侵染细菌后不裂解细

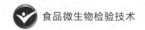

菌,与之共存的特性称为溶原性。溶原性是遗传的,溶原性细菌的后代也是溶原性的。但在特定条件下,温和噬菌体可能会发生自发突变或诱发突变,从细菌核酸上脱离,恢复复制能力,从而转化成烈性噬菌体,引起细菌裂解。

5. 噬菌体的危害与防治

(1)噬菌体的危害

噬菌体在发酵工业和食品工业上的危害是非常严重的,主要表现有:使发酵周期明显延长,并影响产品的产量和质量;污染生产菌种,发酵液变清,不积累发酵产物,严重时,发酵无法继续,发酵液全部废弃甚至使工厂被迫停产。

(2)噬菌体的防治

要防治噬菌体对生产的危害,首先要提高有关人员的思想认识,建立"防重于治"的观念。预防的措施主要有以下几种。

① 决不可使用可疑菌种 认真检查摇瓶、斜面及种子罐所使用的菌种,坚决废弃可疑菌种。这是因为几乎所有的菌种都可能是溶原性的,都有感染噬菌体的可能性,所以要严防因菌种本身不纯而携带或混有噬菌体的情况。

② 严格保持环境卫生 噬菌体广泛分布于自然界,凡有细菌的地方几乎都有噬菌体,因此,保持发酵工厂内外的环境卫生是消除或减少噬菌体和杂菌污染的基本措施之一。

③ 决不排放或丢弃活菌液 需对活菌液进行严格消毒或灭菌后才能排放。

④ 注意通气质量 空气过滤器要保证质量并经常灭菌,空气压缩机的取风口应设在30~40m 高空。

⑤ 加强管道和发酵罐的灭菌。

⑥ 不断筛选抗性菌种,并经常轮换生产菌种。

学习情境七

微生物大小的测定

| 学习目标
和职业素养目标 | 1. 学习用显微测微尺测量微生物大小，掌握测微尺的使用方法；
2. 通过观察微生物，增强对微生物细胞大小的感性认识；
3. 提高正确使用仪器、爱护仪器的意识；
4. 通过任务实施，培养严谨的科学实验态度，培养主动接受并按时完成工作任务的积极态度。 |

任务描述

微生物实验室将为新进的一批菌种建立档案材料，现已经制作了金黄色葡萄球菌、大肠杆菌的玻片标本和酿酒酵母 24h 马铃薯斜面培养物，现在的任务是测出这些菌的大小，为实验室提供档案数据。

任务要求

熟练地用测微尺测出以上菌体的大小。

学前准备

1. 学习资料

见"信息单"及食品微生物相关资料。

2. 其他参考资料来源

（1）《食品微生物》等相关书籍。

（2）食品检验类网站。

3. 思考题

（1）为什么更换不同放大倍数的目镜和物镜时必须重新用镜台测微尺对目镜测微尺进行标定？

（2）若目镜不变，目镜测微尺也不变，只改变物镜，那么目镜测微尺每格所测量的镜台

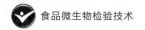

上的菌体细胞的实际长度（或宽度）是否相同？为什么？

（3）微生物大小的单位用什么表示？

任务实施

1. 材料工具

（1）材料：《食品微生物》相关书籍、菌种等。

（2）工具：纸、笔、数码相机、电脑等。

2. 工作流程

查找资料，确定测定微生物大小所需材料的清单→对所需材料进行清点→设计方案→方案修改及确认→完成任务。

3. 实施过程

分小组进行微生物大小测定方案设计，每组 5 人。

（1）查阅参考书、上网搜集实验所需相关材料。

（2）通过查阅资料，确定实验需要材料的清单，并完成清单表（附录 6）。

（3）由组长汇总相关材料。

（4）小组讨论制订、设计方案

每组选一代表，讲解小组的设计方案，组员补充方案的内容。

（5）教师指导方案的修改及确定。

（6）教师进行示范并指导任务实施。

评价反馈

完成评价（附录 7 和附录 8）。

信息单——微生物大小的测定方法

1. 基本原理

微生物细胞大小是微生物的基本形态特征之一，也是分类鉴定的依据之一。由于菌体很小，只能在显微镜下测量。用来测量微生物细胞大小的工具有目镜测微尺和镜台测微尺（图 7-1）。

镜台测微尺（图 7-1A）是中央部分刻有精确等分线的载玻片。一般将 1mm 等分为 100 格（或 2mm 等分为 200 格），每格长度等于 0.01mm（即 $10\mu m$），是专用于校正目镜测微尺每格的相对长度。

目镜测微尺（图 7-1B）是一块可放在接目镜内的隔板上的圆形小玻片，其中央刻有精确的刻度，有等分 50 小格或 100 小格两种，每 5 小格间有一长线相隔。所用接目镜放大倍数和接物镜放大倍数的不同，目镜测微尺每小格所代表的实际长度也就不同。因此，目镜测微尺不能直接用来测量微生物的大小，在使用前必须用镜台测微尺进行校正，以求得在一定放大倍数的接目镜和接物镜下该目镜测微尺每小格所代表的相对长度，然后根据微生物细胞

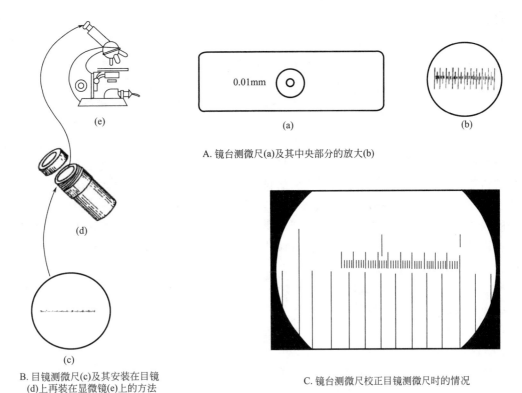

A. 镜台测微尺(a)及其中央部分的放大(b)

B. 目镜测微尺(c)及其安装在目镜
(d)上再装在显微镜(e)上的方法

C. 镜台测微尺校正目镜测微尺时的情况

图 7-1　测微尺及其安装和校正

相当于目镜测微尺的格数，即可计算出细胞的实际大小。球菌用直径来表示其大小，杆菌用宽和长的范围来表示。如金黄色葡萄球菌直径约为 0.8μm，枯草芽孢杆菌大小为（0.7～0.8)μm×(2～3)μm。

2. 器材

菌种：金黄色葡萄球菌、大肠杆菌的玻片标本、酿酒酵母 24h 马铃薯斜面培养物。

仪器或其他用具：显微镜、目镜测微尺、镜台测微尺、载玻片、盖玻片、擦镜纸、香柏油等。

3. 操作步骤

（1）装目镜测微尺

取出接目镜，把目镜上的透镜旋下，将目镜测微尺的刻度朝下放在接目镜筒内的隔板上，然后旋上目镜透镜，最后将此接目镜插入镜筒内（图 7-1B）。

（2）目镜测微尺的校正

① 放置镜台测微尺　将镜台测微尺置于显微镜的载物台上，使刻度面朝上。

② 校正　先用低倍镜观察，将镜台测微尺有刻度的部分移至视野中央，调节焦距，当看清镜台测微尺的刻度后，转动目镜使目镜测微尺的刻度与镜台测微尺的刻度平行，移动推动器，使目镜测微尺和镜台测微尺的某一区间的两对刻度线完全重合，然后分别数出两重合线之间镜台测微尺和目镜测微尺所占的格数（图 7-1C）。同法校正在高倍镜和油镜下目镜测微尺每小格所代表的长度。观察时，光线不宜过强，否则难以找到镜台测微尺的刻度。换高倍镜和油镜校正时，务必十分细心，防止接物镜压坏镜台测微尺和损坏镜头。

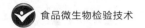

(3) 计算

由于已知镜台测微尺每格长 10μm，根据计数得到的目镜测微尺和镜台测微尺重合线之间各自所占的格数，通过如下公式换算出目镜测微尺每小格所代表的实际长度。

$$目镜测微尺每小格长度(\mu m)=\frac{两条重合线间镜台测微尺格数×10}{两条重合线间目镜测微尺格数}$$

菌体大小的测定，目镜测微尺校正后，移去镜台测微尺，换上细菌染色玻片标本。先用低倍镜和高倍镜找到标本后，换油镜校正焦距使菌体清晰，测定细菌的大小。测定时，通过转动目镜测微尺（或转动染色标本），测出杆菌的长和宽（或球菌的直径）各占几小格，将测得的格数乘以目镜测微尺每小格所代表的长度，即可换算出此单个菌体的大小值。在同一涂片上需测定 10～20 个菌体，求出其平均值，才能代表该菌的大小，而且一般是用对数生长期的菌体来进行测定。测定酵母菌时，先将酵母培养物制成水浸片，然后用高倍镜测出宽和长各占目镜测微尺的格数，最后，将测得的格数乘上目镜测微尺（用高倍镜时）每格所代表的长度，即为酵母菌的实际大小。

测定完毕，取出目镜测微尺，将接目镜放回镜筒，再将目镜测微尺和镜台测微尺分别用擦镜纸擦拭干净后，放回盒内保存。

(4) 实验报告

① 目镜测微尺标定结果。

低倍镜下_____倍目镜测微尺每格长度是_____μm。

高倍镜下_____倍目镜测微尺每格长度为_____μm。

油镜下_____倍目镜测微尺每格长度是_____μm。

② 菌体大小测定结果。

菌号	大肠杆菌的测定结果				金黄色葡萄球菌的测定结果		酵母菌的测定结果	
	目镜测微尺格数		实际长度		目镜测微尺格数	实际直径/μm	目镜测微尺格数	实际直径/μm
	宽	长	宽	长				
1								
2								
3								
4								
5								
6								
7								
8								
9								
10								
均值								

学习情境八

微生物的纯培养

1. 说出什么是微生物纯培养，熟练掌握微生物纯培养技术；
2. 掌握无菌技术，理解其实质，培养良好的无菌观念，养成良好的无菌意识；
3. 能说出菌种保藏的原理，知道菌种的各种保藏方法，并能够简单应用；
4. 培养科学规范意识、无菌操作意识；
5. 通过任务实施，培养主动接受和执行任务的积极态度，激发求知欲，形成学习和使用现代信息技术的良好习惯。

任务描述

某食品公司购入一批菌种，需要扩大培养，进而保存。请根据公司要求，利用微生物实验室的条件完成任务。

任务要求

1. 通过资料或网络查询，学习不同类型微生物的纯培养方法。
2. 熟练掌握微生物的各种接种技术，并熟悉保藏方法。

学前准备

1. 学习资料

见"信息单"及食品微生物相关资料。

2. 其他参考资料来源

（1）《食品微生物》《微生物实验指导》等相关书籍。

（2）食品检验类网站。

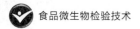

3. 思考题

（1）什么叫无菌技术？

（2）斜面接种的基本操作有哪些？

（3）液体接种技术有哪些？

（4）平板划线法需注意什么？

（5）简述微生物保藏的原理。

（6）简述常见的微生物菌种保藏方法及其保藏条件、保藏时间。

（7）什么叫接种？接种的方法有哪些？

（8）什么叫遗传和变异？

（9）基因突变的类型有哪些？

（10）基因突变的特点有哪些？

（11）简述微生物菌种选育的过程？

（12）什么叫菌种的退化和复壮？

（13）菌种退化的主要原因有哪些？

（14）防止菌种退化的措施有哪些？

任务实施

1. 材料工具

（1）材料：《食品微生物》相关书籍、菌种、培养基等。

（2）工具：纸、笔、数码相机、电脑等。

2. 工作流程

查找资料，确定微生物纯培养所需要材料的清单→对所需材料进行清点→设计微生物纯培养的方案→方案修改及确认→教师演示→完成任务。

3. 实施过程

分小组进行微生物纯培养方案设计，每组5人。

（1）查阅参考书、上网搜集培养基制作的相关材料。

（2）通过查阅资料，确定微生物纯培养需要的材料清单，并完成清单表（附录6）。

（3）由组长汇总相关材料。

（4）小组讨论制订、设计方案

① 学生自行设计方案并做成PPT报告展示；

② 每组选一代表，讲解小组的设计方案，组员补充方案的内容。

（5）方案的修改及确定。

（6）完成任务。

评价反馈

完成评价（附录7和附录8）。

信息单——微生物的分离和纯培养

大多数动植物的研究和利用都能以个体为单位进行，而微生物由于个体微小，在绝大多数情况下都是利用群体来研究其属性，微生物的物种（菌株）一般也是以群体的形式进行繁衍、保存的。微生物学中，在人为规定的条件下培养、繁殖得到的微生物群体称为培养物，而只有一种微生物的培养物称为纯培养物。

微生物通常是肉眼看不到的微小生物，而且无处不在。因此，在微生物的研究及应用中，不仅需要通过分离纯化技术从混杂的天然微生物群中分离出特定的微生物，而且还必须随时注意保持微生物纯培养物的"纯洁"，防止其他微生物的混入。在分离、转接及培养纯培养物时，防止其被其他微生物污染的技术被称为无菌技术，这是保证微生物学研究正常进行的关键。

1. 微生物培养的常用器具及其灭菌

试管、玻璃烧瓶、平皿等是最为常用的培养微生物的器具，在使用前必须先行灭菌，使容器中不含任何生物。最常用的灭菌方法是高压蒸汽灭菌，可以杀灭所有的生物，包括最耐热的某些微生物的休眠体，同时可以基本保持培养基的营养成分不被破坏。有些玻璃器皿也可采用高温干热灭菌。为了防止杂菌，特别是空气中的杂菌污染，试管及玻璃烧瓶都需采用适宜的塞子塞口，通常采用棉花塞，也可采用各种金属、塑料及硅胶帽，以达到只可让空气通过，而空气中的微生物不能通过的目的。平皿由正反两平面板互扣而成，这种器具是专为防止空气中微生物的污染而设计的。

2. 微生物接种技术

用接种环或接种针分离微生物，或在无菌条件下把微生物由一个培养器皿转接到另一个培养容器进行培养，是微生物学研究中最常用的基本操作。由于打开器皿就可能引起器皿内部被环境中的其他微生物污染，因此微生物实验的所有操作均应在无菌条件下进行，其要点是在火焰附近进行熟练的无菌操作，或在无菌箱、无菌操作室内等无菌的环境下进行操作。操作箱或操作室内的空气可在使用前的一段时间内用紫外灯或化学药剂灭菌。有的无菌室通无菌空气维持无菌状态。

用以挑取和转接微生物材料的接种环及接种针，一般采用易于迅速加热和冷却的镍铬合金等金属制备，使用时用火焰灼烧灭菌。而移植液体培养物可采用无菌吸管或移液枪。接种环灭菌及转接培养物的操作如图 8-1 和图 8-2 所示。

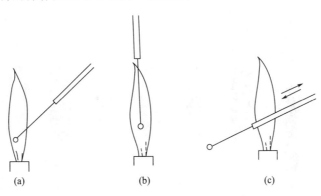

图 8-1　接种环（针）的火焰灭菌步骤

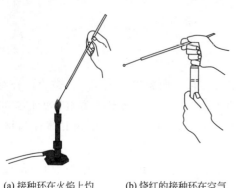

(a) 接种环在火焰上灼
烧灭菌

(b) 烧红的接种环在空气
中冷却,同时打开装有培
养物的试管

(c) 用接种环蘸取一环
培养物转移到一装有
无菌培养基的试管中,
并将原试管重新盖好

(d) 接种环在火焰上灼烧,
杀灭残留的培养物

图 8-2   无菌操作转接培养物

3. 斜面接种基本操作

斜面接种是从已生长好的菌种斜面上挑取少量菌种移植至另一支新鲜斜面培养基上的一
种接种方法,具体操作如图 8-3 所示。

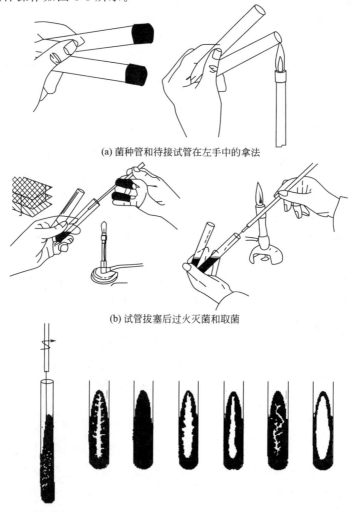

(a) 菌种管和待接试管在左手中的拿法

(b) 试管拔塞后过火灭菌和取菌

(c) 斜面划线法   (d) 不同细菌直线接种长出的菌苔形态

图 8-3   斜面接种基本操作

接种前在试管上贴上标签，注明菌名、接种日期、接种人姓名等，贴在距试管口 2～3cm 的位置（若用记号笔标记则不需贴标签）。点燃酒精灯，将菌种和待接斜面的两支试管用大拇指和其他四指握在左手中，使中指位于两试管之间部位。斜面面向操作者，并使两试管位于水平位置。先用右手松动棉塞或塑料管盖，以便接种时拔出。右手拿接种环（如握钢笔一样），在火焰上将环端灼烧灭菌，然后将有可能伸入试管的其余部分均灼烧灭菌，重复此操作，再灼烧一次。用右手的无名指、小指和手掌边先后取下菌种管和待接试管的管塞，然后让试管口缓缓过火灭菌（切勿烧得过烫）；将灼烧过的接种环伸入菌种管，先使环接触没有长菌的培养基部分，使接种环冷却；待接种环冷却后，轻取少量菌体或孢子，然后将接种环移出菌种管，注意不要使接种环碰到管壁，取出后不可使带菌接种环通过火焰；在火焰旁迅速将沾有菌种的接种环伸入另一支待接斜面试管；从斜面培养基的底部向上部作"Z"形来回密集划线，切勿划破培养基。有时也可用接种针仅在斜面培养基的中央拉一条直线作斜面接种，直线接种可观察不同菌种的生长特点。

斜面接种的基本操作　　接种量大的液体接种　　接种量小的液体接种

4. 液体接种技术

用斜面菌种接种液体培养基时，有下面两种情况：如接种量小，可用接种环取少量菌体移入培养基容器（试管或三角瓶等）中，将接种环在液体表面振荡或在器壁上轻轻摩擦把菌苔散开，抽出接种环，塞好棉塞，再将液体摇动，菌体即均匀分布在液体中；如接种量大，可先在斜面菌种管中注入定量无菌水，用接种环把菌苔刮下研开，再把菌悬液倒入液体培养基中，倒前需将试管口过火灭菌。

用液体培养物接种液体培养基时，可根据具体情况采用以下不同方法：用无菌的吸管或移液管吸取菌液接种；直接把液体培养物移入液体培养基中接种；利用高压无菌空气通过特制的移液装置把液体培养物注入液体培养基中接种；利用压力差将液体培养物接入液体培养基中接种（如发酵罐接入种子菌液）。

5. 用固体培养基分离纯培养

单个微生物在适宜的固体培养基表面或内部生长、繁殖到一定程度，可以形成肉眼可见的、有一定形态结构的子细胞生长群体，称为菌落。当固体培养基表面众多菌落连成一片时，便成为菌苔。不同微生物在特定培养基上生长形成的菌落或菌苔，一般都具有稳定的特征，可以成为对该微生物进行分类、鉴定的重要依据。

大多数细菌、酵母菌以及许多真菌和单细胞藻类能在固体培养基上形成孤立的菌落，采用适宜的平板分离法很容易得到纯培养。所谓平板，即培养平板的简称，是指固体培养基倒入无菌平皿，冷却凝固后，形成固体培养基的平皿。这个方法包括将单个微生物分离和固定在固体培养基表面或里面（固体培养基是用琼脂或其他凝胶物质固化的培养基）。每个孤立的活微生物体生长、繁殖形成菌落，形成的菌落便于移植。最常用的分离、培养微生物的固体培养基是琼脂固体培养基平板。这种由 Kock 建立的采用平板分离微生物纯培养的技术简

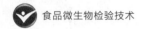

便易行，100多年来一直是各种菌种分离的最常用手段。

平板分离细菌单菌落的方法通常有：平板划线法、涂布平板法、稀释倒平板法（倾注法）、稀释摇管法等。

（1）平板划线法

用接种环以无菌操作蘸取少许待分离的材料，在无菌平板表面进行平行划线、扇形划线或其他形式的连续划线，微生物细胞数量将随着划线次数的增加而减少，并逐步分散开来。如果划线适宜的话，微生物能一一分散，经培养后，可在平板表面得到单菌落，如图8-4所示。

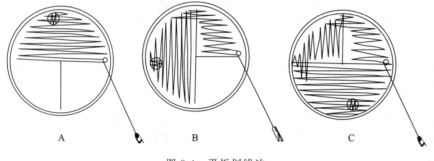

图8-4　平板划线法

A—用已灭菌并冷却的接种环划线；B—第二部分划线；C—最后部分划线

平板划线操作

注：1. 接种环与琼脂表面的角度要小，移动的压力不能太大，否则会刺破琼脂。

2. 整个划线操作均要求无菌操作，即靠近火焰，而且动作要快。

（2）涂布平板法

由于将含菌材料先加到还较烫的培养基中再倒平板易造成某些热敏感菌的死亡，而且采用稀释倒平板法也会使一些严格好氧菌因被固定在琼脂中间因缺乏氧气而影响其生长，因此在微生物学研究中更常用的纯种分离方法是涂布平板法。其做法是先将已熔化的培养基倒入无菌平皿，制成无菌平板，冷却凝固后，将一定量的某一稀释度的样品悬液滴加在平板表面，再用无菌玻璃涂棒将菌液均匀分散至整个平板表面，经培养后挑取单个菌落。

涂布平板法操作

（3）稀释倒平板法

先将待分离的材料用无菌水作一系列的稀释（如1∶10、1∶100、1∶1000、1∶10000…），然后分别取不同稀释液少许，与已熔化并冷却至50℃左右的琼脂培养基混合，摇匀后倾入灭过菌的培养皿中，待琼脂凝固后，制成可能含菌的琼脂平板，保温培养一定时间即可出现菌落。或者分别取不同稀释液少许，注入灭过菌的培养皿中，然后倾注已熔化并冷却至50℃左右的琼脂培养基，轻轻旋转混匀，待琼脂凝固后，制成可能含菌的琼脂平板，保温培养一定时间即可出现菌落。如果稀释得当，在平板表面或琼脂培养基中就可出现分散的单个菌落，这个菌落可能就是由一个细菌细胞繁殖形成的。随后挑取该单个菌落，或重复以上操作数次，便可得到纯培养（图8-5）。

（4）稀释摇管法

用固体培养基分离严格厌氧菌有其特殊的地方。如果该微生物暴露于空气中不立即死亡，可以采用通常的方法制备平板，然后置放在封闭的容器中培养，容器中的氧气可采用化学、物理或生物的方法清除。对于那些对氧气较为敏感的厌氧性微生物，纯培养的分离则可采用稀释摇管培养法进行，该法是稀释倒平板法的一种变通形式。先将一系列盛无菌琼脂培

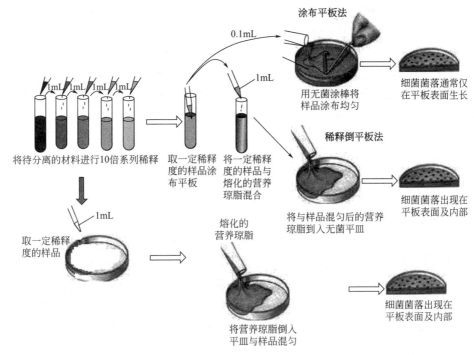

图 8-5　稀释倒平板法和涂布方法

养基的试管加热，使琼脂熔化后冷却并保持在 50℃左右，将待分离的材料用这些试管进行梯度稀释，试管迅速摇动均匀，冷凝后在琼脂柱表面倾倒一层灭菌液体石蜡和固体石蜡的混合物，将培养基和空气隔开。培养后，在琼脂柱的中间形成菌落。进行单菌落的挑取和移植，需先用一只灭菌针将液体石蜡的石蜡盖取出，再用一只毛细管插入琼脂和管壁之间，吹入无菌、无氧气体，将琼脂柱吸出，置放在培养皿中，用无菌刀将琼脂柱切成薄片进行观察和菌落的移植（图 8-6）。

图 8-6　用稀释摇管法在琼脂柱中形成的菌落照片
（从右至左稀释度不断提高）

6. 用液体培养基分离纯培养

对于大多数细菌和真菌，用平板法分离通常是有效的，因为大多数种类在固体培养基上长得很好。然而迄今为止并不是所有的微生物都能在固体培养基上生长，例如一些细胞较大的细菌、许多原生动物和藻类等，这些微生物仍需要用液体培养基分离来获得纯培养。通常

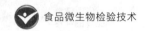

采用的液体培养基分离纯化法是稀释法。接种物在液体培养基中进行顺序稀释，以得到高度稀释的效果，使一支试管中分配不到一个微生物。如果经稀释后的大多数试管中没有微生物生长，那么，有微生物生长的试管得到的培养物可能就是纯培养物。如果经稀释后的试管中有微生物生长的比例提高了，得到纯培养物的概率就会急剧下降。因此，采用稀释法进行分离，必须在同一个稀释度的许多平行试管中，大多数（一般应超过95％）表现为不生长。

一、微生物的遗传变异

1. 遗传与变异

在应用微生物加工制造和发酵生产各种食品的过程中，要想有效地、大幅度地提高产品的产量、质量和花色品种，首先必须选育优良的生产菌种才能达到目的，而优良菌种的选育是在微生物遗传变异的基础上进行的。遗传与变异是相互关联又是相互独立的两方向。在一定的条件下，二者是可以相互转换的。认识和掌握微生物遗传变异的基本原理和规律是搞好菌种选育的关键。不同类群的微生物，其遗传物质结构、存在方式和作用机理也有所不同。

（1）遗传与变异的概念

遗传与变异是生物体最基本的特征，也是微生物菌种选育的理论基础。遗传是指亲代传递给子代一套实现与其相同性状的遗传信息，这种信息只有当子代个体生活在合适的环境下，才能表达出与亲代间相似、连续的性状。变异是指子代个体因生活环境和其他因素发生改变而出现与亲代间的不连续、差异性的现象。早在1865年，遗传学家孟德尔用豌豆做遗传学试验，就得出了重要的遗传学规律，揭示遗传的本质：性状是由遗传因子决定的。后来人们把孟德尔的遗传因子称为基因。实质上，遗传的实质是亲代的遗传基因传递给子代，使子代与亲代具有相同的基因，从而表现为相似的性状。如果遗传基因发生了改变，子代与亲代就会有差异。

（2）遗传与变异的物质基础——核酸

生物体的遗传物质究竟是细胞内的什么物质？直到20世纪40年代，先后通过三个著名的实验，人们才普遍认识到核酸（DNA或RNA）是真正的遗传物质。

① 肺炎双球菌转化实验　1928年，英国科学家Griffith在进行肺炎双球菌的研究中发现：一种肺炎双球菌的野生型有毒、产荚膜、菌落光滑，称为S型菌落；其突变型无毒、不产荚膜、菌落粗糙，称为R型菌落。Griffith以R型和S型菌株作为实验材料进行遗传物质的实验，将活的、无毒的R型肺炎双球菌或已加热杀死的有毒S型肺炎双球菌注入小白鼠体内，结果小白鼠安然无恙；将活的、有毒的S型肺炎双球菌或将大量经加热致死的有毒的S型肺炎双球菌和无毒、活的R型肺炎双球菌混合后分别注射到小白鼠体内，结果小白鼠患病死亡，并从小白鼠体内分离出活的S型菌。Griffith称这一现象为转化作用。实验表明，S型死菌体内有一种物质能引起R型活菌转化产生S型菌，这种转化的物质（转化因子）是什么，Griffith对此并未做出回答。

1944年Avery等人在Griffith工作的基础上，从热致死的S型肺炎双球菌中提取了荚膜多糖、蛋白质、RNA和DNA，分别将其和R型活菌混合，在动物体外进行培养，观察哪种物质变化能引起转化作用。结果发现只有DNA能起这种作用，而经DNA酶处理后，转化现象消失。实验表明，只有 S 型细菌的 DNA 才能将肺炎双球菌的 R 型转化为 S 型，且 DNA 纯度越高，转化效率也越高。说明 S 型菌株转移给 R 型菌株的是遗传因子，即 DNA 才是转化因子。

② 噬菌体感染实验　1952 年，Hershey 和 Chase 利用同位素对大肠杆菌的吸附、增殖和释放进行了实验研究。因 T_2 噬菌体由含硫元素的蛋白质外壳和含磷元素的 DNA 核心组成，所以可以用 ^{32}P 和 ^{35}S 标记 T_2 噬菌体，分别得到 ^{32}P 的 T_2 和 ^{35}S 的 T_2。将这些标记的噬菌体与大肠杆菌混合，经短时间保温后，T_2 完成吸附和侵入过程，经组织捣碎器捣碎、离心沉淀，分别测定沉淀物和上清液中的同位素标记。结果发现，几乎所有的 ^{32}P 都和细菌一起出现在沉淀物中，而所有的 ^{35}S 都在上清液中，这也就意味着，大肠杆菌噬菌体侵染大肠杆菌时，噬菌体的蛋白质外壳完全留在菌体外，而只有 DNA 进入细胞内，同时使整个 T_2 噬菌体复制完成，最后从细胞中释放出上百个具有与亲代相同的蛋白质外壳的完整的子代噬菌体。从而进一步证实了 DNA 才是全部遗传物质的本质。

③ 植物病毒重建实验　1956 年，Fraenkel Corat 用烟草花叶病毒（TMV）进行实验。TMV 由筒状的蛋白质外壳包裹着一条单链 RNA 分子组成。把 TMV 在水和苯酚溶液中振荡，使蛋白质和 RNA 分开，纯化后分别感染烟草，结果只有 RNA 能感染烟草，表现出病害症状，而蛋白质部分却不能感染烟草。

TMV 具有许多不同的株系，由于蛋白质的氨基酸组成不同，因而引起的病状不同。RNA 和蛋白质都可以人为地分开，又可重新组建新的具有感染性的病毒。当用 TMV 的 RNA 与霍氏车前花叶病毒（HRV）的蛋白质外壳重建后的杂合病毒去感染烟草时，烟叶上出现的是典型的 TMV 病斑，由此分离的蛋白质与 TMV 相似，分离出来的新病毒也是典型的 TMV 病毒。反之，用 HRV 的 RNA 与 TMV 的蛋白质外壳进行重建时，也可获得相同的结论。这就充分说明，核酸（这里为 RNA）是病毒的遗传物质。因此，可以确信无疑地得出结论，只有核酸才是贮存遗传信息的真正物质。

2. 微生物的基因突变

基因突变指生物体内的遗传物质发生了稳定的可遗传的变化，包括基因突变和染色体畸变。在微生物中，基因突变是最常见、最重要的。

(1) 基因突变类型

① 营养缺陷型　营养缺陷型微生物经基因突变引起的代谢障碍而必须添加某种营养物质才能正常生长的突变型。这种突变型在科研和生产中具有重要的应用价值。

② 条件致死突变型　条件致死突变型指微生物经基因突变后，在某一条件下呈现致死效应，而在另一种条件下却不表现致死效应的突变型，如温度敏感突变型。

③ 形态突变型　由于突变而引起的细胞形态变化或菌落形态的改变的非选择变异，如孢子有无、孢子颜色、鞭毛有无、荚膜有无、菌落的大小、外形的光滑与粗糙等。

④ 抗性突变型　由于基因突变而使原始菌株产生了对某种化学药物或致死物理因子的抗性的变异。根据其抵抗的对象又分抗药性、抗紫外线、抗噬菌体等突变类型。这些突变类型在遗传学研究中非常有价值，常被用作选择性标记菌种。

⑤ 产量突变型　通过基因突变而获得有用的代谢产物产量上高于原始菌株的突变株，也称高产突变株，这在食品微生物生产实践中十分重要。但产量性状是由许多遗传因子决定的，因此产量突变型的突变机制是很复杂的，产量的提高也是逐步积累的。产量突变型实际

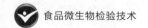

上有两种类型：一类是某代谢产物比原始菌株有明显提高的，可称为"正突变"；另一类是产量比其亲本有所降低，即称为"负突变"。其他突变型，如毒力、糖发酵能力、代谢产物的种类和数量以及对某种药物的依赖等的突变型。

（2）基因突变的特点

① 自发性和不对应性　自发性是指微生物各种性状的突变都可以在没有任何人为的诱变因素的作用下自发产生。不对应性是指基因突变的性状与引起突变的因素之间无直接的对应关系。任何诱变因素或通过自发突变都可以获得任何性状的突变株，如紫外线诱变下可以出现抗紫外线的菌株，但是通过其他诱变因素或自发突变也可能获得同样的抗紫外线的菌株。同样，用其他方法引起的突变也可能是任何性状的突变。

② 自发突变概率低　虽然自发突变随时都可以发生，但是突变的频率是很低的，自发突变率一般在 $10^{-9} \sim 10^{-6}$。尽管基因突变的概率很低，但是微生物的数量巨大，微生物的自发突变是存在的。

③ 独立性　突变对每个细胞是随机的，对每个基因也是随机的。每个基因的突变是独立的，既不受其他基因突变的影响，也不会影响其他基因的突变。

④ 稳定性　由于基因突变使遗传物质发生了变化，所以突变产生的新的变异性状是稳定的，也是可遗传的。

⑤ 诱变性　通过人为的诱变剂作用，可将突变率提高 $10 \sim 10^6$ 倍。由于诱变剂仅仅是提高突变率，所以自发突变和诱发突变所获得的突变菌株并没有本质区别。

⑥ 可逆性　任何突变产生的性状在以后的遗传中仍可能由于突变回复到原先的性状，实验证明，回复突变的概率与突变概率基本是相同的。

二、微生物的菌种选育

菌种选育就是利用微生物遗传物质变异的特性，采用各种手段，改变菌种的遗传性状，经筛选获得新的适合生产的菌株，以稳定和提高产品质量或得到新的产品。

良好的菌种是微生物发酵工业的基础。在应用微生物生产各类食品时，首先是挑选符合生产要求的菌种；其次是根据菌种的遗传特点，改良菌株的生产性能，使产品产量、质量不断提高；如发现菌种的性能下降时，还要设法使其复壮；最后还要有合适的工艺条件和合理先进的设备与之配合，这样菌种的优良性能才能得到充分发挥。

1. 从自然界中分离菌种的步骤

生产上使用的微生物菌种，最初都是从自然界中筛选出来的。自然界的微生物种类多、分布广，在自然界大多是以混杂的形式群居在一起的。而现代发酵工业是以纯种培养为基础，故首先必须把所需要的菌种从许许多多的杂菌中分离出来，然后采用各种不同的筛选手段，挑选出性能良好、符合生产需要的纯种，是工业育种的关键一步。自然界工业菌种分离、筛选的主要步骤是：采样、增殖培养、培养分离和筛选。如果产物与食品制造有关，还需对菌种进行毒性鉴定。

（1）采样

以采集土壤为主，也可以从植物腐败物或某些水域中采样。从何处采样，这要根据选菌的目的、微生物的分布状况及菌种的特征、与外界环境关系等，进行综合地、具体地分析来决定。由于土壤是微生物生活的"大本营"，其中包括各种各样的微生物，但微生物的数量和种类常随土质的不同而不同。一般在有机质较多的肥沃土壤中，微生物的数量最多；中性、偏碱的土壤以细菌和放线菌为主；酸性红土壤及森林土壤中霉菌较多；果园、菜园和野果生长区等富含碳水化合物的土壤和沼泽地中，酵母和霉菌较多。浅层土比深层土中的微生物多，一般离表层 5～15cm 深处的微生物数量最多。

采样应充分考虑采样的季节性和时间因素，以温度适中、雨量不多的秋初为好。采样方式是在选好适当地点后，用无菌刮铲、土样采集器等，采集有代表性的样品盛入清洁的聚乙烯袋、牛皮纸袋或玻璃瓶中，扎好并标上样本的种类及采集日期、地点以及采集地点的地理、生态参数等。

如果知道所需菌种的明显特征，则可直接采样。例如分离能利用糖质原料、耐高渗的酵母菌，可以采集加工蜜饯、糖果、蜂蜜的环境土壤样本；分离利用石蜡、烷烃、芳香烃的微生物，可以从油田中采样；分离啤酒酵母，可以直接从酒厂的酒糟中分离等。

（2）增殖培养

一般情况下，采来的样品可以直接进行分离，但是如果样品中所需要的菌类含量并不很多，就要设法增加所需菌种的数量，以增加分离的概率。这种人为增加该菌种的数量的方法称为增殖培养（又叫富集培养法）。进行增殖培养是根据所分离菌种的培养条件、生理特性来确定特定的增殖条件，其手段是通过选择性培养基控制营养条件、生长条件、加入一定的抑制剂等，其目的是使其他微生物尽量处于抑制状态，要分离的微生物（目的微生物）能正常生长，经过多次增殖后成为优势菌群。

（3）纯种分离

通过增殖培养，虽然目的微生物大量存在，但不是唯一的，仍有其他微生物与其混杂生长，因此还必须分离和纯化。常用的纯种分离方法有稀释分离法、划线分离法和组织分离法。稀释分离法：将样品进行适当稀释，然后将稀释液涂布于培养基平板上进行培养，待长出独立的单个菌落，进行挑选分离。划线分离法：首先倒培养基平板，然后用接种针（接种环）挑取样品，在平板上划线。划线方法可用分步划线法或一次划线法，无论用哪种方法，基本原则是确保培养出单个菌落。组织分离法：主要用于食用菌菌种分离。分离时，首先用 10％漂白粉或 75％酒精对子实体进行表面消毒，用无菌水洗涤数次后，移植到培养皿中的培养基上，于适宜温度培养数天后，可见组织块周围长出菌丝，并向外扩展生长。

（4）纯种培养

经过分离培养，在平板上出现很多单个菌落，通过菌落形态观察，选出所需菌落，然后取菌落的一半进行菌种鉴定。对于符合目的菌特性的菌落，可将之转移到试管斜面纯培养。

（5）生产性能测定

从自然界中分离得到的纯种称为野生型菌株，只是筛选的第一步。所得菌种是否具有生产上的实用价值，能否作为生产菌株，还必须采用与生产相近的培养基和培养条件，通过三角瓶的容量进行小型发酵试验，以求得适合于工业生产用菌种。如果此野生型菌株产量偏低，达不到工业生产的要求，可以留之作为菌种选育的诱发菌株。

2. 微生物的诱变育种

诱变育种是利用物理和化学诱变剂处理微生物细胞群，促使其突变率迅速提高，再从中筛选出少数符合育种目的的突变株。诱变育种的主要手段是以合适的诱变剂处理大量而分散的微生物细胞，在引起大部分细胞死亡的同时，使存活细胞的突变率迅速提高，再设计简便、快速和高效的筛选方法，进而淘汰负突变并把正突变中效果最好的优良菌株挑选出来。

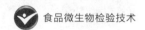

诱变育种是国内外提高菌种产量、性能的主要手段。诱变育种具有极其重要的意义，当今发酵工业所使用的高产菌株，几乎都是通过诱变育种大大提高了其生产性能。其中最突出的例子是青霉素的生产菌种，通过诱变育种，从最初的几百发酵单位提高到目前的几万发酵单位。诱变育种不仅能提高菌种的生产性能，而且能改进产品的质量、扩大品种和简化生产工序等目的。从方法上讲，诱变育种具有方法简便、工作效率高和效果显著等优点。因此，虽然目前在育种方法上，杂交、转化、转导以及基因工程、原生质体融合等方面的研究都在快速地发展，但诱变育种仍为目前比较主要、广泛使用的育种手段。

3. 食品工业微生物的杂交育种

杂交育种是指将两个基因型不同的菌株的有性孢子或无性孢子及其细胞，互相联结、细胞核融合，随后细胞核进行减数分裂或有丝分裂，遗传性状出现分离和重新组合的现象，产生具有各种新性状的重组体，然后经分离和筛选，获得符合要求的生产菌株。

三、微生物菌种保藏及复壮

1. 微生物菌种的保藏类型

通过分离纯化得到的微生物纯培养物，还必须通过各种保藏技术使其在一定时间内不死亡，不会被其他微生物污染，不会因发生变异而丢失重要的生物学性状，否则就无法真正保证微生物研究和应用工作的顺利进行。菌种或培养物保藏是一项最重要的微生物学基础工作，微生物菌种是珍贵的自然资源，具有重要意义，许多国家都设有相应的菌种保藏机构，例如，中国微生物菌种保藏委员会（CCCCM）、中国典型培养物保藏中心（CCTCC）、美国典型菌种保藏中心（ATCC）等。菌种保藏就是根据菌种特性及保藏目的的不同，给微生物菌株以特定的条件，使其存活而得以延续。例如利用培养基或宿主对微生物菌株进行连续移种，或改变其所处的环境条件，例如干燥、低温、缺氧、避光、缺乏营养等，令菌株的代谢水平降低，乃至完全停止，达到半休眠或完全休眠的状态，而在一定时间内得到保存，有的可保藏几十年或更长时间。在需要时再通过提供适宜的生长条件使保藏物恢复活力。

（1）传代培养保藏

传代培养与培养物的直接使用密切相关，是进行微生物保藏的基本方法。常用的有琼脂斜面、半固体琼脂柱及液体培养等。采用传代法保藏微生物应注意针对不同的菌种而选择使用适宜的培养基，并在规定的时间内进行移种，以免由于菌株接种后不生长或超过时间不能接活，丧失微生物菌种。在琼脂斜面上保藏微生物的时间因菌种的不同而有较大差异，有些可保存数年，而有些仅数周。一般来说，通过降低培养物的代谢或防止培养基干燥，可延长传代保藏的保存时间。例如在菌株生长良好后，改用橡胶塞封口或在培养基表面覆盖液体石蜡，并放置低温保存。将一些菌的菌苔直接刮入无菌蒸馏水或其他缓冲液后，密封置4℃保存，也可以大大提高某些菌的保藏时间及保藏效果，这种方法有时也被称为悬液保藏法。

菌种进行长期传代十分繁琐，容易污染，特别是菌株的自发突变而导致菌种衰退，使菌株的形态、生理特性、代谢物的产量等发生变化。因此，一般情况下，在实验室里除了采用传代法对常用的菌种进行保存外，还必须根据条件采用其他方法，特别是对那些需要长期保存的菌种。

（2）冷冻保藏

冷冻保藏使微生物处于冷冻状态，使其代谢活动停止以达到保藏的目的。大多数微生物都能通过冷冻进行保藏，细胞体积大者要比小者对低温更敏感，而无细胞壁者则比有细胞壁者敏感。其原因与低温会使细胞内的水分形成冰晶，从而引起细胞尤其是细胞膜的损伤。进行冷冻时，适当采取速冻的方法，可因产生的冰晶小而减少对细胞的损伤。当从低温下移出并开始升温时，冰晶又会长大，故快速升温也可减少对细胞的损伤。冷冻时的介质对细胞的损伤也有显著的影响。例如 0.5mol/L 左右的甘油或二甲亚砜可透入细胞，并通过降低强烈的脱水作用而保护细胞；大分子物质如糊精、血清蛋白、脱脂牛奶或聚乙烯吡咯烷酮（PVP）虽不能透入细胞，但可通过与细胞表面结合的方式而防止细胞膜冻伤。因此，所以在采用冷冻法保藏菌种时，一般应加入各种保护剂以提高培养物的存活率。

（3）干燥保藏法

水分对各种生化反应和一切生命活动至关重要。干燥尤其是深度干燥，是微生物保藏技术中另一项经常采用的手段。沙土管保藏和冷冻真空保藏是最常用的两项微生物干燥保藏技术。前者主要适用于产孢子的微生物，如芽孢杆菌、放线菌等。一般将菌种接种斜面，培养至长出大量的孢子后，洗下孢子制备孢子悬液，加入无菌的沙土试管中，减压干燥，直至将水分抽干，最后用石蜡、胶塞等封闭管口，置冰箱保存。此法简便易行，并可以将微生物保藏较长时间，适合一般实验室及以放线菌等为菌种的发酵工厂采用。

（4）冷冻真空保藏

冷冻真空保藏是将加有保护剂的细胞样品预先冷冻，使其冻结，然后在真空下通过冰的升华作用除去水分。达到干燥的样品可在真空或惰性气体的密闭环境中置低温保存，从而使微生物处于干燥、缺氧及低温的状态，生命活动处于休眠状态，可以达到长期保藏的目的。用冰升华的方式除去水分，手段比较温和，细胞受损伤的程度相对较小，存活率及保藏效果均不错，而且经抽真空封闭的菌种安瓿管的保存、邮寄、使用均很方便。因此冷冻真空干燥保藏是目前使用最普遍、也是最重要的微生物保藏方法。大多数专业的菌种保藏机构均采用此法作为主要的微生物保存手段。

除上述方法外，各种微生物菌种保藏的方法还有很多，如纸片保藏、薄膜保藏、寄主保藏等。由于微生物的多样性，不同的微生物往往对不同的保藏方法有不同的适应性，迄今为止，尚没有一种方法能被证明对所有的微生物均适宜。因此，在具体选择保藏方法时必须对被保藏菌株的特性、保藏物的使用特点及现有条件等进行综合考虑。对于一些比较重要的微生物菌株，则要尽可能多地采用各种不同的手段进行保藏，以免因某种方法的失败而导致菌种的丧失。

2. 微生物菌种的保藏方法

（1）斜面传代保藏法

① 贴标签　取各种无菌斜面试管数支，将注有菌株名称和接种日期的标签贴上，贴在试管斜面的正上方，距试管口 2～3cm 处。

② 斜面接种　将待保藏的菌种用接种环以无菌操作法移接至相应的试管斜面上，细菌和酵母菌宜采用对数生长期的细胞，而放线菌和丝状真菌宜采用成熟的孢子。细菌于 37℃恒温培养 18～24h，酵母菌于 28～30℃培养 36～60h，放线菌和丝状真菌于 28℃培养 4～7d。

③ 保藏　斜面长好后，可直接放入 4℃ 冰箱保藏。为防止棉塞受潮、长杂菌，管口棉花应用牛皮纸包扎，或换上无菌胶塞，亦可用熔化的固体石蜡熔封棉塞或胶塞，保藏时间依微生物种类不同而不同，酵母菌、霉菌、放线菌及有芽孢的细菌移种一次可保存 2～6 月，而

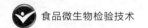

不产芽孢的细菌最好每月移种一次。

此法的缺点是容易变异，污染杂菌的机会较多。

（2）液体石蜡保藏法

① 液体石蜡灭菌　在 250mL 三角烧瓶中装入 100mL 液体石蜡，塞上棉塞，并用牛皮纸包扎，121℃湿热灭菌 30min，然后于 40℃恒温箱中放置 14d（或置于 105~110℃烘箱中 1h），以除去石蜡中的水分，备用。

② 接种培养　同斜面传代保藏法。

③ 加液体石蜡　用无菌滴管吸取液体石蜡以无菌操作加到已长好的菌种斜面上，加入量以高出斜面顶端约 1cm 为宜。

④ 保藏　棉塞外包牛皮纸，将试管直立放置于 4℃冰箱中保存。

⑤ 恢复培养　用接种环从液体石蜡下挑取少量菌种，在试管壁上轻靠几下，尽量使油滴净，再接种于新鲜培养基中培养。由于菌体表面沾有液体石蜡，生长较慢且有黏性，故一般需转接两次才能获得良好菌种。

（3）沙土管保藏法

① 沙土处理　取河沙过筛 40 目，去除大颗粒，加 10%HCl 浸泡（用量以浸没沙面为宜）2~4h（或煮沸 30min）以除去有机杂质，然后倒去盐酸，用清水冲洗至中性，烘干或晒干，备用。

② 土处理　取非耕作层瘦黄土（不含有机质），加自来水浸泡洗涤数次直至中性，然后烘干、粉碎、过筛（100 目），去除粗颗粒后备用。

③ 装沙土管　将沙土与土按 2∶1、3∶1 或 4∶1(W/W) 比例混合均匀装入试管中（10mm×100mm），约 7cm 高，加棉塞，并外包牛皮纸，121℃湿热灭菌 30min，然后烘干。

④ 无菌试验　每 10 支沙土管任抽一支，取少许沙土放入牛肉膏蛋白胨或麦芽汁培养液中，在最适宜的温度下培养 2~4d，确定无菌生长时才可使用。若发现有杂菌，经重新灭菌后，再作无菌试验直到合格。

⑤ 制备菌液　用 5mL 无菌吸管分别吸取 3mL 无菌水至待保藏的菌种斜面上，用接种环轻轻搅动，制成悬液。

⑥ 加样　用 1mL 吸管吸取上述菌悬液 0.1~0.5mL，加入沙土管中，用接种环拌匀。加入菌液量以湿润土达 2/3 高度为宜。

⑦ 干燥　将含菌的沙土管放入干燥器中，干燥器内用培养皿盛 P_2O_5 作为干燥剂，可再用真空泵连续抽气 3~4h，加速干燥。将沙土管轻轻一拍，沙土呈分散状即达到充分干燥。

⑧ 保藏　沙土管可选择下列方法之一来保藏：保存于干燥器中；用石蜡封口后放入冰箱保存；将沙土管装入有 $CaCl_2$ 等干燥剂的大试管中，塞上橡胶塞或木塞，再用蜡封住口，放入冰箱中或室温下保存。

⑨ 恢复培养　使用时挑少量混有孢子的沙土，接种于斜面培养基上或液体培养基内培养即可，原沙土管仍可继续保藏。

此法适用于保藏能产生芽孢的细菌及形成孢子的霉菌和放线菌，可保存 2 年左右，但不能用于保藏营养细胞。

（4）冷冻干燥保藏法

① 准备安瓿管　选用外径 6~8cm、壁厚 0.6~1.2cm、长 10.5cm 的硬质玻璃试管，用

10％HCl浸泡8～10h后，用自来水冲洗多次，最后用去离子水洗1～2次，烘干。将印有菌名和接种日期的标签放入安瓿管内，有字的一面朝向管壁。管口加棉塞，121℃灭菌30min。

② 制备脱脂牛奶　将脱脂奶粉配成20％乳液，然后分装，121℃灭菌30min，并作无菌试验。

③ 准备菌种　选用无污染的纯菌种，培养时间一般细菌为24～48h、酵母菌为3d、放线菌与丝状真菌为7～10d。

④ 制备菌液及分装　吸取3mL无菌牛奶直接加入斜面菌种管中，用接种环轻轻搅动菌落，再用手摇动试管，制成均匀的细胞或孢子悬液。用无菌长滴管将菌液分装于安瓿管底部，每管装0.2mL。

⑤ 预冻　将安瓿管外的棉花剪去并将棉塞向里推至离管口约15mm处，再通过乳胶管把安瓿管连接于总管的侧管上，总管则通过厚壁皮管及三通短管与真空表及干燥瓶、真空泵相连接，并将安瓿管浸入装有干冰和95％乙醇的预冷槽中（此时槽内的温度可达－50～－40℃），只需冷冻1h左右，即可使悬液冻结成固体。

⑥ 真空干燥　完成预冻后，升高总管使总管和安瓿管底部与冰面接触（此处温度约－10℃），以保持安瓿管内的悬液仍呈固体状态。开启真空泵后，应在5～15min内使真空度达66.7Pa以上，使被冻结的悬液开始升华，当真空度达到26.7～13.3Pa时，冻结样品逐渐干燥成白色片状，此时使安瓿管脱离冰浴，在室温下（25～30℃）继续干燥（管内温度不超过30℃），升温可加速样品中残余水分的蒸发。总干燥时间应根据安瓿管的数量、悬浮液装量及保护剂性质来定，一般3～4h即可。

⑦ 封口　样品干燥后继续抽真空达1.33Pa时，在安瓿管棉塞的稍下部位用酒精喷灯灼烧，拉成细颈并熔封，然后置4℃冰箱内保藏。

⑧ 恢复培养　用75％乙醇消毒安瓿管外壁后，在火焰上烧热安瓿管上部，然后将无菌水滴在烧热处，使管壁出现裂缝，放置片刻，让空气从裂缝中缓慢进入管内，将裂口端敲断，再用无菌的长颈滴管吸取菌液至合适培养基中，放置在最适宜温度下培养。

冷冻干燥保藏法综合利用了各种有利于菌种保藏的因素（低温、干燥和缺氧等），是目前最有效的菌种保藏方法之一，保存时间可长达10年以上。

3. 微生物菌种的退化和复壮

(1) 菌种的退化

随着菌种保藏时间的延长或菌种的多次转接传代，菌种本身所具有的优良的遗传性状可能得到延续，也可能发生变异。变异有正变（自发突变）和负变两种，对产量性状来说，负变即菌株生产性状的劣化或有些遗传标记的丢失均称为菌种的退化。但是在生产实践中，必须将由于培养条件的改变导致菌种形态和生理上的变异与菌种退化区别开来，因为优良菌株的生产性能是和发酵工艺条件紧密相关的。如果培养条件发生变化，如培养基中缺乏某些元素，会导致产孢子数量减少，也会引起孢子颜色的改变；温度、pH值的变化也会使发酵产量发生波动等。所有这些，只要条件恢复正常，菌种原有性能就能恢复正常，因此，这些原因引起的菌种变化不能称为菌种退化。

菌种退化的主要原因是基因的负突变。当控制产量的基因发生负突变，就会引起产量下降。当控制孢子生成的基因发生负突变，则使菌种产孢子性能下降。一般而言，菌种的退化是一个从量变到质变的逐步演变过程。开始时，在群体中只有个别细胞发生负突变，这时如不及时发现并采用有效措施而一味移种传代，就会造成群体中负突变个体的比例逐渐增高，

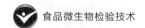

最后占优势，从而使整个群体表现出严重的退化现象。因此，突变在数量上的表现依赖于传代，即菌株处于一定条件下，群体多次繁殖，可使退化细胞在数量上逐渐占优势，于是退化性状的表现就更加明显，逐渐成为一株退化了的菌体。

防止菌种退化的措施：

① 控制传代次数　微生物存在着自发突变，而突变都是在繁殖过程中发生而表现出来的。菌种的传代次数越多，产生突变的概率就越高，因而菌种发生退化的机会就越多。所以无论在实验室或生产实践上，尽量避免不必要的移种和传代，把必要的传代控制在最低水平，以降低自发突变的概率。

② 创造良好的培养条件　在生产实践中，创造和发现一个适合原种生长的条件，可以防止菌种退化，如选择合适的培养基、温度和营养等。

③ 利用不同类型的细胞进行移种传代　在有些微生物中，如放线菌和霉菌，由于其菌的细胞常含有几个核或甚至是异核体，所以用菌丝接种就会出现不纯和衰退；而孢子一般是单核的，接种时，就没有这种现象发生。

④ 采用有效的菌种保藏方法　用于食品工业生产的一些微生物菌种，其主要性状都属于数量性状，而这类性状恰是最容易退化的，即使在较好的保藏条件下，还是存在这种情况。因此，有必要研究和制定出更有效的菌种保藏方法，以防止菌种退化。

（2）退化菌种的复壮

狭义的复壮是指从退化菌种的群体中找出少数尚未退化的个体，以达到恢复菌种的原有典型性状；广义的复壮是指在菌种的生产性能尚未退化前就经常而有意识地进行纯种分离和生产性能的测定工作，以达到菌种的生产性能逐步有所提高。实际上这是一项利用自发突变（正突变）不断从生产中进行选种的工作。

模块二

食品微生物检验

思政微课堂

金黄色葡萄球菌的检测与食品安全

金黄色葡萄球菌肠毒素是世界性卫生问题。在美国，由金黄色葡萄球菌肠毒素引起的食物中毒占整个细菌性食物中毒的 33%；加拿大则更多，占 45%；我国每年发生的此类中毒事件也非常多。

2014 年某中学食堂食物中毒，经检查确定为学生食用了被金黄色葡萄球菌污染的饭菜而引起的食品中毒。

2015 年 3 月 30 日，广东省食品药品监督管理局对广东 8 个地市的餐饮服务环节食品进行抽检，共计 70 批次，其中有 8 批样品检出金黄色葡萄球菌，1 批样品检出沙门菌，不合格食品发现率为 12.9%。

2017 年 7 月上海市浦东新区市场监管局抽检上海××公司的 1 批次特色槟榔鸭，检出金黄色葡萄球菌项目不合格。

被金黄色葡萄球菌污染的食品，食用后可能产生肠毒素，引起食物中毒，出现呕吐和腹泻。金黄色葡萄球菌是人类化脓感染中最常见的病原菌，可引起局部化脓感染，也可引起肺炎、伪膜性肠炎、心包炎等，甚至败血症、脓毒症等全身感染。

【启示】

1. 责任意识。金黄色葡萄球菌引起的食物中毒事件层出不穷，引起食物污染的原因也是多种多样。需要食品监管部门的有力监督，保证食品安全，每一位从事食品监管的人，认识到自己工作的重要性，肩负起自己的责任，承担社会重担和人民重托。

2. 职业精神。每一个食品检测的工作者，更需要精益求精的精神和科学规范的意识，保障每一次检测结果的准确性。

学习情境九

样品的制备

学习目标
和职业素养目标

1. 能够详细叙述各种检样的制备过程;
2. 能够独立完成用于微生物检验的 3 种以上检样的制备任务;
3. 培养不畏艰难、勇于探索的精神;
4. 通过任务实施,养成严谨、求实的科学精神,认真负责的态度,诚实守信、遵纪守法的行为习惯。

任务描述

某质监局接到通知对某乳品公司产品进行常规微生物检验,现派部分化验员前往采样,并对样品进行预处理。

任务要求

检验员每 4 人分为一组,每组按要求准备采集样品所需用具,如探子、铲子、匙、采样器、剪子、镊子、开罐器、广口瓶、试管、刀子等。

学前准备

1. 学习资料

见"信息单"及食品微生物相关资料。

2. 其他参考资料来源

(1)《食品微生物》相关书籍、相关样品采集处理的参考材料等。
(2) 食品检验类网站。

3. 思考题

(1) 何为样品采集?
(2) 样品采集有哪些基本要求?
(3) 检样送检过程中,采取哪些措施尽可能保持检样原有的微生物状态?

（4）液体样品处理的方法有哪些？

（5）固体样品处理的方法有哪些？

1. 材料工具

（1）材料：《食品微生物》相关书籍、采样工具及容器等。

（2）工具：纸、笔、数码相机等。

2. 工作流程

查找资料，确定本任务所需要采样工具、容器及消耗材料的数量→对实验室的采样工具、容器及消耗材料进行清点→设计采样工具及容器的清洗、包扎、灭菌、样品采集、样品处理的方案→方案修改及确认→方案实施。

3. 实施过程

分小组进行样品采集、处理的方案设计，每组 4 人。

（1）查找资料，拟定本任务所需要采样工具、容器及消耗材料的清单，通过查找完成清单表（附录 6）。

（2）在实验室清点本任务所需要采样工具、容器及消耗材料的数量。

（3）设计方案

① 学生自行设计方案。

② 每组选一代表讲解小组的方案，组员补充方案的内容。

（4）教师和学生一起分析并修改、确定方案。

（5）教师进行样品处理的演示。

（6）教师指导学生完成任务。

完成评价（附录 7 和附录 8）。

一、样品的采集

在食品的检验中，第一步就是样品的采集。从大量的分析对象抽取具有代表性的一部分样品作为检验材料，称为样品的采集。所采样品必须有代表性，即所取样品能够代表食品的所有部分。食品加工批号、原料情况（来源、种类、地区、季节等）、加工方法、运输、保藏条件、销售中的各个环节（例如有无防蝇、防污染、防蟑螂及防鼠等设备）及销售人员的责任心和卫生认识水平等无不影响着食品卫生质量。因此，要根据一小份样品的检验结果去说明一大批食品的卫生质量或一起食物中毒的性质，就必须周密考虑，设计出一种科学的取样方法。而采用什么样的取样方案主要取决于检验目的，目的不同，取样方案也不同。检验目的可以判定一批食品合格与否，也可以是查找引起食物中毒的病原微生物，还可以是鉴定畜禽产品中是否有人畜共患的病原体。目前国内外使用的取样方案多种多样。如一批产品按百分比抽样，采若干个样后混合在一起检验；按食品的危害程度不同抽样等。不管采取何种方案，对抽样代表性的要求是一致的。最好对整批产品的单位包装进行编号，进行随机抽样。

1. 样品种类

样品可分大样、中样、小样三种。大样是指一整批样品；中样是指从样品各部位取得的混合样品，定型包装及散装食品均采样 250g；小样是指分析用的样品，又称为检样，检样一般为 25g。

2. 样品采集的方法

采样必须在无菌操作下进行。采样用具如探子、铲子、匙、采样器、剪子、镊子、开罐器、广口瓶、试管、刀子等必须是无菌的。

根据样品种类，如袋装、瓶装或罐装食品，应采完整的未开封的样品；如样品很大，则需用无菌采样器采集样品；固体粉末样品，应边取边混合；液体样品通过振摇混匀；检样是冷冻食品，应保持冷冻状态（可放在冰内或低温冰箱内保存），非冷冻食品需在 0～5℃中保存。

（1）液体样品的采样

将样品充分混匀，无菌操作开启包装，用 100mL 无菌注射器抽取，放入无菌容器。

（2）半固体样品的采样

无菌操作开启包装，用灭菌的勺子从几个部位挖取样品，放入无菌容器。

（3）固体样品的采样

大块整体食品应用无菌刀具和镊子从不同部位取样，应兼顾表面和深度，注意样品代表性；小块大包装食品应从不同部位的小块上切取样品，放入无菌容器。样品是固体粉末，应边取样边混合。

（4）冷冻食品的采样

大包装小块冷冻食品的采样按小块个体采取；大块冷冻食品可以用无菌刀从不同部位削取样品或用无菌小手锯从冻块上锯取样品，也可以用无菌钻头钻取碎样品，放入无菌容器。

注：固体样品和冷冻食品样品还应注意检验目的。若需检验食品污染情况，可取表层样品；若需检验其品质情况，应取深部样品。

（5）生产工序检测采样

① 车间用水：自来水样从车间各水龙头上采取冷却水，汤料从车间容器不同部位用 100mL 无菌注射器抽取。

② 车间台面用具及加工人员手的卫生监测：用板孔 5cm² 的无菌采样板及 5 支无菌棉签擦拭 25cm² 面积。若所采表面干燥，则用无菌稀释液湿润棉签后擦拭；若表面有水，则用干棉签擦拭，擦拭后立即将棉签头用无菌剪刀剪入盛样容器。

③ 车间空气采样：将 5 个直径 90mm 的普通营养琼脂平板分别置于车间的四角和中部，打开平皿盖 5min，然后盖上平皿盖送检。

（6）食物中毒微生物检验的取样

当怀疑发生食物中毒时，应及时收集可疑中毒源食物或餐具等，同时收集病人的呕吐物、粪便或血液等。

（7）人畜共患病原微生物检验的取样

当怀疑某一动物产品可能带有人畜共患病病原体时，应结合畜禽传染病学的基础知识，取病原体最集中、最易检出的组织或体液送检验室检验。

3. 样品采集的数量

根据食品种类的不同，采样数量有所不同，见表9-1。

表 9-1　各种样品采样数量

检样种类	采样数量	备注
粮油	粮:按三层五点采样法进行(表、中、下三层) 油:重点采取表面及底表面油	每增加1万吨,增加一个混样
肉与肉制品	生肉:取屠宰后两腿内侧肌肉或背最长肌250g/只(头) 脏器:根据检验目的而定 光禽:每份样品1只 熟肉制品:酱卤肉、肴肉、烧烤肉及灌肠取样250g; 熟食制品:肉松、肉松粉、肉干、肉脯、肉糜脯、其他熟食干制品等,取250g	要在容器的不同部位采取
乳与乳制品	鲜乳:250mL　　稀奶油、奶油:250g 干酪:250g　　酸乳:250g(mL) 消毒、灭菌乳:250mL　全脂炼乳:250g 奶粉:250g　　乳清粉:取250g	每批样品按千分之一采样,不足千件者抽250g
水产品	鱼、大贝壳类:每个为一件(不少于250g) 小虾蟹类 鱼糜制品:鱼丸、虾丸等 即食动物性水产干制品:鱼干、鱿鱼干 腌制生食动物性水产品、即食藻类产品,每件样品均取250g	
罐头	可采用下述方法之一 1. 按杀菌锅抽样 ①低酸性食品罐头:杀菌冷却后抽样2罐,3kg以上大罐每锅抽样1罐 ②酸性食品罐头:每锅抽1罐,一般一个班的产品组成一个检验批,各锅的样罐组成一个样批组,每批每个品种取样基数不得少于3罐 2. 按生产班(批)次抽样 ①取样数为1/6000,尾数超过2000者增取1罐,每班(批)每个品种不得少于3罐 ②某些产品班产量较大,则以30000罐为基数,其取样数按1/6000,超过30000罐的按1/20000,尾数超过4000罐的增取1罐 ③个别产品量过小,同品种同规格可合并班次为一批取样,但并班总数不超过5000罐,每个批次取数不得少于3罐	产品如按锅分堆放,在遇到由于杀菌操作不当引起问题时,也可以按锅处理

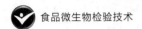

检样种类	采样数量	备注
冷冻饮品	冰棍、雪糕:每批不得少于 3 件,每件不得少于 3 支 冰淇淋:原装 4 杯为一件,散装 250g 使用冰块:每件样品取 250g	班产量 200000 支以下者,一班为一批;以上者以工作台为一批
饮料	瓶(桶)装饮用纯净水:原装 1 瓶(不少于 250mL) 瓶(桶)装饮用水:原装 1 瓶(不少于 250mL) 茶饮料、碳酸饮料、低温复原果汁、含乳饮料、乳酸菌饮料、植物蛋白饮料、果蔬汁饮料:原装 1 瓶(不少于 250mL) 固体饮料:原装 1 袋或 1 瓶(不少于 250mL) 可可粉固体饮料:原装 1 袋或 1 瓶(不少于 250mL) 茶叶:罐装 1 瓶(不少于 250g),散装取 250g	
调味品	酱油、醋、酱等:原装 1 瓶(不少于 250mL) 袋装调味料:原装 1 瓶(不少于 250g) 水产品调味品:鱼露、蚝油、虾酱、蟹酱等原装 1 瓶(不少于 250g 或 250mL)	
糕点、蜜饯、糖果等	糖果、糕点、饼干、面包、巧克力、淀粉糖(液体淀粉糖、麦芽糖饮品、葡萄糖浆等) 蜂蜜、胶姆糖、果冻、食糖等 每件样品采取 250g(mL)	
酒类	鲜啤酒、熟啤酒、葡萄酒、果酒、黄酒等瓶装,采取 2 瓶为 1 件	
蛋品	巴氏消毒全蛋粉、蛋黄粉、蛋白片:每件各采样 250g 巴氏消毒冰全蛋、冰蛋黄、冰蛋白:每件各采样 250g	一日或一班生产为一批,检验沙门菌 5% 抽样,但每批不少于 3 个检样 测定菌落总数、大肠菌群:每批按过程前、中、后流动取样 3 次,每次取样 100g,每批各为 1 个样品
非发酵豆制品及面筋、发酵豆制品	非发酵豆制品及面筋:定型包装取 1 袋(不少于 250g) 发酵豆制品:原装 1 瓶(不少于 250g)	
粮谷及果蔬类食品	膨化食品、油炸小食品、早餐谷物、淀粉类食品等:定型包装取 1 袋(不少于 250g),散装取 250g 方便面:定型包装取 1 袋和(或)1 碗(不少于 250g) 速冻预包装米食品:定型包装取 1 袋(不少于 250g),散装取 250g 酱腌菜:定型包装取 1 袋(不少于 250g) 干果食品、烘炒食品:定型包装取 1 袋(不少于 250g),散装取 250g	

4. 采样标签

采样前后应立即贴上标签,每件样品必须标记清楚,如品名、来源、数量、采样地点、采样人及采样时间(年、月、日)。

5. 采样的要求

样品采集,除了注意样品的代表性,还需注意以下规则。

① 采样应注意样品的生产日期、批号、现场卫生状况、包装及包装容器状况等。

② 小包装食品送检时要完整，并附上原包装一切商标和说明，供检验人员参考。

③ 盛放样品的容器及采样工具都应清洁、干燥、无异味，应严格遵守无菌操作的规程。

④ 采样后应迅速送往检验室，使样品保持原有的状态，检验前不发生污染、变质。

⑤ 要认真填写采样记录，包括采样单位、地址、日期、采样条件、样品批号、包装情况、采样数量、现场卫生状况、运输、贮藏条件、外观、检验项目及采样人员等。

二、送检

采样后，在检样送检过程中，要尽可能保持检样原有的物理和微生物学状态，不要因送检过程而引起微生物的减少或增多。由此可采取以下措施：

① 无菌方法采样后，所装样品的容器要无菌，装样后尽可能密封，以防止微生物进一步污染。

② 进行卫生学检验的样品，送达实验室要越快越好，一般不应超过 3h。若路途遥远，可将不需冷冻的样品，保持 1～5℃ 环境中送检，可采用冰桶等装置。若需保持在冷冻状态（如已冻结的样品），则需将样品保存在薄膜塑料隔热箱内，箱内可置干冰，使温度维持在 0℃ 以下，或采用其他冷藏设备。

③ 送检样品不得加入任何防腐剂。

④ 水产品因含水分较多，体内酶的活力较旺盛，易于变质。因此，采样后应在 3h 内送检，在送检途中一般都应加冰保存。

⑤ 对于检验某些易死亡病原菌的样品，在运送过程中可采用运送培养基送检。如进行小肠结肠炎耶氏菌、空肠弯曲菌等菌检验的送检样，可采用 Cary-Blair 氏运送培养基送检。

检样在送检时除注意上述事项外，还要适当的标记并填写微生物学检样特殊要求的送检申请单。其内容包括：样品的描述，采样者的姓名，制造者的名称和地址，经营者或供销者，采样的日期、时间和地点，采样时的温度和环境湿度，采样的原因是为了质量的监督或计划监测、还是为了食物传播性疾病的调查。这些内容可以供检验人员参考。

三、样品的处理

由于食品样品种类多，来源复杂，各类预检样品并不是拿来就能直接检验，所以要根据食品种类的不同性状，经过预处理后制备成稀释液才能进行有关的各项检验。样品处理好后，应尽快检验。

1. 液体样品

液体样品，指黏度不超过牛乳的非黏性食品，可直接用无菌吸管准确吸取 25mL 样品加入到 225mL 蒸馏水或生理盐水及有关的增菌液中，制成 1∶10 稀释液。吸取前要将样品充分混合，在开瓶、开盖等打开样品容器时，一定要注意表面消毒、无菌操作。用点燃的酒精棉球灼烧瓶口灭菌，用石炭酸纱布盖好，再用无菌开瓶器将盖打开。含有二氧化碳的液体饮料先倒入无菌的小瓶中，覆盖无菌纱布，轻轻摇荡，待气体全部逸出后进行检验。酸性食品用 100g/L 无菌的碳酸钠调 pH 值至中性再进行检验。

2. 固体或黏性液体食品

此类样品无法用吸管吸取，可用无菌容器称取检样 25g，加至预温至 48℃ 的无菌生理盐

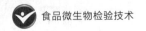

水或蒸馏水 225mL 中，摇荡溶解或使用振荡器振荡溶解，尽快检验。从样品稀释到接种培养，一般不超过 15min。

（1）固体食品的处理

固体食品的处理相对较复杂，处理方法主要有以下几种。

① 捣碎均质法：将 100g 或 100g 以上样品剪碎混匀，从中取 25g 放入盛有 225mL 无菌稀释液的无菌均质杯中，以 8000～10000r/min 均质 1～2min，这是对大部分食品样品最适用的办法。

② 剪碎振摇法：将 100g 或 100g 以上的样品剪碎、混匀，从中取 25g 进一步剪碎，装入盛有 225mL 无菌稀释液和适量直径为 5mm 左右的玻璃珠的稀释瓶中，盖紧瓶盖，用力快速振摇 50 次，振幅小于 40cm。

③ 研磨法：将 100g 或 100g 以上样品剪碎混匀，取 25g 放入无菌乳钵，充分研磨后再放入盛有 225mL 无菌稀释液的瓶中，盖紧瓶盖后，充分摇匀。

④ 整粒振摇法：有完整自然保护膜的颗粒状样品（如蒜瓣、青豆等）可以直接称取 25g 整粒样品置入盛有 225mL 稀释液和适量玻璃珠的稀释瓶中，盖紧瓶盖，用力快速振摇 50 次，振幅在 40cm 以上。

（2）冷冻样品的处理

冷冻样品在检验前要进行解冻。一般可 0～4℃解冻，时间不超过 18h；也可在 45℃以下解冻，时间不超过 15min。样品解冻后，无菌操作称取检样 25g，置于 225mL 无菌稀释液中，制备成 1∶10 均匀混悬液。

（3）粉状或颗粒状样品的处理

用无菌勺或其他适用工具将样品搅拌均匀后，无菌操作称取检样 25g，置于 225mL 无菌生理盐水中，充分振摇混匀或使用振荡器混匀，制成 1∶10 稀释液。

四、检验与报告

1. 检验

检验样品送实验室后，立即将样品置于普通冰箱或低温冰箱中，并进行登记，填写实验序号，按检样检验要求，积极准备条件进行检验。样品收集后应于 36h 内检验。

食品微生物检验按国家标准检验方法规定，主要检验项目包括菌落总数、大肠菌群和致病菌的检验，其中致病菌的检验包括肠道致病菌检验和致病性球菌检验等。

2. 报告

按检验项目完成各类检验后，检验人员应及时填写检验报告单，签名后送主管人员核实签名，加盖单位印章以示生效，立即交食品卫生监督人员处理。

实验室必须具有专用冰箱存放样品，对于一般阳性样品，在发出报告后 3d（特殊情况可适当延长）方可处理样品；进口食品的阳性样品，需保存 6 个月，才可处理；而对于阴性样品可及时处理。

五、常见乳与乳制品检样的制备

食品微生物检验的第一步就是样品制备，从样品采集、送检到处理，即检样制备过程。食品种类很多，微生物种类也很多，不同食品不同微生物的检验中样品的制备是稍有不同的，特别是某些病原微生物的检验，还需要进行增菌或前增菌处理。

1. 采样用品

采样箱；搅拌棒；勺子；无菌具塞广口瓶；无菌塑料袋；温度计；75％酒精棉球；酒精灯和乙醇；编号用蜡笔和纸。

2. 操作方法

（1）样品的采取和送检

① 散装和大型包装的鲜乳：用无菌吸管取样，采样时应注意代表性。采样数量见表 9-1，放入无菌容器内及时送检。一般不应超过 4h，在气温较高或路途较远的情况下应进行冷藏，不得使用任何防腐剂。

② 定型包装的乳品：采取整件包装，同时应注意包装的完整。各种定型包装的乳与乳制品的每件样品量按表 9-1 要求。

（2）检样的处理

① 鲜乳、酸乳：塑料和纸盒（袋）装，用 75％酒精棉球消毒盖或袋口。玻璃瓶装酸乳以无菌操作去掉瓶口的纸罩纸盖，瓶口经火焰消毒后，以无菌操作吸取检样 25mL，放入装有 225mL 无菌生理盐水的三角瓶内，振摇均匀。若酸乳有水分析出于表层，应先除去水分后再做稀释处理。

② 炼乳：将炼乳瓶或罐先用温水洗净表面，再用酒精棉球灼烧炼乳瓶或罐的上部，然后用无菌的开罐器打开炼乳瓶或罐，以无菌操作称取检样 25mL（g），放入装有 225mL 无菌的生理盐水的三角瓶内，振摇均匀。

③ 奶油：用无菌操作打开奶油的包装，取适量检样置于无菌三角瓶内，在 45℃水浴或恒温箱中加温，溶解后立即将烧瓶取出，用无菌吸管吸取奶油 25mL 放入另一盛有 225mL 无菌生理盐水或无菌奶油稀释液的三角瓶内（瓶装稀释液应预置于 45℃水浴中保温，做 10 倍递增稀释液时也用相同的稀释液），振摇均匀。从检样融化到接种完毕的时间不应超过 30min。

注：奶油稀释液为林格氏液（氯化钠 9g，氯化钾 0.12g，氯化钙 0.24g，碳酸氢钠 0.2g，蒸馏水 1000mL）250mL、蒸馏水 750mL、琼脂 1g，加热溶解，分装每瓶 225mL，121℃灭菌 15min。

④ 奶粉：罐装奶粉的开罐取样法同炼乳处理一样，袋装奶粉应用 75％的酒精棉球涂擦消毒袋口，按无菌操作开封取样，称取检样 25g，放入装有适量玻璃珠的无菌三角瓶内，将 225mL 温热的无菌生理盐水徐徐加入（先用少量生理盐水将奶粉调成糊状，再全部加入，以免奶粉结块），振摇使其充分溶解和混匀。

⑤ 干酪：先用无菌刀切开干酪，以无菌操作切取表层和深层检样各少许，称取 25g 置于盛有 225mL 无菌生理盐水的均质器内打碎。

一、肉与肉制品检样的制备

1. 采样用品

采样箱；无菌塑料袋；有盖搪瓷盘；无菌刀、剪刀、镊子；无菌带塞广口瓶；无菌棉

签；温度计；编号牌（或蜡笔、纸）。

2. 操作方法

（1）样品的采取和送检

① 生肉及脏器检样：如是屠宰场宰后的畜肉，可于开腔后，用无菌刀采取两腿内侧肌肉各 150g（或劈半后采取两侧背部最长肌肉各 150g）；如是冷藏或销售的生肉，可用无菌刀取腿肉或其他部位的肌肉 250g/只（头），检样采取后，放入无菌容器内，立即送检。如条件不许可时，最好不超过 3h。送检时应注意冷藏，不得加入任何防腐剂。检样应立即送往化验室或放置冰箱暂存。

② 禽类（包括家禽和野禽）：鲜、冻家禽采取整只，放无菌容器内；带毛野禽可放清洁容器内，立即送检。其他处理要求同上述生肉。

③ 各类熟肉制品：各类熟食品，包括酱卤肉、方圆腿、熟灌肠、熏烤肉、肉松、肉脯、肉干等，一般采取 200g，熟禽采取整只，均放入无菌容器内，立即送检。其他处理要求同上述生肉。

④ 腊肠、香肠等生灌肠：腊肠、香肠等生灌肠采取整根、整只，小型的可采数根、数只，其总量不少于 250g。

（2）检样的处理

① 鲜肉检样的处理：先将检样进行表面消毒（在沸水内烫 3～5s，或灼烧消毒），再用无菌剪子取检样深层肌肉 25g，放入无菌乳钵内用无菌剪子剪碎后，加无菌海砂或玻璃砂研磨，研磨后加入无菌水 225mL，混匀后即为 1∶10 稀释液。或用均质器以 8000～10000r/min 均质 1min，做成 1∶10 稀释液。

② 鲜、冻家禽检样的处理：先将检样进行表面消毒，用无菌剪子或刀去皮后，剪去肌肉 25g（一般可从胸部或腿部剪去），其他处理同生肉。带毛野禽去毛后，同家禽检样处理。

注：以上样品的采集和送检及检样处理的目的都是通过检样肉禽及其制品内的细菌含量而对其质量鲜度做出判断。如需检验肉禽及其制品受外界环境的污染程度或检验其是否带有某种致病菌，则常采用下面介绍的棉拭采样法。

（3）棉拭采样法和检验处理

检验肉禽及其制品受污染的程度，一般可用 5cm 的金属制作规板压在受检样品上，将无菌棉拭稍蘸湿，在板孔 5cm² 的范围内揩抹多次，然后将规板板孔移压另一点，用另一棉拭揩抹，如此共移压揩抹 10 个点，总面积 50cm²，共用 10 支棉拭。每支棉拭在揩抹完毕以后应立即剪断或烧断后投入盛有 50mL 无菌水的三角瓶或大试管中，立即送检。检验时先充分振摇，吸取瓶、管中的液体，作为原液，再按要求做 10 倍递增稀释。

如果目的是检验是否带有致病菌，则不必用规板，在可疑部位用棉拭揩抹即可。

二、蛋与蛋制品检样的制备

1. 采样用品

采样箱；有盖搪瓷盘；无菌塑料袋；无菌具塞广口瓶；无菌电钻和钻头；无菌搅拌棒；金属制双层旋转式套管采样器；无菌铝铲、勺子；无菌玻璃漏斗；温度计；酒精棉球；酒精灯和乙醇；编号用蜡笔和纸。

2. 操作方法

（1）样品的采集和送检

① 蛋、糟蛋、皮蛋：用流水冲洗鲜蛋外壳，再用75％酒精棉球涂擦消毒后放入无菌袋内，加封做好标记后送检。

② 巴氏消毒全蛋粉、蛋黄粉、蛋白片：将包装铁箱上开口处用75％酒精棉球消毒，然后将盖开启，用无菌的金属制双层旋转式套管采样器斜角插入箱底，使套管旋转收取检样，再将采取器提出箱外，用无菌小匙自上、中、下部收取检样，装入无菌广口瓶中，每个检样质量不少于100g，标记后送检。

③ 巴氏消毒冰全蛋、冰蛋黄、冰蛋白：先将包装铁听开口处用75％酒精棉球消毒，然后开启，用无菌电钻由顶到底斜角钻入，徐徐钻取检样。抽出电钻，从中取出检样250g装入无菌广口瓶中，标明后送检。

④ 对成批产品进行质量鉴定时的采样数量如下。

巴氏消毒全蛋粉、蛋黄粉、蛋白片等产品，以一日或一班生产量为一批检验沙门菌时，按每批总量的5％抽样，但每批最少不得少于3个检样。测定菌落总数和大肠菌群时，每批按装罐过程前、中、后取样三次，每次取样100g，每批合为一个检样。

巴氏消毒冰全蛋、冰蛋黄、冰蛋白等产品按生产批号在装罐时流动取样。检验沙门菌时，冰蛋黄及冰蛋白按250kg取样一件，巴氏消毒冰全蛋按每500kg取样一件。菌落总数测定和大肠菌群测定时，在每批装罐过程前、中、后取样3次，每次取样100g合为一个检样。

（2）检样的处理

① 鲜蛋、糟蛋、皮蛋外壳：用无菌生理盐水浸湿的棉拭充分擦拭蛋壳，然后将棉拭直接放入培养基内增菌培养，也可将整只鲜蛋放入无菌小烧杯或平皿中，按检样要求加入定量无菌生理盐水或液体培养基，用无菌棉拭将蛋壳表面充分擦洗后，以擦洗液作为检样检验。

② 鲜蛋蛋液：将鲜蛋在流水下洗净，待干后再用75％酒精棉球消毒蛋壳，然后根据检验要求，打开蛋壳取出蛋白、蛋黄或全蛋液，放入装有玻璃珠的无菌瓶内，充分摇匀检验。

③ 巴氏消毒全蛋粉、蛋白片、蛋黄粉：将检样放入装有玻璃珠的无菌瓶内，按比率加入无菌生理盐水，充分摇匀待检。

④ 巴氏消毒冰全蛋、冰蛋白、冰蛋黄：将装有冰蛋检样的瓶子浸泡于流动冰水中，待检样融化后取出，放入装有玻璃珠的无菌瓶中充分摇匀待检。

⑤ 各种蛋制品沙门菌增菌培养：以无菌操作称取检样，接种于亚硒酸盐煌绿或煌绿肉汤等增菌培养基中（此培养基预先置于有适量玻璃珠的无菌瓶内），盖紧瓶盖，充分摇匀，然后放入（36±1）℃培养箱中培养（20±2）h。

⑥ 接种以上各种蛋与蛋制品的数量及培养基的数量和成分：凡用亚硒酸盐煌绿增菌培养时，各种蛋与蛋制品的检样接种数量都为30g，培养基都为150mL。凡用煌绿肉汤进行增菌培养时，检样接种数量、培养基数量和浓度见表9-2。

表 9-2　检样接种数量、培养基数量和浓度

检样种类	检样接种数量	培养基数量/mL	煌绿浓度/(g/mL)
巴氏杀菌全蛋粉	6g(加 24mL 灭菌水)	120	1/6000~1/4000
蛋黄粉	6g(加 24mL 灭菌水)	120	1/6000~1/4000
鲜蛋液	6mL(加 24mL 灭菌水)	120	1/6000~1/4000
蛋白片	6g(加 24mL 灭菌水)	120	1/1000000
巴氏杀菌冰全蛋	30g	150	1/6000~1/4000
冰蛋黄	30g	150	1/6000~1/4000
冰蛋白	30g	150	1/6000~1/5000
鲜蛋、糟蛋、皮蛋	30g	150	1/6000~1/4000

注：煌绿应在临用时加入肉汤中，煌绿浓度以检样和肉汤的总量计算。

三、水产品检样的制备

1. 采样用品

采样箱；灭菌塑料袋；有盖搪瓷盘；无菌刀；镊子；剪子；无菌具塞广口瓶；无菌棉签；温度计；带绳编号牌。

2. 操作方法

（1）样品的采取和送检

现场采取水产品食品样品时，应按检验目的和水产品的种类确定采样量。除个别大型鱼类和海兽只能割取其局部作为样品外，一般都采取完整的个体，待检验时再按要求在一定部位采取检样。在判断质量鲜度为目的时，鱼类和体形较大的贝壳类虽然应以一个个体为一件样品，单独采取一个检样，但当对一批水产品做质量判断时，仍须采取多个个体做多件检验以反映全面质量。一般小型鱼类和对虾、小蟹，因个体过小在检验时只能混合采取检样，在采样时须采数量更多的个体，一般可采 500~1000g；鱼糜制品（如灌肠、鱼丸等）和熟制品采取 250g，放入无菌容器内。

水产品含水较多，体内酶的活力也较旺盛，易于变质，因此在采好样品后应在最短时间内送检，在送检的过程中一般都应加冰保藏。

（2）检样的处理

① 鱼类：鱼类采取检样的部位为背肌。先用流水将鱼体体表冲净，去鳞，再用 75％酒精棉球擦净鱼背，待干后用无菌刀在鱼背部沿脊椎切开 5cm，在切开两端使两块背肌分别向两侧翻开，然后用无菌剪子剪取 25g 鱼肉，放入无菌乳钵内，用无菌剪子剪碎，加无菌海砂或玻璃砂研磨（有条件情况下可用均质器），检样磨碎后加入 225mL 无菌生理盐水，混匀成稀释液。

注：在剪碎肉样时要仔细操作，勿触破及粘上鱼皮。鱼糜制品和熟制品放入乳钵内进一步捣碎后，再加生理盐水混匀成稀释液。

② 虾类：虾类采取检样的部位为腹节内的肌肉。将虾体在流水下冲净，摘去头胸节，用无菌剪子剪除腹节与头胸节连接处的肌肉，然后挤出腹节内的肌肉，取 25g 放入无菌乳钵内，以后操作同鱼类检样处理。

③ 蟹类：蟹类采取检样的部位为胸部肌肉。将蟹体在流水下冲净，剥去壳盖和腹脐，去除鳃条，再置流水下冲净。用 75% 酒精棉球擦拭前后外壁，置无菌搪瓷盘上待干。然后用无菌剪子剪开成左右两片，再用双手将一片蟹体胸部肌肉挤出（用手指从足跟一端向剪开的一端挤压），称取 25g，置于无菌乳钵内。以后操作同鱼类检样处理。

④ 贝壳类：缝中徐徐切入，撬开壳盖，再用无菌镊子取出整个内容物，称取 25g 置无菌乳钵内，以后操作同鱼类检样处理。

注：水产食品兼有海洋细菌和陆上细菌的污染，检验时细菌培养温度一般为 30℃。以上采样方法和检验部位均以检验水产食品肌肉内细菌含量从而判断其鲜度质量为目的。如需检验水产食品是否带有某种致病菌时，其检验部位应采胃肠消化道和鳃等呼吸器官，鱼类检取肠管和鳃；虾类检取头胸节内的内脏和腹节外沿处的肠管；蟹类检取胃和鳃条；贝类中的螺类检取腹足肌肉以下的部分；贝类中的双壳类检取覆盖在节足肌肉外层的内脏和鳃瓣。

四、饮料、冷冻饮品检样的制备

1. 采样用品

无菌的大注射器、泡沫隔热塑料箱、干冰，其余与水产品检样采样用品相同。

2. 操作方法

（1）样品的采取和送检

① 果蔬汁饮料、碳酸饮料、茶饮料、固体饮料：应采取原瓶（罐）、袋和盒装样品（不少于 250mL）。

以上所有的样品采取后，应立即送检，最多不超过 3h。

② 散装饮料：采取 500mL，用无菌注射器抽取 500mL 放入无菌塞广口瓶内。

③ 固体饮料：瓶装采取一瓶为一件，散装取 500g，放入无菌塑料袋。

④ 冰棍：如班产量 20 万支以下者，一班为一批；班产量 20 万支以上者，以一个工作台为一批。一批取 3 件，一件取 3 支，放入无菌塑料袋，置放于有干冰的泡沫塑料箱中。

⑤ 冰淇淋：采取原包装样以杯为一件，散装采取 200g，放入无菌塑料袋，置放于装有干冰的泡沫塑料箱中。

⑥ 食用冰块：以 500g 为一件，放入无菌塑料袋，置放于装有干冰的泡沫塑料箱中。

（2）检样的处理

① 瓶装饮料：用点燃的酒精棉球灼烧瓶口灭菌，用石炭酸纱布盖好。塑料瓶口可用 75% 酒精棉球擦拭灭菌，用无菌开瓶器将盖启开，含有二氧化碳的饮料可倒入另一无菌容器内，口勿盖紧，覆盖一无菌纱布，轻轻摇荡。待气体全部逸出后，进行检验。

② 冰淇淋：放入无菌容器内，待其融化立即进行检验。

五、调味品检样的制备

调味品包括酱油、酱类和醋等，是以豆类、谷类为原料发酵而成的食品。往往由于原料

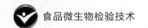

污染及加工制作、运输中不注意卫生，而污染上肠道细菌、球菌及需氧和厌氧芽孢杆菌。

1. 样品的采取

① 酱油和食醋　瓶装者采取原包装，散装样品可用无菌吸管吸取采样。

② 酱类　用无菌勺子采取，放入无菌磨口瓶内送检。

2. 检样的处理

① 瓶装样品　用点燃的酒精棉球烧灼瓶口灭菌，用石炭酸纱布盖好，再用无菌开瓶器启开，袋装样品用 75％酒精棉球消毒袋口后进行检验。

② 酱类　用无菌吸管称取 25g，放入无菌容器内，加入无菌蒸馏水 225mL。吸取酱油 25mL，加入无菌蒸馏水 225mL，制成混悬液。

③ 食醋　用 200～300g/L 无菌碳酸钠溶液调 pH 值到中性。

六、冷食菜、豆制品检样的制备

冷食菜多为蔬菜或熟肉制品不经加热而可直接食用的凉拌菜。该类食品是由于原料、半成品、炊事员及炊事用具等消毒灭菌不彻底，造成细菌的污染。

豆制品是以大豆为原料制成的含有大量蛋白质的食品，该类食品大多经加工后，由于盛器、运输及销售等环节不注意卫生，沾染了空气、土壤中的细菌。这两类食品如不加强卫生管理，极易造成食物中毒及肠道疾病的传播。

1. 样品的采取

① 冷食菜　采取时将试样混匀，采取后方纳入无菌容器内。

② 豆制品　采取接触盛器边缘、底部及上面不同部位样品，放入无菌容器内。

2. 检样的处理

定型包装样品，先用 75％的酒精棉球消毒包装袋口，用无菌剪刀剪开后以无菌操作称取 25g 检样，放入 225mL 无菌生理盐水中，用均质器打碎 1min，制成混悬液。

七、糖果、糕点和蜜饯检样的制备

糖果、糕点、果脯等此类食品大多是由糖、牛乳、鸡蛋、水果等为原料而制成的甜食。部分食品有包装纸，污染机会较少，但由于包装纸、盒不清洁，或没有包装的食品放入不洁的容器内也可造成污染。带馅的糕点往往因加热不彻底、存放时间长或温度高，可使细菌大量繁殖，造成食品变质。因此，对这类食品进行微生物学检验是很有必要的。

1. 样品的采取

糕点（饼干）、面包、蜜饯可用无菌镊子夹取不同部位样品，放入无菌容器内；糖果采取原包装样品，采取后立即送检。

2. 检样的处理

① 糕点（饼干）、面包　如为原包装，用无菌镊子夹下包装纸，采取外部中心部位；如为带馅糕点，取外皮及馅共 25g；奶花糕点，采取奶花及糕点部分各一半共 25g，加入 225mL 无菌生理盐水中，制成混悬液。

② 蜜饯　采取不同部位称取 25g 检样，加入 225mL 无菌生理盐水中，制成混悬液。

③ 糖果　用无菌镊子夹取包装纸，称取数块共 25g，加入预温至 45℃无菌生理盐水 225mL，待溶解后检验。

八、酒类检样制备

酒类一般不进行微生物学检验，进行检验的主要是酒精度低的发酵酒，因酒精度低，不能抑制细菌生长。污染主要来自原料或加工过程中不注意卫生而污染水、土壤及空气中的细菌，尤其散装生啤酒，因不加热往往生存大量细菌。

1. 样品的采集

酒类样品，若是瓶装酒类应采取原包装样品 2 瓶，若是散装酒类应用无菌容器采取 500mL，放入无菌磨口瓶中送检。

2. 样品的处理

① 瓶装酒类　用点燃的酒精棉球烧灼瓶口灭菌，用石炭酸纱布盖好，再用无菌开瓶器将盖启开。含有二氧化碳的酒类可倒入另一无菌容器内，口勿盖紧，覆盖一无菌纱布，轻轻摇荡，待气体全部逸出后，进行检验。

② 散装酒类　散装酒类可直接吸取，进行检验（检验方法与饮料等食品相同）。

九、方便面、速食米粉检样的制备

随着生活水平的提高，生活节奏的加快，方便食品颇受人们的欢迎，销售量也越来越大，方便面、米粉是最有代表性的方便食品。方便面、米粉是以小麦粉、荞麦粉、绿豆粉、米粉等为主要原料，添加食盐或面粉改良剂，加适量水，调制、压延、成型、汽蒸后，经油炸或干燥处理，达到一定熟度的粮食制品。同类食品还有即食粥、速煮米粉等。这类食品大部分均有包装，污染机会少，但往往由于包装纸、盒不清洁或没有包装的食品放于不清洁的容器内，造成污染。此外，在加工、存放、销售各环节中也会污染了大量细菌和霉菌，而造成食品变质。这类食品不仅会被非致病菌污染，有时还会污染到沙门菌、志贺菌、金黄色葡萄球菌、溶血性链球菌和霉菌及其毒素。

1. 样品的采集

袋装及碗装方便面、米粉、即食粥、速煮米粉 3 袋（碗）为一件，简易包装的采取 250g。

2. 样品的处理

① 未配有调味料的方便面、米粉、即食粥、速煮米粉　以无菌操作开封取样，称取样品 25g，加入 225mL 无菌生理盐水中，制成 1∶10 的稀释液。

② 配有调味料的方便面、米粉、即食粥、速煮米粉　以无菌操作开封取样，将面粉块、干饭粒和全部调料及配料一起称重，按 1∶1（1kg/L）加入无菌生理盐水，制成检样均质液。然后再量取 50mL 均质液加到 200mL 无菌生理盐水中，制成 1∶10 的稀释液。

学习情境十

食品中菌落总数测定

1. 掌握测定食品中菌落总数的方法；
2. 学会菌落总数的报告方式；
3. 培养吃苦耐劳、敢于创新、勇于探索和求真求实的精神；
4. 通过任务实施，培养获取和处理信息能力、知识综合应用能力和良好的团结合作意识、高度的工作责任心、诚信品质和遵纪守法意识。

学习目标
和职业素养目标

任务描述

某检验机构将对某超市的五种食品（方便面、乳粉、黄豆酱、含乳饮料、水果罐头）进行抽检，重点检测菌落总数，请按照标准要求进行检测并出具检测报告。

任务要求

菌落总数的测定通常需要 50~60h，技术的关键在于无菌操作及样品的稀释，需要正确操作才能检测准确。

学前准备

1. 学习资料
见"信息单"及食品微生物相关资料。

2. 其他参考资料来源
（1）《食品微生物》《食品安全国家标准 食品微生物学检验 菌落总数测定》（GB 4789.2—2016）等。
（2）食品检验类网站。

3. 思考题
为了明确任务、获取检验所需的相关知识，认真阅读所提供的参考资料和文献（见参考资料），并完成学前思考各类问题。

（1）细菌的菌落特征有哪些？

（2）细菌的最适 pH 值是（　　　）。

（3）细菌的最适生长温度是（　　　）。

（4）为什么熔化后的培养基要冷却至 46℃左右才能倒平板？

（5）要使平板菌落计数准确，需要掌握哪几个关键？为什么？

（6）菌落总数的检验

① 样品的稀释

操作方法：固体检样在加入稀释液后，最好置无菌均质杯中以（　　　）的速度处理（　　　）。或放入（　　　）中，用拍击式均质器拍打（　　　），制成 1：10 的样品匀液。用（　　　）mL 无菌吸管或微量移液器吸取 1：10 样品匀液（　　　）mL，沿管壁缓缓注入盛有（　　　）mL 稀释液的无菌试管中（注意吸管或吸头尖端不要触及稀释液面），振摇试管或换用 1 支无菌吸管反复吹打使其混合均匀，制成 1：100 的样品匀液。如此每递增稀释一次，（　　　）1 次 1mL 无菌吸管或吸头。

根据对样品污染状况的估计，选择（　　　）个适宜稀释度的样品匀液（液体样品可包括原液），在进行 10 倍递增稀释时，吸取（　　　）mL 样品匀液于无菌平皿内，每个稀释度做（　　　）个平皿。同时，分别吸取 1mL 空白稀释液加入两个无菌平皿内作空白对照。

及时将（　　　）mL 冷却至（　　　）℃的平板计数琼脂培养基（可放置于 46℃±1℃恒温水浴箱中保温）倾注平皿，并转动平皿使其混合均匀。

② 培养

待琼脂凝固后，翻转平板，置（　　　）℃内培养（　　　）h，水产品（　　　）℃培养（　　　）h。

③ 菌落计数

菌落计数以（　　　）形成单位表示。

选取菌落数在（　　　）CFU 之间、无蔓延菌落生长的平板计数菌落总数。低于 30CFU 的平板记录（　　　）。大于 300CFU 的可记录为（　　　）。

其中一个平板有较大片状菌落生长时，则（　　　）采用，而应以无片状菌落生长的平板作为该稀释度的菌落数；若片状菌落不到平板的一半，而其余一半中菌落分布又很均匀，即可计算半个平板后乘以（　　　）代表一个平板菌落数。

当平板上出现菌落间无明显界线的链状生长时，则将每条单链作为（　　　）菌落计数。

④ 结果与报告

若只有一个稀释度平板上的菌落数在适宜计数范围内，计算两个平板菌落数的（　　　），再将平均值乘以相应稀释倍数，作为每 1g（mL）样品中菌落总数结果。

若有两个连续稀释度的平板菌落数在适宜计数范围内时，按以下公式计算：（　　　）。

若所有稀释度的平板上菌落数均大于 300CFU，则对稀释度（　　　）的平板进行计数，其他平板可记录为"多不可计"，结果按（　　　）菌落数乘以最高稀释倍数计算。

若所有稀释度的平板菌落数均小于 30CFU，则应按稀释度（　　　）的平均菌落数乘以稀释倍数计算。

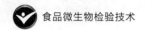

若所有稀释度的平板菌落数均不在30～300CFU之间，其中一部分小于30CFU或大于300CFU时，则以（　　）30CFU或300CFU的平均菌落数乘以稀释倍数计算。

菌落数小于100CFU时，按（　　）原则修约，以整数报告。

菌落数大于或等于100CFU时，第3位数字采用（　　）原则修约后，取（　　）位数字，后面用（　　）代替位数；也可用（　　）的指数形式来表示，按（　　）原则修约后，采用（　　）有效数字。

若所有平板上为蔓延菌落而无法计数，则报告（　　）。

若空白对照上有菌落生长，则此次检测（　　）。

称重取样以（　　）为单位报告，体积取样以（　　）为单位报告。

任务实施

1. 材料工具

（1）材料：《食品微生物》相关书籍、待检样品（方便面、乳粉、黄豆酱、含乳饮料、水果罐头）、玻璃器皿、培养基等。

（2）工具：纸、笔、数码相机、电脑等。

2. 工作流程

查找资料，确定菌落总数测定所需用品的清单→对所需材料进行清点→设计方案→方案修改及确认→完成任务。

3. 实施过程

全班平均分成5个小组，通过随机抽签确定每组要检测的样品。

（1）查找参考书、上网搜集实验所需相关材料。

（2）通过查阅资料，确定本组样品检测所需要的材料清单，并完成清单表（附录6）。

（3）由组长汇总相关材料。

（4）小组讨论制订、设计方案

① 学生自行设计方案并做成PPT报告展示；

② 每组选一代表，在全班讲解小组的设计方案，组员补充方案的内容。

（5）方案的修改及确定。

（6）完成任务。

评价反馈

完成评价（附录7和附录8）。

信息单——菌落总数的测定方法

1. 材料工具

（1）设备和材料

冰箱（2～5℃），恒温培养箱（36℃±1℃、30℃±1℃），恒温水浴箱（46℃±1℃），均

质器，振荡器，天平（感量为 0.1g），菌落计数器或/和放大镜，无菌吸管（1mL，具有 0.01mL 刻度；10mL，具有 0.1mL 刻度）或微量移液器及吸头，无菌锥形瓶（容量 250mL、500mL），无菌培养皿（直径 90mm），pH 计或 pH 比色管或精密 pH 试纸，超净工作台。

（2）培养基和试剂

① 平板计数琼脂（PCA）培养基

成分：胰蛋白胨 5.0g；酵母浸膏 2.5g；葡萄糖 1.0g；琼脂 15.0g；蒸馏水 1000mL。

制法：将上述成分加于蒸馏水中，煮沸溶解，调节 pH 值至 7.0±0.2。分装试管或锥形瓶，121℃高压灭菌 15min。

② 无菌生理盐水

成分：氯化钠 8.5g，蒸馏水 1000mL。

制法：称取 8.5g 氯化钠溶于 1000mL 蒸馏水中，121℃高压灭菌 15min。

③ 磷酸盐缓冲液

成分：磷酸二氢钾（KH_2PO_4）34.0g，蒸馏水 500mL。

制法：

贮存液：称取 34.0g 磷酸二氢钾（KH_2PO_4）溶于 500mL 蒸馏水中，用大约 175mL 的 1mol/mL 氢氧化钠溶液调节 pH 值至 7.2，用蒸馏水稀释至 1000mL 后贮存于冰箱。

稀释液：取贮存液 1.25mL，用蒸馏水稀释至 1000mL，分装于适宜容器中，121℃高压灭菌 15min。

2. 检验程序

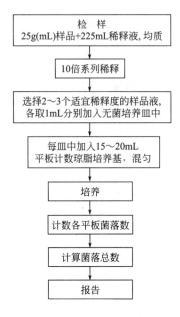

```
        检 样
25g(mL)样品+225mL稀释液,均质
            ↓
      10倍系列稀释
            ↓
  选择2～3个适宜稀释度的样品液,
  各取1mL分别加入无菌培养皿中
            ↓
    每皿中加入15～20mL
  平板计数琼脂培养基，混匀
            ↓
        培养
            ↓
    计数各平板菌落数
            ↓
    计算菌落总数
            ↓
        报告
```

3. 操作步骤

（1）样品的稀释

① 固体和半固体样品　称取 25g 样品置盛有 225mL 磷酸盐缓冲液或生理盐水的无菌均质杯内，8000～10000r/min 均质 1～2min。或放入盛有 225mL 稀释液的无菌均质袋中，用拍击式均质器拍打 1～2min，制成 1∶10 的样品匀液。

② 液体样品　以无菌吸管吸取 25mL 样品置盛有 225mL 生理盐水或磷酸盐缓冲液的无菌锥形瓶（瓶内预置适当数量的无菌玻璃珠）中，充分混匀，制成 1∶10 的样品匀液。

固体及半固体样品的稀释　　　　　液体样品的稀释

③ 用 1mL 无菌吸管或微量移液器吸取 1∶10 样品匀液 1mL，沿管壁缓慢注于盛有 9mL 稀释液的无菌试管中（注意吸管或吸头尖端不要触及稀释液面），振摇试管或换用 1 支无菌吸管反复吹打使其混合均匀，制成 1∶100 的样品匀液。

④ 另取 1mL 无菌吸管或微量移液器，按上项操作顺序，制备 10 倍系列稀释样品匀液，每递增稀释一次，换用 1 次 1mL 无菌吸管或吸头。

⑤ 根据对样品污染状况的估计，选择 2～3 个适宜稀释度的样品匀液（液体样品可包括原液），在进行 10 倍递增稀释时，吸取 1mL 样品匀液于无菌平皿内，每个稀释度做两个平皿。同时，分别吸取 1mL 空白稀释液加入两个无菌平皿内作空白对照。

⑥ 及时将 15～20mL 冷却至 46℃ 的平板计数琼脂培养基（可放置于 46℃±1℃ 恒温水浴箱中保温）倾注于平皿，并转动平皿使其混合均匀。

（2）培养

待琼脂凝固后，将平板翻转，36℃±1℃ 培养 48h±2h。水产品 30℃±1℃ 培养 72h±3h。

注：如果样品中可能含有在琼脂培养基表面弥漫生长的菌落时，可在凝固后的琼脂表面覆盖一薄层琼脂培养基（约 4mL），凝固后翻转平板，按上述条件进行培养。

接种、培养

（3）菌落计数

① 可用肉眼观察，必要时用放大镜或菌落计数器，记录稀释倍数和相应的菌落数量。菌落计数以菌落形成单位（CFU）表示。

② 选取菌落数在 30～300CFU 之间、无蔓延菌落生长的平板计数菌落总数。低于 30CFU 的平板记录具体菌落数，大于 300CFU 的可记录为"多不可计"。每个稀释度的菌落数应采用两个平板的平均数。

③ 其中一个平板有较大片状菌落生长时，则不宜采用，而应以无片状菌落生长的平板作为该稀释度的菌落数；若片状菌落不到平板的一半，而其余一半中菌落分布又很均匀，即可计算半个平板后乘以 2，代表一个平板菌落数。

④ 当平板上出现菌落间无明显界线的链状生长时，则将每条单链作为一个菌落计数。

（4）结果与报告

① 菌落总数的计算方法

若只有一个稀释度平板上的菌落数在适宜计数范围内，计算两个平板菌落数的平均值，再将平均值乘以相应稀释倍数，作为每 1g（mL）样品中菌落总数结果。

若有两个连续稀释度的平板菌落数在适宜计数范围内时，按以下公式计算：

$$N = \sum C / (n_1 + 0.1n_2) \, d$$

式中　N——样品中的菌落数；

$\sum C$——平板（含适宜范围菌落数的平板）菌落数之和；

n_1——第一稀释度（低稀释倍数）平板个数；

n_2——第二稀释度（高稀释倍数）平板个数；

d——稀释因子（第一稀释度）。

示例：

稀释度	1：100（第一稀释度）	1：1000（第二稀释度）
菌落数（CFU）	232，244	33，35

$$N = \sum C/(n_1 + 0.1n_2)d$$
$$= \frac{232 + 244 + 33 + 35}{(2 + 0.1 \times 2) \times 10^{-2}} = \frac{544}{0.022} = 24727$$

上述数据修约后表示为 25000 或 2.5×10^4。

若所有稀释度的平板上菌落数均大于 300CFU，则对稀释度最高的平板进行计数，其他平板可记录为"多不可计"，结果按平均菌落数乘以最高稀释倍数计算。

若所有稀释度的平板菌落数均小于 30CFU，则应按稀释度最低的平均菌落数乘以稀释倍数计算。

若所有稀释度（包括液体样品原液）的平板均无菌落生长，则以小于 1 乘以最低稀释倍数计算。

若所有稀释度的平板菌落数均不在 30～300CFU 之间，其中一部分小于 30CFU 或大于 300CFU 时，则以最接近 30CFU 或 300CFU 的平均菌落数乘以稀释倍数计算。

② 菌落总数的报告

菌落数小于 100CFU 时，按"四舍五入"原则修约，以整数报告。

菌落数大于或等于 100CFU 时，第 3 位数字采用"四舍五入"原则修约后，取前 2 位数字，后面用 0 代替位数；也可用 10 的指数形式来表示，按"四舍五入"原则修约后，采用两位有效数字。

若所有平板上为蔓延菌落而无法计数，则报告"菌落蔓延"。

若空白对照上有菌落生长，则此次检测结果无效。

称重取样以 CFU/g 为单位报告，体积取样以 CFU/mL 为单位报告。

学习情境十一

食品中大肠菌群计数

1. 掌握食品中大肠菌群的计数方法;
2. 学会大肠菌群数的报告方式;
3. 尝试按照食品安全国家标准独立完成食品中某种微生物的测定工作（包括试剂、培养基、设备、材料等准备，检测，结果报告等全过程）;
4. 通过任务实施，培养爱岗敬业和吃苦耐劳的精神、严谨求实的工作态度及良好的食品微生物安全意识。

任务描述

某检验机构将对某食品公司的产品进行抽检，重点检测大肠菌群，请按照标准要求进行检测。

任务要求

大肠菌群的测定通常需要 100h，技术的关键在于无菌操作、样品的稀释及培养，要求按照标准认真检验。

学前准备

1. 学习资料

见"信息单"及食品微生物相关资料。

2. 其他参考资料来源

（1）《食品微生物》《食品安全国家标准 食品微生物学检验 大肠菌群计数》（GB 4789.3—2016）等。

（2）食品检验类网站。

3. 思考题

为了明确任务、获取检验所需的相关知识，认真阅读所提供的参考资料和文献（见参考资料），并完成学前各类思考问题。

（1）大肠菌群的概念及特性。

（2）大肠菌群的卫生学意义（　　）、（　　）。

（3）大肠菌群主要由肠杆菌科中哪四个属内的一些细菌所组成：（　　）、（　　）、（　　）、（　　）。

（4）大肠菌群计数

① 样品的稀释

固体和半固体样品：称取（　　）g 样品至盛有 225mL（　　）或（　　）的无菌均质杯内，（　　）r/min 均质（　　）min。或放入盛有 225mL 磷酸盐缓冲液或生理盐水的（　　），用拍击式均质器拍打（　　）min，制成 1∶10 的样品匀液。用 1mL 无菌吸管或微量移液器吸取 1∶10 样品匀液 1mL，沿管壁缓缓注入含有 9mL 生理盐水或磷酸盐缓冲液的无菌试管中（注意吸管或吸头端不要触及稀释液面），振摇试管或换用 1 支 1mL 无菌吸管反复吹打，使其混合均匀，制成 1∶100 稀释液。为了减少稀释倍数的误差，在连续递增稀释时，每一稀释度应更换（　　）。

液体样品：以（　　）吸取（　　）mL 样品置盛有（　　）mL 磷酸盐缓冲液或（　　）mL 生理盐水的无菌锥形瓶中（瓶内预置适当数量的无菌玻璃珠）或其他无菌容器中，充分振摇或置于机械振荡器中振摇，充分混匀，制成（　　）的样品匀液。

样品溶液的 pH 值应用（　　）mol/L NaOH 或（　　）mol/L HCl 调节至（　　）。

② 初发酵试验：每个样品，选择三个适宜的连续稀释度的样品匀液（液体样品可以选择原液）。每个稀释度接种三管（　　）肉汤，每管接种（　　）mL，超过 1mL 用（　　）肉汤。于（　　）℃培养（　　）h，观察导管内是否有气泡产生。（24±2）h 产气者进行（　　）；未产气则继续培养至（　　）h，产气者进行复发酵试验，未产气者为大肠菌群阴性。

③ 复发酵试验：用接种环从产气的 LST 肉汤管中分别取培养物（　　）环，移种（　　）肉汤管中，（　　）℃培养（　　）h，观察产气情况，产气者计为大肠菌群（　　）性管。

④ 大肠菌群最可能数（MPN）报告：检验的稀释度是 0.1g（mL）、0.01g（mL）、0.001g（mL），最后得出大肠杆菌阳性的管数为 2、0、1，那么大肠菌群最可能数（MPN）是（　　）。

任务实施

1. 材料工具

（1）材料：《食品微生物》相关书籍、培养基等。

（2）工具：纸、笔、数码相机、电脑等。

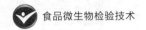

2. 工作流程

查找资料，确定大肠菌群计数所需材料的清单→对所需材料进行清点→设计方案→方案修改及确认→完成任务。

3. 实施过程

分小组进行设计大肠菌群计数方案，每组 5 人。

（1）查找参考书、上网搜集实验所需相关材料。

（2）通过查阅资料，确定实验所需要的材料清单，并完成清单表（附录 6）。

（3）由组长汇总相关材料。

（4）小组讨论制订、设计方案

① 学生自行设计方案并做成 PPT 报告展示；

② 每组选以代表，在全班讲解小组的设计方案，组员补充方案的内容。

（5）方案的修改及确定。

（6）完成任务。

评价反馈

完成评价（附录 7 和附录 8）。

信息单——大肠菌群的测定方法

1. 材料工具

（1）设备和材料

冰箱（2～5℃）、恒温培养箱（36℃±1℃）、恒温水浴锅（46℃±1℃）、均质器、振荡器、天平（感量为 0.1g）、无菌吸管（1mL，具有 0.01mL 刻度；10mL，具有 0.1mL 刻度）或微量移液器及吸头、无菌锥形瓶（容量 500mL）、pH 计或 pH 比色管或精密 pH 试纸、灭菌刀、剪子、镊子等，试管架和记号笔等。

（2）培养基和试剂

① 月桂基硫酸盐胰蛋白胨（LST）肉汤

按 GB 4789.3—2016 中 A.1 规定配置，配置方法如下：

成分：胰蛋白胨或胰酪胨 20.0g；氯化钠 5.0g；乳糖 5.0g；磷酸氢二钾（K_2HPO_4）2.75g；磷酸二氢钾（KH_2PO_4）2.75g；月桂基硫酸钠 0.1g；蒸馏水 1000mL。

制法：将上述各成分溶解于蒸馏水中，调节 pH 值至 6.8±0.2。分装到有玻璃小导管的试管中，每管 10mL，121℃高压灭菌 15min。

② 煌绿乳糖胆盐（BGLB）肉汤

按 GB 4789.3—2016 中 A.2 规定配置，配置方法如下：

成分：蛋白胨 10.0g；乳糖 10.0g；牛胆粉（oxgall 或 oxbile）溶液 200mL；0.1%煌绿水溶液 13.3mL；蒸馏水 800mL。

制法：将蛋白胨、乳糖溶于 500mL 蒸馏水中，加入牛胆粉溶液 200mL（将 20.0g 脱水牛胆粉溶于200mL蒸馏水中，调节pH值至7.0～7.5），用蒸馏水稀释到975mL，调节pH值至7.2±0.1。再加入0.1%煌绿水溶液13.3mL，用蒸馏水补足到1000mL，用棉花过滤后，分装到有玻璃小导管的试管中，每管10mL，121℃高压灭菌15min。

③ 0.85%无菌生理盐水

取8.5g氯化钠溶于1000mL蒸馏水中，121℃高压灭菌15min。

④ 磷酸盐缓冲溶液

储存液：取34.0g磷酸二氢钾（KH_2PO_4）溶于500mL蒸馏水中，用大约175mL的1mol/L氢氧化钠溶液调节pH值至7.2±0.2，用蒸馏水稀释至1000mL后贮存于冰箱。

稀释液：取贮存液1.25mL，用蒸馏水稀释至1000mL，分装于适宜的容器中，121℃高压灭菌15min。

⑤ 1mol/L NaOH溶液

称取40g氢氧化钠溶于1000mL无菌蒸馏水中。

⑥ 1mol/L HCl溶液

移取浓盐酸90mL，用无菌蒸馏水稀释至1000mL。

2. 检验程序

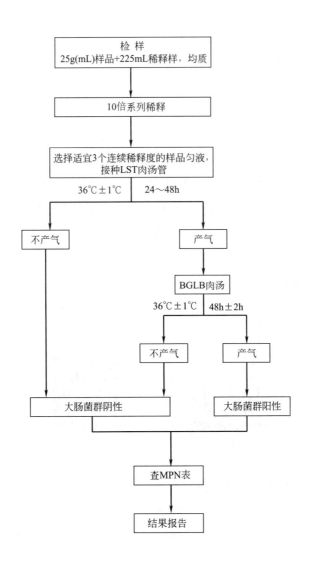

3. 操作步骤

(1) 样品的稀释

① 固体和半固体样品：称取 25g 样品，放入盛有 225mL 磷酸盐缓冲液或生理盐水的无菌均质杯内，8000～10000r/min 均质 1～2min。或放入盛有 225mL 磷酸盐缓冲液或生理盐水的无菌均质袋中，用拍击式均质器拍打 1～2min，制成 1∶10 的样品匀液。

② 液体样品：以无菌吸管吸取 25mL 样品置盛有 225mL 磷酸盐缓冲液或生理盐水的无菌锥形瓶中（瓶内预置适当数量的无菌玻璃珠）或其他无菌容器中，充分振摇或置于机械振荡器中振摇，充分混匀，制成 1∶10 的样品匀液。

③ 样品匀液的 pH 值应在 6.5～7.5 之间，必要时分别用 1mol/L NaOH 或 1mol/L HCl 调节。

④ 样品稀释：用 1mL 无菌吸管或微量移液器吸取 1∶10 样品匀液 1mL，沿管壁缓缓注入含有 9mL 生理盐水或磷酸盐缓冲液的无菌试管中（注意吸管或吸头端不要触及稀释液面），振摇试管或换用 1 支 1mL 无菌吸管反复吹打，使其混合均匀，制成 1∶100 的样品匀液。

⑤ 根据对样品污染状况的估计，按上述操作，依次制成 10 倍递增系列稀释样品匀液。每递增稀释一次，换用 1 支 1mL 无菌吸管或吸头。从制备样品匀液至样品接种完毕，全过程不得超过 15min。

(2) 初发酵试验

每个样品，选择 3 个适宜的连续稀释度的样品匀液（液体样品可以选择原液）。每个稀释度接种 3 管月桂基硫酸盐胰蛋白胨（LST）肉汤，每管接种 1mL（如接种量超过 1mL 用双料 LST 肉汤）。36℃±1℃培养 24h±2h，观察导管内是否有气泡产生，24h±2h 产气者进行复发酵试验（证实试验）；如未产气则继续培养至 48h±2h，产气者进行复发酵试验，未产气者为大肠菌群阴性。

(3) 复发酵试验（证实试验）

用接种环从产气的 LST 肉汤管中分别取培养物 1 环，移种于煌绿乳糖胆盐肉汤（BGLB）管中，36℃±1℃培养 48 h±2h，观察产气情况。产气者，计为大肠菌群阳性管。

初发酵

复发酵

(4) 大肠菌群最可能数（MPN）报告

按复发酵试验确证的大肠菌群 BGLB 阳性管数，检索 MPN 表，报告每 1g（mL）样品中大肠菌群的 MPN 值。（具体参见附录 4）

学习拓展 ——大肠菌群平板计数法

1. 大肠菌群介绍

大肠菌群并非细菌学分类命名，而是卫生细菌领域的用语，不代表某一个或某一属细菌，而指的是具有某些特性的一组与粪便污染有关的细菌。这些细菌在生化及血清学方面并非完全一致，其定义为：需氧及兼性厌氧，在 37℃ 能分解乳糖产酸、产气的革兰阴性无芽孢杆菌。一般认为该菌群细菌可包括大肠埃希菌、柠檬酸杆菌、产气克雷白菌和阴沟肠杆菌等。

大肠菌群分布较广，在温血动物粪便和自然界中广泛存在。调查研究表明，大肠菌群细菌多存在于温血动物粪便、人类经常活动的场所以及有粪便污染的地方。人、畜粪便对外界环境的污染是大肠菌群在自然界存在的主要原因。粪便中多以典型大肠杆菌为主，而外界环境中则以大肠菌群其他型类别较多。

大肠菌群是作为粪便污染指标菌提出来的，主要是以该菌群的检出情况来表示食品有无粪便污染。大肠菌群数的高低，表明了食品受粪便污染的程度，也反映了其对人体健康危害性的大小。粪便是人类肠道排泄物，除一般正常细菌外，同时也会有一些肠道致病菌存在（如沙门菌、志贺菌等），因而食品中有粪便污染，则可以推测该食品中存在着肠道致病菌污染的可能性，潜伏着食物中毒和流行病的威胁，必须看作对人体健康具有潜在的危险性。

大肠菌群是评价食品卫生质量的重要指标之一，目前已被国内外广泛应用于食品卫生工作中。

2. 大肠菌群平板计数法（参照 GB 4789.3—2016）

(1) 设备和材料

冰箱（2～5℃）、恒温培养箱（36℃±1℃）、恒温水浴锅（46℃±1℃）、均质器、振荡器、天平（感量为 0.1g）、菌落计数器、无菌培养皿（直径 90mm）、无菌吸管（1mL，具 0.01mL 刻度；10mL，具 0.1mL 刻度）或微量移液器及吸头、无菌锥形瓶（容量 500mL）、pH 计或 pH 比色管或精密 pH 试纸、灭菌刀、剪子、镊子等，试管架和记号笔等。

(2) 培养基和试剂

① 结晶紫中性红胆盐琼脂（VRBA）：按 GB 4789.3—2016 中 A.3 规定配置。

成分：蛋白胨 7.0g；酵母膏 3.0g；乳糖 10.0g；氯化钠 5.0g；胆盐或 3 号胆盐 1.5g；中性红 0.03g；结晶紫 0.002g；琼脂 15～18g；蒸馏水 1000mL。

制法：将上述成分溶于蒸馏水中，静置几分钟，充分搅拌，调节 pH 值至 7.4±0.1。煮沸 2min，将培养基融化并恒温至 45～50℃，倾注平板。使用前临时制备，不得超过 3h。

② 煌绿乳糖胆盐（BGLB）肉汤成分：0.85% 无菌生理盐水（或磷酸盐缓冲液）、1mol/L NaOH 溶液、1mol/L HCl 溶液。

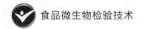

（3）检验程序

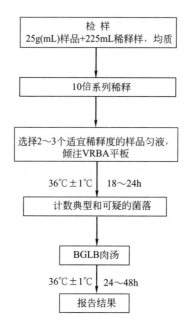

（4）操作步骤

① 样品的稀释

a. 固体和半固体样品：称取 25g 样品，放入盛有 225mL 磷酸盐缓冲液或生理盐水的无菌均质杯内，8000～10000r/min 均质 1～2min。或放入盛有 225mL 磷酸盐缓冲液或生理盐水的无菌均质袋中，用拍击式均质器拍打 1～2min。制成 1：10 的样品匀液。

b. 液体样品：以无菌吸管吸取 25mL 样品置盛有 225mL 磷酸盐缓冲液或生理盐水的无菌锥形瓶中（瓶内预置适当数量的无菌玻璃珠）或其他无菌容器中，充分振摇或置于机械振荡器中振摇，充分混匀，制成 1：10 的样品匀液。

c. 样品匀液的 pH 值应在 6.5～7.5 之间，必要时分别用 1mol/L NaOH 或 1mol/L HCl 调节。

d. 样品稀释：用 1mL 无菌吸管或微量移液器吸取 1：10 样品匀液 1mL，沿管壁缓缓注入含有 9mL 生理盐水或磷酸盐缓冲液的无菌试管中（注意吸管或吸头端不要触及稀释液面），振摇试管或换用 1 支 1mL 无菌吸管反复吹打，使其混合均匀，制成 1：100 的样品匀液。

e. 根据对样品污染状况的估计，按上述操作，依次制成 10 倍递增系列稀释样品匀液。每递增稀释一次，换用 1 支 1mL 无菌吸管或吸头。从制备样品匀液至样品接种完毕，全过程不得超过 15min。

② 平板计数

a. 选择 2～3 个适宜的连续稀释度，每个稀释度接种 2 个无菌平皿，每皿 1mL。同时取 1mL 生理盐水加入无菌平皿作空白对照。

b. 及时将 15～20mL 融化并恒温至 46℃ 的结晶紫中性红胆盐琼脂（VRBA）倾注于每个平皿中，小心旋转平皿，使培养基和样液充分混匀。待琼脂凝固后，再加 3～4mL VRBA 覆盖平板表层。翻转平板，置于 36℃±1℃ 培养 18～24h。

③ 平板菌落数的选择　选取菌落数在 15～150CFU 之间的平板，分别计数平板上出现的典型和可疑的大肠菌群菌落（如菌落直径较典型菌落小）。典型菌落为紫红色，菌落周围

有红色的胆盐沉淀环，菌落直径 0.5mm 或更大。最低稀释度平板低于 15CFU 的记录具体菌落数。

④ 证实试验　从 VRBA 平板上挑取 10 个不同类型的典型和可疑的菌落，少于 10 个菌落的挑取全部典型和可疑的菌落，分别移种于 BGLB 肉汤管内，36℃±1℃ 培养 24～48h，观察产气情况。凡 BGLB 肉汤管产气，即可报告为大肠菌群阳性。

⑤ 大肠菌群平板计数的报告　经最后证实为大肠菌群阳性的试管比例乘以（3）中计数的平板菌落数，再乘以稀释倍数，即为每克（毫升）样品中大肠菌群数。

学习情境十二

食品中霉菌和酵母菌计数

学习目标
和职业素养目标

1. 掌握食品中霉菌、酵母菌的计数方法；
2. 学会霉菌、酵母菌数的报告方式；
3. 能够按照食品安全国家标准独立完成食品中某种微生物的测定工作（包括试剂、培养基、设备、材料等准备，检测，结果报告等全过程）；
4. 培养诚实守信、实事求是的精神、守住职业道德底线，做良心食品人；
5. 通过任务的实施，培养获取和处理信息、知识综合应用、独立思考、分析判断、制订方案、解决问题、检查评估及探究等能力。

任务描述

某检验机构将对某食品公司的产品进行抽检，重点检查霉菌、酵母菌，请按照标准要求进行检测。

任务要求

霉菌、酵母菌的测定通常需要培养5d，技术的关键在于无菌操作、样品的稀释，请认真准备，熟练操作。

学前准备

1. 学习资料

见"信息单"及食品微生物相关资料。

2. 其他参考资料来源

（1）《食品微生物》《食品安全国家标准 食品微生物学检验 霉菌和酵母计数》（GB 4789.15—2016）等。

（2）食品检验类网站。

3. 思考题

为了明确任务、获取检验所需的相关知识，认真阅读所提供的参考资料和文献（见参考资料），并完成学前各类思考题。

（1）霉菌、酵母菌的个体形态如何？

（2）霉菌、酵母菌的菌落有哪些特征？

（3）霉菌、酵母菌的最适 pH 值（　　　）。

（4）霉菌、酵母菌的最适生长温度（　　　）。

（5）霉菌、酵母菌的最适生长时间（　　　）。

（6）霉菌和酵母菌计数

① 样品的稀释　固体和半固体样品，称取（　　　）g 样品，加入（　　　）mL 无菌稀释液（蒸馏水或生理盐水或磷酸盐缓冲液），充分振摇。或用拍击式均质器拍打（　　　）min，制成 1:10 的样品匀液；液体样品，以无菌吸管吸取（　　　）mL 样品至盛有（　　　）mL 无菌稀释液（蒸馏水或生理盐水或磷酸盐缓冲液）的无菌容器内（可在瓶内预置适当数量的无菌玻璃珠）或无菌均质袋中，充分振摇或用拍击式均质器拍打 1～2min，制成 1:10 的样品匀液。用（　　　）mL 无菌吸管吸取（　　　）样品匀液 1mL，注入含有（　　　）mL 无菌稀释液的试管中，另换一支（　　　）mL 无菌吸管反复吹吸，或在旋涡混合器上混匀，此液为 1:100 的样品匀液。按上述操作，制备 10 倍递增系列稀释样品匀液。每递增稀释一次，换用 1 支 1mL 无菌吸管。

② 倾注培养

根据对样品污染状况的估计，选择（　　　）个适宜稀释度的样品匀液（液体样品可包括原液），在进行（　　　）倍递增稀释样品匀液的同时，每个稀释度分别吸取（　　　）mL 样品匀液于无菌平皿内，每个稀释度做（　　　）个平皿。同时分别吸取 1mL（　　　）加入两个无菌平皿作空白对照。及时将冷却至 46℃（　　　）注于平皿约（　　　）mL，并转动平皿使其混合均匀，置于水平台面，待培养基完全凝固后，（　　　）置平板，置（　　　）℃培养箱中培养，观察并记录至（　　　）d 的结果。

③ 菌落计数

选取菌落数在（　　　）CFU 的平板，根据菌落形态分别计数霉菌和酵母。霉菌蔓延生长覆盖整个平板的可记录为（　　　）。

④ 结果与报告

a. 若有两个稀释度平板上菌落数均在 10～150CFU 之间，则按照（　　　）的相应规定进行计算。

b. 若所有平板上菌落数均大于 150CFU，则（　　　）计算。

c. 若所有平板上菌落数均小于 10CFU，则（　　　）计算。

d. 若所有稀释度（包括液体样品原液）平板均无菌落生长，则（　　　）计算。

e. 若所有稀释度的平板菌落数均不在 10～150CFU 之间，其中一小部分小于 10CFU 或大于 150CFU 时，则以（　　　）计算。

⑤ 报告

a. 菌落数按"四舍五入"原则修约，菌落数在 10 以内时，采用（　　　）位有效数字报告；菌落数在 10～100 之间时，采用（　　　）位有效数字报告。

b. 菌落数大于或等于 100 时，前 3 位数字采用"四舍五入"原则修约后，取（　　　）

来表示结果；也可用（　　）来表示，此时也按"四舍五入"原则修约，采用两位有效数字。

c. 若空白对照平板上有菌落出现，则（　　）。

d. 称重取样以（　　）为单位报告，体积取样以（　　）为单位报告，报告或分别报告霉菌和/或酵母菌数。

任务实施

1. 材料工具

（1）材料：《食品微生物》相关书籍、培养基等。

（2）工具：纸、笔、数码相机、电脑等。

2. 工作流程

查找资料，确定霉菌和酵母菌计数所需要的材料清单→对所需材料进行清点→设计方案→方案修改及确认→完成任务。

3. 实施过程

分小组进行设计霉菌和酵母菌计数方案，每组5人。

（1）查找资料、上网搜集实验所需相关材料。

（2）通过查阅资料，确定实验需要的材料清单，并完成清单表（附录6）。

（3）由组长汇总相关材料。

（4）小组讨论制订、设计方案

① 学生自行设计方案并做成 PPT 报告展示；

② 每组选以代表，在全班讲解小组的设计方案，组员补充方案的内容。

（5）方案的修改及确定。

（6）完成任务。

评价反馈

完成评价（附录7和附录8）。

信息单——霉菌和酵母菌计数的方法

1. 设备、仪器和材料准备

（1）设备和材料

培养箱（28℃±1℃）、恒温水浴箱（46℃±1℃）、拍击式均质器及均质袋、电子天平（感量 0.1g）、无菌吸管（1mL，具 0.01mL 刻度；10mL，具 0.1mL 刻度）、无菌锥形瓶（容量 500mL）、无菌平皿（直径 90mm）、无菌试管（18mm×180mm）、旋涡混合器、无菌牛皮纸袋、塑料袋、灭菌刀、剪子、镊子等，试管架和记号笔等。

（2）培养基和试剂

按 GB 4789.15—2016 中附录 A 中 A.1、A.2、A.3、A.4 的规定配置。

① 马铃薯-葡萄糖-琼脂

成分：马铃薯（去皮切块）300g；葡萄糖 20.0g；琼脂 20.0g；氯霉素 0.1g；蒸馏水 1000mL。

制法：将马铃薯去皮切块，加 1000mL 蒸馏水，煮沸 10~20min，用纱布过滤，补加蒸馏水至 1000mL。加入葡萄糖和琼脂，加热溶解，分装后，121℃灭菌 15min，备用。

② 孟加拉红琼脂

成分：蛋白胨 5.0g；葡萄糖 10.0g；磷酸二氢钾 1.0g；硫酸镁（无水）0.5g；琼脂 20.0g；孟加拉红 0.033g；氯霉素 0.1g；蒸馏水 1000mL。

制法：上述各成分加入蒸馏水中，加热溶解，补足蒸馏水至 1000mL，分装后，121℃灭菌 15min，避光保存备用。

（3）0.85％无菌生理盐水。

（4）磷酸盐缓冲液。

2. 检验流程

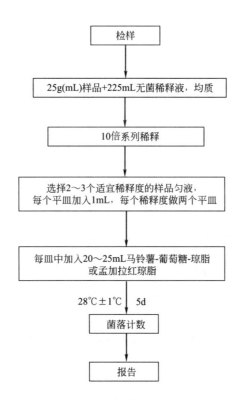

3. 操作步骤

（1）样品的稀释

固体和半固体样品：称取 25g 样品，加入 225mL 无菌稀释液（蒸馏水或生理盐水或磷酸盐缓冲液），充分振摇。或用拍击式均质器拍打 1~2min，制成 1∶10 的样品匀液。

液体样品：以无菌吸管吸取 25mL 样品至盛有 225mL 无菌稀释液（蒸馏水或生理盐水或磷酸盐缓冲液）的无菌容器内（可在瓶内预置适当数量的无菌玻璃珠）或无菌均质袋中，充分振摇或用拍击式均质器拍打 1~2min，制成 1∶10 的样品匀液。

样品稀释：取 1mL 1∶10 样品匀液注入含有 9mL 无菌稀释液的试管中，另换一支 1mL

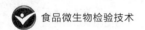

无菌吸管反复吹吸，或在旋涡混合器上混匀，此液为 1∶100 的样品匀液。按上述操作，制备 10 倍递增系列稀释样品匀液，每递增稀释一次，换用 1 支 1mL 无菌吸管。

（2）倾注培养

根据对样品污染状况的估计，选择 2～3 个适宜稀释度的样品匀液（液体样品可包括原液），在进行 10 倍递增稀释的同时，每个稀释度分别吸取 1mL 样品匀液于 2 个无菌平皿内。同时分别吸取 1mL 无菌稀释液加入两个无菌平皿作空白对照。

及时将 20～25mL 冷却至 46℃的马铃薯葡萄糖琼脂或孟加拉红琼脂（可放置于 46℃±1℃恒温水浴箱中保温）倾注平皿，并转动平皿使其混合均匀，置于水平台面，待培养基完全凝固。琼脂凝固后，正置平板，置 28℃±1℃培养箱中培养，观察并记录培养至 5d 的结果。

（3）菌落计数

用肉眼观察，必要时可用放大镜或低倍镜，记录稀释倍数和相应的霉菌和酵母菌落数。以菌落形成单位（CFU）表示。

选取菌落数在 10～150CFU 的平板，根据菌落形态分别计数霉菌和酵母。霉菌蔓延生长覆盖整个平板的可记录为"菌落蔓延"。

（4）结果与报告

计算同一稀释倍数两个平板菌落数的平均值，再将平均值乘以相应的稀释倍数。

① 若有两个稀释度平板上菌落数均在 10～150CFU 之间，则按照 GB 4789.2 的相应规定进行计算。

② 若所有平板上菌落数均大于 150CFU，则对稀释度最高的平板进行计数，其他平板可记录为"多不可计"，结果按平均菌落数乘以最高稀释倍数计算。

③ 若所有平板上菌落数均小于 10CFU，则应按稀释度最低的平均菌落数乘以稀释倍数计算。

④ 若所有稀释度（包括液体样品原液）平板均无菌落生长，则以小于 1 乘以最低稀释倍数计算。

⑤ 若所有稀释度的平板菌落数均不在 10～150CFU 之间，其中一小部分小于 10CFU 或大于 150CFU 时，则以最接近 10CFU 或 150CFU 的平均菌落数乘以稀释倍数计算。

（5）报告

① 菌落数按"四舍五入"原则修约，菌落数在 10 以内时，采用一位有效数字报告；菌落数在 10～100 之间时，采用两位有效数字报告。

② 菌落数大于或等于 100 时，前第 3 位数字采用"四舍五入"原则修约后，取前 2 位数字，后面用 0 代替位数来表示结果；也可用 10 的指数形式来表示，此时也按"四舍五入"原则修约，采用两位有效数字。

③ 若空白对照平板上有菌落出现，则此次检测结果无效。

④ 称重取样以 CFU/g 为单位报告，体积取样以 CFU/mL 为单位报告，报告或分别报告霉菌和/或酵母数。

学习情境十三

食品中金黄色葡萄球菌的检验

学习目标和职业素养目标

1. 掌握食品中金黄色葡萄球菌的检验和计数方法；
2. 学会金黄色葡萄球菌的报告方式；
3. 掌握按要求处理废弃物的方法；
4. 尝试为小型食品加工企业设计一个微生物检测实验室（重点考虑应坐落的位置、必配的设备、实验室布局等）；
5. 提高实验室安全意识，操作规范，管理严格，排除一切安全事故隐患；
6. 通过任务的实施，培养获取和处理信息、知识综合应用、独立思考、分析判断、制订方案、解决问题、检查评估及探究等能力。

任务描述

某检验机构将对某食品公司的产品进行抽检，重点检查金黄色葡萄球菌，请按照标准要求进行检测。

任务要求

食品中金黄色葡萄球菌的测定通常需要 54~96h，检样稀释，并在不同培养基上培养，请认真挑选典型金黄色葡萄球菌菌落进行鉴定。

学前准备

1. 学习资料

见"信息单"及食品微生物相关资料。

2. 其他参考资料来源

（1）《食品微生物》《食品安全国家标准 食品微生物检验 金黄色葡萄球菌检验》（GB 4789.10—2016）、《实验室 生物安全通用要求》（GB 19489—2008）等。

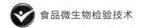

（2）食品检验类网站。

3. 思考题

为了明确任务、获取检验所需的相关知识，认真阅读所提供的参考资料和文献（见参考资料），并完成学前各类思考题。

（1）金黄色葡萄球菌的个体形态如何？

（2）在血平板和 Baird-Parker 氏平板培养基上生长金黄色葡萄球菌有哪些典型菌落特征？

（3）金黄色葡萄球菌有哪些重要代谢产物？

（4）怎样鉴别病原性与非病原性葡萄球菌？

（5）金黄色葡萄球菌检验过程：

① 样品的处理：

称取（　　）g 样品至盛有（　　）mL（　　）肉汤的无菌均质杯内，（　　）r/min 均质（　　）min。或放入盛有 225mL 7.5％氯化钠肉汤无菌均质袋中，用拍击式均质器拍打 1～2min。若样品为液态，吸取（　　）mL 样品至盛有（　　）mL（　　）肉汤的无菌锥形瓶（瓶内可预置适当数量的无菌玻璃珠）中，振荡混匀。

② 增菌

将上述样品匀液于（　　）℃培养（　　）h。金黄色葡萄球菌在 7.5％氯化钠肉汤中呈（　　）生长。

③ 分离

将增菌后的培养物，分别划线接种到（　　）平板和（　　）平板。血平板（　　）℃培养（　　）h；Baird-Parker 平板（　　）℃培养（　　）h。

④ 初步鉴定

金黄色葡萄球菌在 Baird-Parker 平板上呈（　　），表面（　　）、凸起、湿润，菌落直径为（　　）mm。颜色呈（　　）色至（　　）色，有光泽，常有浅色（非白色）的边缘，周围绕以不透明圈（沉淀），其外常有一清晰带。用接种针触及菌落时具有（　　）黏稠感。有时可见到不分解脂肪的菌株，除没有不透明圈和清晰带外，其他外观基本相同。从长期贮存的冷冻或脱水食品中分离的菌落，其黑色常较典型菌落浅些，且外观可能较粗糙，质地较干燥。在血平板上，形成菌落（　　），（　　）形、光滑（　　）、（　　）、（　　）色 [有时为（　　）色]，菌落周围可见完全透明（　　）圈。挑取上述可疑菌落进行革兰氏染色镜检及血浆凝固酶试验。

⑤ 确证鉴定

染色镜检：金黄色葡萄球菌为革兰氏（　　）性球菌，排列呈（　　）球状，无芽孢，无荚膜，直径约为（　　）μm。

血浆凝固酶试验：挑取 Baird-Parker 平板或血平板上至少 5 个可疑菌落（小于 5 个全选），分别接种到 5mL（　　）和（　　）小斜面，（　　）℃培养（　　）h。

取新鲜配制兔血浆（　　）mL，放入小试管中，再加入（　　）培养物 0.2～0.3mL，振荡摇匀，置 36℃±1 ℃温箱或水浴箱内。每（　　）小时观察一次，观察（　　）h，如呈现凝固（即将试管倾斜或倒置时，呈现凝块）或凝固体积大于原体积的一半，被判定为（　　）性结果。同时以血浆凝固酶试验阳性和阴性葡萄球菌菌株的肉汤培养物作为对照。也可用商品化的试剂，按说明书操作，进行血浆凝固酶试验。

结果如可疑，挑取营养琼脂小斜面的菌落到 5mL BHI，36℃±1 ℃培养 18～48h，重复试验。

结果报告：在 25g（mL）样品中（　　）或（　　）金黄色葡萄球菌。

本法适用于（　　　）测定。

任务实施

1. 材料工具

（1）材料：《食品微生物》相关书籍、培养基、试剂等。

（2）工具：纸、笔、数码相机、电脑等。

2. 工作流程

查找资料，确定金黄色葡萄球菌检验所需材料的清单→对所需材料进行清点→设计方案→方案修改及确认→完成任务。

3. 实施过程

分小组进行设计金黄色葡萄球菌检验方案，每组5人。

（1）查找参考书、上网搜集实验所需相关材料。

（2）通过查阅资料，确定本组样品检测所需要的材料清单，并完成清单表（附录6）。

（3）由组长汇总相关材料。

（4）小组讨论制订、设计方案

① 学生自行设计方案并做成 PPT 报告展示；

② 每组选一代表，在全班讲解小组的设计方案，组员补充方案的内容。

（5）方案的修改及确定。

（6）完成任务。

评价反馈

完成评价（附录7和附录8）。

信息单——金黄色葡萄球菌检验的方法

1. 仪器和材料准备

（1）设备和材料

冰箱（2～5℃）、恒温培养箱（36℃±1℃）、恒温水浴锅（36～56℃）、均质器、振荡器、天平（感量0.1g）、无菌吸管（1mL，具0.01mL刻度；10mL，具0.1mL刻度）或微量移液器及吸头、无菌锥形瓶（容量100mL、500mL）、无菌培养皿（直径90mm）、涂布棒、pH计或pH比色管或精密pH试纸。

（2）培养基和试剂（参见 GB 4789.10—2016）

① 7.5%氯化钠肉汤

成分：蛋白胨10.0g；牛肉膏5.0g；氯化钠75g；蒸馏水1000mL。

制法：将上述各成分加热溶解，调节pH值至7.4±0.2。分装，每瓶225mL，121℃高压灭菌15min。

② 血琼脂平板

成分：豆粉琼脂（pH 值 7.5±0.2）100mL；脱纤维羊血（或兔血）5～10mL。

制法：加热熔化琼脂，冷却至 50℃，以无菌操作加入脱纤维羊血，摇匀，倾注平板。

③ Baird—Parker 琼脂平板

成分：胰蛋白胨 10.0g；牛肉膏 5.0g；酵母膏 1.0g；丙酮酸钠 10.0g；甘氨酸 12.0g；氯化锂（LiCl·6H₂O）5.0g；琼脂 20.0g；蒸馏水 950mL。

增菌剂的配法：30％卵黄盐水 50mL 与通过 0.22μm 孔径滤膜进行过滤除菌的 1％亚碲酸钾溶液 10mL 混合，保存于冰箱内。

制法：将各成分加到蒸馏水中，加热煮沸至完全溶解，调节 pH 值至 7.0±0.2。分装每瓶 95mL，121℃高压灭菌 15min。临用时加热熔化琼脂，冷至 50℃，每 95mL 加入预热至 50℃的卵黄亚碲酸钾增菌剂 5mL，摇匀后倾注平板。培养基应是致密不透明的。使用前在冰箱储存不得超过 48h。

④ 兔血浆

取柠檬酸钠 3.8g，加蒸馏水 100mL，溶解后过滤，装瓶，121℃高压灭菌 15min。

兔血浆制备：取 3.8％柠檬酸钠溶液一份，加兔全血 4 份，混好静置（或以 3000r/min 离心 30min），使血液细胞下降，即可得血浆。

⑤ 营养琼脂小斜面

成分：蛋白胨 10.0g；牛肉膏 3.0g；氯化钠 5.0g；琼脂 15.0～20.0g；蒸馏水 1 000mL。

制法：将除琼脂以外的各成分溶解于蒸馏水内，加入 15％氢氧化钠溶液约 2mL 调节 pH 值至 7.3±0.2。加入琼脂，加热煮沸，使琼脂溶化，分装 13mm×130mm 试管，121℃高压灭菌 15min。

⑥ 脑心浸出液肉汤（BHI）

成分：胰蛋白质胨 10.0g；氯化钠 5.0g；磷酸氢二钠（12H₂O）2.5g；葡萄糖 2.0g；牛心浸出液 500mL。

制法：加热溶解，调节 pH 值至 7.4±0.2，分装 16mm×160mm 试管。每管 5mL 置 121℃，15min 灭菌。

⑦ 无菌生理盐水

成分：氯化钠 8.5g；蒸馏水 1000mL。

制法：称取 8.5g 氯化钠溶于 1000mL 蒸馏水中，121℃高压灭菌 15min。

⑧ 磷酸盐缓冲溶液

成分：磷酸二氢钾（KH₂PO₄）34.0g；蒸馏水 500mL。

制法：

贮存液：称取 34.0g 的磷酸二氢钾溶于 500mL 蒸馏水中，用大约 175mL 的 1mol/L 氢氧化钠溶液调节 pH 值至 7.2，用蒸馏水稀释至 1000mL 后贮存于冰箱。

稀释液：取贮存液 1.25mL，用蒸馏水稀释至 1000mL，分装于适宜容器中，121℃高压灭菌 15min。

⑨ 革兰氏染色液

a. 结晶紫染色液

成分：结晶紫 1.0g；95％乙醇 20.0mL；1％草酸铵水溶液 80.0mL。

制法：将结晶紫完全溶解于乙醇中，然后与草酸铵溶液混合。

b. 革兰氏碘液

成分：碘 1.0g；碘化钾 2.0g；蒸馏水 300.0mL。

制法：将碘与碘化钾先行混合，加入蒸馏水少许，充分振摇。待完全溶解后，再加蒸馏水至 300.0mL。

c. 沙黄复染液

成分：沙黄 0.25g；95％乙醇 10.0mL；蒸馏水 90.0mL。

制法：将沙黄溶解于乙醇中，然后用蒸馏水稀释。

d. 染色法

a）涂片在火焰上固定，滴加结晶紫染液，染 1min，水洗。

b）滴加革兰氏碘液，作用 1min，水洗。

c）滴加 95％乙醇脱色约 15～30s，直至染色液被洗掉。不要过分脱色，水洗。

d）滴加复染液，复染 1min，水洗、待干、镜检。

2. 检验程序（适用于食品中金黄色葡萄球菌的定性检验）

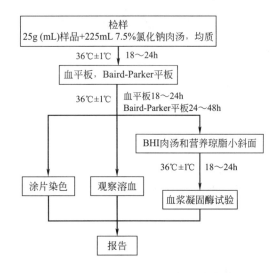

3. 操作步骤

（1）样品的处理

称取 25g 样品至盛有 225mL 7.5％氯化钠肉汤的无菌均质杯内，8000～10000r/min 均质 1～2min。或放入盛有 225mL 7.5％氯化钠肉汤无菌均质袋中，用拍击式均质器拍打 1～2min。若样品为液态，吸取 25mL 样品至盛有 225mL 7.5％氯化钠肉汤的无菌锥形瓶（瓶内可预置适当数量的无菌玻璃珠）中，振荡混匀。

（2）增菌

将上述样品匀液于 36℃±1℃培养 18～24h。金黄色葡萄球菌在 7.5％氯化钠肉汤中呈混浊生长。

（3）分离

将增菌后的培养物，分别划线接种到 Baird-Parker 平板和血平板。血平板 36℃±1℃培养 18～24h，Baird-Parker 平板 36℃±1℃培养 24～48h。

（4）初步鉴定

金黄色葡萄球菌在 Baird-Parker 平板上呈圆形，表面光滑、凸起、湿润，菌落直径为 2～3mm。颜色呈灰黑色至黑色，有光泽，常有浅色（非白色）的边缘，周围绕以不透明圈（沉淀），其外常有一清晰带。用接种针触及菌落时具有黄油样黏稠感。有时可见到不分解脂肪的菌株，除没有不透明圈和清晰带外，其他外观基本相同。从长期贮存的冷冻或脱水食品中分离的菌落，其黑色较典型菌落浅些，且外观可能较粗糙、质地较干燥。在血平板上，形成菌落较大，圆形、光滑凸起、湿润、金黄色（有时为白色），菌落周围可见完全透明溶血圈。挑取上述可疑菌落进行革兰氏染色镜检及血浆凝固酶试验。

（5）确证鉴定

① 染色镜检　金黄色葡萄球菌为革兰氏阳性球菌，排列呈葡萄球状，无芽孢，无荚膜，直径约为 0.5～1μm。

② 血浆凝固酶试验　挑取 Baird-Parker 平板或血平板上至少 5 个可疑菌落（小于 5 个全选），分别接种到 5mL BHI 和营养琼脂小斜面，36℃±1℃培养 18～24h。

取新鲜配制兔血浆 0.5mL，放入小试管中，再加入 BHI 培养物 0.2～0.3mL，振荡摇匀，置 36℃±1℃温箱或水浴箱内。每 30min 观察一次，观察 6h，如呈现凝固（即将试管倾斜或倒置时，呈现凝块）或凝固体积大于原体积的一半，被判定为阳性结果。同时以血浆凝固酶试验阳性和阴性葡萄球菌菌株的肉汤培养物作为对照。也可用商品化的试剂，按说明书操作，进行血浆凝固酶试验。

结果如可疑，挑取营养琼脂小斜面的菌落到 5mL BHI，36℃±1℃培养 18～48h，重复试验。

（6）葡萄球菌肠毒素的检验（选做）

可疑食物中毒样品或产生葡萄球菌肠毒素的金黄色葡萄球菌菌株的鉴定，应按附录 5 检测葡萄球菌肠毒素。

（7）结果与报告

① 结果判定　符合 4、5，可判定为金黄色葡萄球菌。

② 结果报告　在 25g（mL）样品中检出或未检出金黄色葡萄球菌。

一、金黄色葡萄球菌平板计数法

1. 检验程序

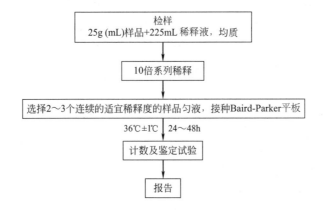

2. 操作步骤

（1）样品的稀释

① 固体和半固体样品　称取 25g 样品置于盛有 225mL 磷酸盐缓冲液或生理盐水的无菌均质杯内，8000～10000r/min 均质 1～2min。或置于盛有 225mL 稀释液的无菌均质袋中，用拍击式均质器拍打 1～2min，制成 1∶10 的样品匀液。

② 液体样品　以无菌吸管吸取 25mL 样品置于盛有 225mL 磷酸盐缓冲液或生理盐水的无菌锥形瓶（瓶内预置适当数量的无菌玻璃珠）中，充分混匀，制成 1∶10 的样品匀液。

③ 用 1mL 无菌吸管或微量移液器吸取 1∶10 样品匀液 1mL，沿管壁缓缓注于盛有 9mL 磷酸盐缓冲液或生理盐水的无菌试管中（注意吸管或吸头尖端不要触及稀释液面），振摇试管或换用 1 支 1mL 无菌吸管反复吹打使其混合均匀，制成 1∶100 的样品匀液。

④ 按上述操作程序，制备 10 倍系列稀释样品匀液。每递增稀释一次，换用 1 次 1mL 无菌吸管或吸头。

（2）样品的接种

根据对样品污染状况的估计，选择 2～3 个适宜稀释度的样品匀液（液体样品可包括原液）。在进行 10 倍递增稀释的同时，每个稀释度分别吸取 1mL 样品匀液以 0.3mL、0.3mL、0.4mL 接种量分别加入三块 Baird-Parker 平板，然后用无菌涂布棒涂布整个平板，注意不要触及平板边缘。使用前，如 Baird-Parker 平板表面有水珠，可放在 25～50℃ 的培养箱里干燥，直到平板表面的水珠消失。

（3）培养

在通常情况下，涂布后，将平板静置 10min，如样液不易吸收，可将平板放在培养箱 36℃±1℃ 培养 1h。等样品匀液吸收后翻转平板，倒置后于 36℃±1℃ 培养 24～48h。

（4）典型菌落计数和确认

① 金黄色葡萄球菌在 Baird-Parker 平板上呈圆形、表面光滑、凸起、湿润，菌落直径为 2～3mm。颜色呈灰黑色至黑色，有光泽，常有浅色（非白色）的边缘，周围绕以不透明圈（沉淀），其外常有一清晰带。当用接种针接触及菌落时具有黄油样黏稠感。有时可见到不分解脂肪的菌株，除没有不透明圈和清晰带外，其他外观基本相同。从长期贮存的冷冻或脱水食品中分离的菌落，其黑色常较典型菌落浅些，且外观可能较粗糙、质地较干燥。

② 选择有典型的金黄色葡萄球菌落的平板，且同一稀释度 3 个平板所有菌落数合计在 20～200CFU 之间的平板，计数典型菌落数。

③ 从典型菌落中至少选 5 个可疑菌落（小于 5 个全选）进行鉴定试验。分别做染色镜检、血浆凝固酶试验（见金黄色葡萄球菌定性检验、操作步骤 5）。同时划线接种到血平板 36℃±1℃ 培养 18～24h 后观察菌落形态，金黄色葡萄球菌菌落较大，圆形、光滑凸起、湿润、金黄色（有时为白色），菌落周围可见完全透明溶血圈。

（5）结果计算

① 若只有一个稀释度平板的典型菌落数在 20～200CFU 之间，计数该稀释度平板上的典型菌落，按式（1）计算。

② 若最低稀释度平板的典型菌落数小于 20CFU，计数该稀释度平板上的典型菌落，按式（1）计算。

③ 若某一稀释度平板的典型菌落数大于 200CFU，但下一稀释度平板上没有典型菌落，计数该稀释度平板上的典型菌落，按式（1）计算。

④ 若某一稀释度平板的典型菌落数大于 200CFU，而下一稀释度平板上虽有典型菌落

但不在 20～200CFU 范围内，应计数该稀释度平板上的典型菌落，按公式(1) 计算。

⑤ 若 2 个连续稀释度的平板典型菌落数均在 20～200CFU 之间，按式(2) 计算。

(6) 计算公式

$$T=\frac{AB}{Cd} \tag{1}$$

式中　T——样品中金黄色葡萄球菌菌落数；

　　　A——某一稀释度典型菌落的总数；

　　　B——某一稀释度鉴定为阳性的菌落数；

　　　C——某一稀释度用于鉴定试验的菌落数；

　　　d——稀释因子。

$$T=\frac{A_1B_1/C_1+A_2B_2/C_2}{1.1d} \tag{2}$$

式中　T——样品中金黄色葡萄球菌菌落数；

　　　A_1——第一稀释度（低稀释倍数）典型菌落的总数；

　　　A_2——第二稀释度（高稀释倍数）典型菌落的总数；

　　　B_1——第一稀释度（低稀释倍数）鉴定为阳性的菌落数；

　　　B_2——第二稀释度（高稀释倍数）鉴定为阳性的菌落数；

　　　C_1——第一稀释度（低稀释倍数）用于鉴定试验的菌落数；

　　　C_2——第二稀释度（高稀释倍数）用于鉴定试验的菌落数；

　　1.1——计算系数；

　　　d——稀释因子（第一稀释度）。

(7) 报告

根据上述公式计算，报告每 1g（mL）样品中金黄色葡萄球菌数，以 CFU/g（mL）表示。如 T 值为 0，则以小于 1 乘以最低稀释倍数报告。

二、金黄色葡萄球菌 MPN 计数

1. 检验程序

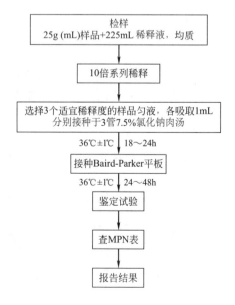

检样
25g (mL)样品+225mL 稀释液，均质

10倍系列稀释

选择3个适宜稀释度的样品匀液，各吸取1mL
分别接种于3管7.5%氯化钠肉汤

36℃±1℃　18～24h

接种Baird-Parker平板

36℃±1℃　24～48h

鉴定试验

查MPN表

报告结果

2. 操作步骤

（1）样品的稀释

① 固体和半固体样品　称取 25g 样品置盛有 225mL 磷酸盐缓冲液或生理盐水的无菌均质杯内，8000～10000r/min 均质 1～2min。或置于盛有 225mL 稀释液的无菌均质袋中，用拍击式均质器拍打 1～2min，制成 1∶10 的样品匀液。

② 液体样品　以无菌吸管吸取 25mL 样品置于盛有 225mL 磷酸盐缓冲液或生理盐水的无菌锥形瓶（瓶内预置适当数量的无菌玻璃珠）中，充分混匀，制成 1∶10 的样品匀液。

③ 用 1mL 无菌吸管或微量移液器吸取 1∶10 样品匀液 1mL，沿管壁缓缓注于盛有 9mL 磷酸盐缓冲液或生理盐水的无菌试管中（注意吸管或吸头尖端不要触及稀释液面）。振摇试管或换用 1 支 1mL 无菌吸管反复吹打使其混合均匀，制成 1∶100 的样品匀液。

④ 按上述操作程序制备 10 倍系列稀释样品匀液。每递增稀释一次，换用 1 次 1mL 无菌吸管或吸头。

（2）接种和培养

根据对样品污染状况的估计，选择 3 个适宜稀释度的样品匀液（液体样品可包括原液）。在进行 10 倍递增稀释的同时，每个稀释度分别接种 1mL 样品匀液至 7.5%氯化钠肉汤管（如接种量超过 1mL，则用双料 7.5%氯化钠肉汤），每个稀释度接种 3 管。将上述接种物于 36℃±1℃培养 18～24h。

用接种环从培养后的 7.5%氯化钠肉汤管中分别取培养物 1 环，移种于 Baird-Parker 平板，36℃±1℃培养 24～48h。

（3）典型菌落确认

① 金黄色葡萄球菌在 Baird-Parker 平板上呈圆形、表面光滑、凸起、湿润，菌落直径为 2～3mm。颜色呈灰黑色至黑色，有光泽，常有浅色（非白色）的边缘，周围绕以不透明圈（沉淀），其外常有一清晰带。用接种针触及菌落时具有黄油样黏稠感。有时可见到不分解脂肪的菌株，除没有不透明圈和清晰带外，其他外观基本相同。从长期贮存的冷冻或脱水食品中分离的菌落，其黑色常较典型菌落浅些，外观可能较粗糙、质地干燥。

② 从典型菌落中至少选 5 个可疑菌落（小于 5 个全选）进行鉴定试验。分别做染色镜检、血浆凝固酶试验（见金黄色葡萄球菌定性检验，操作步骤 5）。同时划线接种到血平板 36℃±1℃培养 18～24h 后观察菌落形态，金黄色葡萄球菌菌落较大，圆形、光滑凸起、湿润。金黄色（有时为白色），菌落周围可见完全透明溶血圈。

（4）结果与报告

根据证实为金黄色葡萄球菌阳性的试管管教，查 MPN 检索表（见附录 4），报告每 1g(mL)样品中金黄色葡萄球菌的最可能数，以 MPN/g（mL）表示。

三、细菌性食物中毒

1. 金黄色葡萄球菌食物中毒

（1）病原菌

革兰阳性菌；无芽孢，无鞭毛，不能运动，呈葡萄状排列；兼性厌氧，最适生长温度 35～37℃，最适 pH 值 7.4；80℃下 0.5～1h 才能杀死。

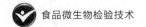

（2）毒素和酶

溶血毒素、杀白细胞毒素、肠毒素、凝固酶、溶纤维蛋白酶、透明质酸酶、DNA酶等。

（3）中毒原因及症状

金黄色葡萄球菌是人类化脓感染中最常见的病原菌，可引起局部化脓感染，也可引起肺炎、伪膜性肠炎、心包炎等，甚至败血症、脓毒症等全身感染。

当金黄色葡萄球菌污染了含淀粉及水分较多的食品，如牛奶和奶制品、肉、蛋等，在温度条件适宜时，经8～10h即可分解相当数量的肠毒素。肠毒素可耐受100℃煮沸30min而不被破坏。引起的食物中毒症状是呕吐和腹泻。此外，金黄色葡萄球菌还产生溶表皮素、明胶酶、蛋白酶、脂肪酶、肽酶等。

（4）病菌来源及预防措施

① 金黄色葡萄球菌在自然界中无处不在，空气、水、灰尘及人和动物的排泄物中都可找到。作为人和动物的常见病原菌，其主要存在于人和动物的鼻腔、咽喉、头发上，50％以上健康人的皮肤上都有金黄色葡萄球菌存在。因此，食品受其污染的机会很多。

近年来，据美国疾病控制中心报告，由金黄色葡萄球菌引起的感染占第二位，仅次于大肠杆菌。

金黄色葡萄球菌的流行病学一般有如下特点：季节分布，多见于春、夏季；中毒食品种类多，如奶、肉、蛋、鱼及其制品。此外，剩饭、油煎蛋、糯米糕及凉粉等引起的中毒事件也有报道。上呼吸道感染患者的鼻腔带菌率83％，人、畜化脓性感染部位常成为污染源。

一般说，金黄色葡萄球菌可通过以下途径污染食品：食品加工人员、炊事员或销售人员带菌，造成食品污染；食品在加工前本身带菌，或在加工过程中受到了污染，产生了肠毒素，引起食物中毒；熟食制品包装不严，运输过程受到污染；奶牛患化脓性乳腺炎或禽畜局部化脓时，对肉体其他部位的污染。

金黄色葡萄球菌肠毒素是个世界性的卫生问题。在美国，由金黄色葡萄球菌肠毒素引起的食物中毒占整个细菌性食物中毒的33％；加拿大则更多，占45％；我国每年发生的此类中毒事件也非常多。

肠毒素的形成条件：存放温度在37℃内，温度越高，产毒时间越短；存放地点通风不良、氧分压低，易形成肠毒素；含蛋白质丰富、水分多，同时含一定量淀粉的食物，肠毒素易生成。

② 防止金黄色葡萄球菌污染食品的措施

a. 防止带菌人群对各种食物的污染　定期对生产加工人员进行健康检查，患局部化脓性感染（如疖疮、手指化脓等）、上呼吸道感染（如鼻窦炎、口腔疾病等）的人员要暂时停止其工作或调换岗位。

b. 防止金黄色葡萄球菌对奶及其制品的污染　如牛奶厂要定期检查奶牛的乳房，不能挤用患化脓性乳腺炎奶牛的牛奶；奶挤出后，要迅速冷至−10℃以下，以防毒素生成、细菌繁殖。奶制品要以消毒牛奶为原料，注意低温保存。

c. 对肉制品加工厂，患局部化脓感染的禽、畜尸体应除去病变部位，经高温或其他适当方式处理后才可进行加工生产。防止金黄色葡萄球菌肠毒素的生成，应在低温和通风良好的条件下贮藏食物，以防肠毒素形成。在气温高的春、夏季，食物置冷藏或通风阴凉处也不应超过6h，并且食用前要彻底加热。

2. 沙门菌食物中毒

(1) 病原菌

肠道病原菌革兰阴性菌，无芽孢，无荚膜，最适生长温度 37℃，最适 pH 值 6.8～7.8，60℃加热15～20min 即可死亡。除鸡沙门菌无鞭毛外，大多数菌有周身鞭毛，有菌毛。在肠道杆菌鉴别培养基平板上形成不着色菌落，不分解乳糖。

(2) 食物中毒原因及症状

当人吃了受沙门菌污染的畜、禽、蛋类食物，一般在 6～16h 内发生食物中毒。中毒的症状有寒战、头晕、头痛、恶心和腹痛，一般主要表现为发热、恶心、呕吐、腹痛、腹泻等。只要治疗得当，可在 3～5 日内恢复健康，无不良后遗症。

(3) 病菌来源及预防措施

沙门菌食物中毒多是由于食用动物性食物引起的，特别是畜肉类及其制品，其次是禽肉、蛋类及其制品。常见食物受沙门菌污染大体有以下四种情况：一是家畜或家禽在宰前已感染沙门菌，或是在宰杀后被带沙门菌的粪便、容器、污水等所污染；二是禽蛋在经泄殖腔排出时，蛋壳表面可在肛门里被沙门菌污染，沙门菌通过蛋壳气孔侵入蛋内；三是烹调后的荤菜如熟肉、卤肉、内脏、煎蛋等，由于生熟容器不分等因素可再次受到沙门菌的污染；四是带有沙门菌的奶，污染了无菌的奶。

预防沙门菌食物中毒的办法：不买可能被沙门菌污染的畜、禽、蛋类食物，不吃变质的臭（坏）蛋、黏壳蛋、散蛋等；在烹调时采用炒、烧、煮、煸等任何一种方法，都应使食物达到烧熟的温度以防止内生外熟（一般加热到食物内温度在 80℃ 时以上，即可杀死沙门菌）；在烹制食物过程中要做到容器、刀、砧等生熟分开使用，严防食物交叉污染。

3. 大肠埃希菌食物中毒

(1) 病原菌

大肠埃希菌为 $(0.4～0.7)\mu m \times (1～3)\mu m$ 中等大小的革兰阴性杆菌。无芽孢，多数菌株有周身鞭毛，能运动。有普通菌毛和性菌毛，有些菌株还有致病性菌毛。肠外感染菌株常有多糖包膜（微荚膜）。

此菌对理化因素的抵抗力在无芽孢菌中是最强的一种，在室温可存活数周，在土壤、水中存活数月，耐寒力强。但是在 30min 内快速冷冻，将 37℃降至 4℃的过程，可杀死此菌。60℃加热 30min，此菌可灭活。对漂白粉、酚、甲醛等较敏感，水中 $1\mu g/L$ 氯可杀死此菌。此菌耐胆盐。

(2) 食物中毒原因及症状

致泻性大肠杆菌是引起人体以腹泻症状为主的全球性疾病的病原菌，其中尤以 EPEC、ETEC 所占比例较大。尽管目前报道的各地主要腹泻病是由志贺菌或轮状病毒引起的，但是，多年来，致泻性大肠杆菌引起的腹泻病例始终位于第二位，可见大肠杆菌肠道传染的广泛性。还有，致泻性大肠杆菌亦可常年引发人体腹泻，以夏、秋季为高峰，在患者感染住院率中，婴幼儿占 60％以上。近来，EHEC O157：H7 被世界卫生组织（WHO）定为新的食源性致病菌，其引发的出血性肠炎的暴发或散发病例，自 1983 年以来，在北美洲（美国、加拿大）地区逐年增多，英国、日本亦有暴发和散发病例报道。我国也发现散发病例，尚未有暴发 EHEC 的报道。

(3) 病菌来源及预防措施

大肠埃希菌在人和动物的粪便中大量存在，其中有少数几种能引起人类食物中毒。根据致病性的不同，致泻性大肠埃希菌被分为产肠毒素型、侵袭型、致病型、黏附型和出血型 5 种。部分埃希菌株与婴儿腹泻有关，并可引起成人腹泻或食物中毒的暴发。大肠埃希菌 O157：H7 是导致 1996 年日本食物中毒暴发的罪魁祸首，是出血性大肠埃希菌中的致病性血清型，主要侵犯小肠远端和结肠。常见导致中毒的食品为各类熟肉制品、冷荤、牛肉、生牛奶，其次为蛋及蛋制品、乳酪及蔬菜、水果、饮料等食品。中毒原因主要是受污染的食品在食用前未经彻底加热。

预防措施：预防第二次污染；预防交叉污染；控制食源性感染。

4. 变形杆菌中毒

(1) 病原菌

变形杆菌属包括普通变形杆菌、奇异变形杆菌、莫根变形杆菌、雷极变形杆菌四种。变形杆菌为腐物寄生菌，在自然界分布广泛，粪便、食品等均可检出该菌。人和动物的带菌率可高达 10% 左右，肠道病患者的带菌率较健康人更高，为 13.3%～52%。

变形杆菌呈明显的多形性，有球形和丝状，为周鞭毛菌，运动活泼，革兰阴性菌。在固体培养基上呈扩散生长，形成迁徙生长现象。若在培养基中加入 0.1% 石炭酸或 0.4% 硼酸可以抑制其扩散生长，形成一般的单个菌落。在平板上可以形成圆形、扁薄、半透明的菌落，易与其他肠道致病菌混淆。培养物有特殊臭味，在血琼脂平板上有溶血现象。能迅速分解尿素。根据菌体抗原分群，再以鞭毛抗原分型。

(2) 食物中毒原因及症状

食品被污染和中毒发生的原因：在烹调制作食品过程中，处理生熟食品的工具、容器未严格分开使用，使制成的熟食品受到重复污染；或者操作人员（不讲究卫生）通过手污染熟食品；受污染的熟食品在较高的温度下存放较长时间，细菌大量繁殖，食用前不再回锅加热或加热不彻底，食后引起中毒。

潜伏期一般为 12～16h，短者 1～3h，长者 60h。主要表现为腹痛、腹泻、恶心、呕吐、发热、头晕、头痛、全身无力。重者有脱水、酸中毒、血压下降、惊厥、昏迷、腹痛剧烈，多呈脐周围部的剧烈绞痛或刀割样疼痛，腹泻多为水样便，一日数次至十余次，体温一般在 38～39℃。发病率的高低与食品污染程度和进食者健康状况有关，一般为 50%～80%。病程比较短，一般 1～3d，多数 24h 内恢复。

(3) 病菌来源及预防措施

①防止食品被变形杆菌污染；②控制食品中变形杆菌的繁殖；③彻底杀死变形杆菌。预防工作的重点在于加强食品管理、注意饮食卫生。

5. 蜡状芽孢杆菌中毒

(1) 病原菌

杆状，$(1.0～1.2)\mu m×(3.0～5.0)\mu m$。末端方，成短或长链。革兰阳性菌，无荚膜，运动。芽孢椭圆形，中生或次端生，孢囊无明显膨大。菌落大，表面粗糙、扁平、不规则。蜡状芽孢杆菌可用于明胶液化、牛奶胨化、还原硝酸盐、水解淀粉。

广泛分布于土壤、灰尘、牛奶以及植物外表。另外还有其变种——蕈状芽孢杆菌，也是土壤中常见细菌。

蜡状芽孢杆菌能产生细菌蛋白酶，是各种抗生素抗菌活性的测定菌。

(2) 食物中毒原因及症状

剩饭、剩菜等储存在较高温度下的时间较长，会引起食物中毒。一种症状为恶心、呕吐、头昏、四肢无力、寒战、眼结膜充血，发病期较短，病程 8～12h；另一种症状为腹泻、腹痛、水样便等，病程 16～36h。

（3）病菌来源及预防措施

做好防鼠、防苍蝇、防尘等各项卫生工作。米饭、肉类、奶类等食品在低温下短时间存放，剩饭及其他熟食在食用前一定要彻底加热。

6. 副溶血性弧菌食物中毒

（1）病原菌

副溶血性弧菌（又称嗜盐菌）引起的食物中毒。副溶血性弧菌为革兰阴性杆菌，呈弧状，无荚膜，无芽孢，菌体一端长有鞭毛，运动活跃。在含盐的普通培养基上生长良好，生长所需氯化钠的最适浓度为 3.5%，高于 8% 不能生长，无盐培养基上亦不能生长。最适宜 pH 值 7.7～8.0，最适宜生长温度 30～37℃。靛基质试验阳性，发酵葡萄糖、甘露醇产酸不产气，不发酵蔗糖、乳糖。在 TCBS 琼脂平板上形成不发酵蔗糖的蓝绿色菌落。

本菌抵抗力不强，在海水中能存活 50d 以上，但在淡水中不超过 2d。不耐冷，冬天易死亡。对热敏感，耐碱怕酸，65℃下 30min 或 5% 食醋 5min 可杀死。

（2）食物中毒原因及症状

副溶血性弧菌广泛生存于近岸海水和鱼贝类食物中，温热地带较多。我国华东沿海该菌的检出率为 57.4%～66.5%，尤以夏、秋季较高。海产鱼虾的带菌率平均为 45%～48%，夏季高达 90%。腌制的鱼贝类带菌率也达 42.4%。目前副溶血性弧菌引起的食物中毒占细菌性食物中毒的第三位，在有的沿海城市可占第一位。

引起中毒的食品主要为海产鱼、虾、贝类，其次为肉类、家禽和咸蛋，偶尔也可由咸菜等引起。

潜伏期，短者为 3～5h，一般为 14～20h。主要症状为上腹部阵发时绞痛、腹泻，先水样便，有时脓血便，有时有呕吐。重症者脱水，少数病人可现意识不清，病程为 2～4d，一般预后良好。

（3）病菌来源及预防措施

副溶血性弧菌可引起食物中毒，但该菌不是所有菌株都能致病。日本学者用含高盐血琼脂培养基观察溶血和不溶血，此现象称为"神奈川现象"。结果从食物中毒来源的菌株，95% 是神奈川现象阳性的菌株，从海水和鱼、贝类分出的菌株 95% 为阴性。但亦发现有阴性菌株引起食物中毒。动物性食品应煮熟、煮透再吃；隔餐的剩菜食前应充分加热；防止生熟食物操作时交叉污染；梭子蟹、海蜇等水产品宜用饱和盐水浸渍保藏（并可加醋杀菌），食前用冷开水反复冲洗。

7. 肉毒梭菌食物中毒

（1）病原菌

肉毒梭状芽孢杆菌（肉毒梭菌）为肉毒毒素中毒的病原菌，是常见的食物中毒菌之一。全国已有 15 个省、自治区发生肉毒梭菌食物中毒，新疆地区发病率尤高。其在自然界分布较广，存在于土壤、江河湖海淤泥、动物的肠道以及一些食品中。

（2）食物中毒原因及症状

引起肉毒毒素中毒的食品主要为家庭自制的豆谷类食品如臭豆腐、豆豉、豆酱等。这些发酵食品所用的粮和豆类常带有肉毒梭菌芽孢，发酵过程往往密封于容器中，在 20～30℃发酵，在厌氧菌适合的温度、湿度下，污染的肉毒梭菌得以增殖和产毒。潜伏期短者 5～6h，长者 8～10d，我国中毒潜伏期一般较长。因中毒食品往往为佐餐食品，一次性食入量少，可形成蓄积性中毒。

中毒的主要症状：先出现视力模糊、眼睑下垂，严重者瞳孔散大，有张口、伸舌困难，继而吞咽困难，呼吸麻痹。进食被肉毒毒素污染的食物后，1～7d 出现头晕、无力、视物模糊、眼睑下垂、复视，随后咀嚼无力、张口困难、言语不清、声音嘶哑、吞咽困难、头颈无力、垂头等，严重的导致呼吸困难，多因呼吸停止而死亡。

（3）病菌来源及预防措施

对可疑污染食物进行彻底加热是预防肉毒梭菌中毒的可靠措施。自制发酵酱类时，盐量要达到 14％以上，并提高发酵温度；要经常日晒，充分搅拌，使氧气供应充足；应注意不吃生酱。

附　录

附录1　微生物的分类单位及命名

1. 微生物的分类单位

传统的微生物分类是按界、门、纲、目、科、属、种分类。有的在科属之间分族，或在属下分亚属。

（1）种（species）　种是微生物分类中最基本的分类单位，是微生物进化的特定阶段。种代表一群在形态上、生理特性和组成成分上彼此十分相似或彼此性状差异微小的个体。同种的生物体由于环境条件的变化，从而在生态特征、生理特性方面发生了一些极微小的差异，但是总的特性还是一致的。

（2）变种（varieties 或缩写成 var）　变种即同一菌种之间有一定差异的一群个体。凡一个微生物的某种特性出现了明显改变，与"典型种"所描述的某一特性不同，而其余特性又完全符合，若这一变异特性又是较稳定的，则这种变异了的菌种称变种。例如有一种芽孢杆菌，除了在酪氨酸培养基上产生黑色素这一特性不同于典型的枯草芽孢杆菌（*Bacillus subtilis*）外，其余特性完全符合，那么这种芽孢杆菌，即称为枯草芽孢杆菌黑色变种（*Bacillus subtilis var. niger*）。

（3）小种或亚种（subspecies）　微生物学中把实验室所获得的变异型称为小种或亚种。例如大肠杆菌（*E. coli*）野生型的一个品系"K_{12}"，"K_{12}"是不需要某种氨基酸的，通过实验室人工诱变，可以从 K_{12} 中获得必需某种氨基酸的营养缺陷型，这种缺陷型菌种称为 K_{12} 的亚种或（营养）小种。

（4）型（types）　"型"常被用于变种以下的细分类。在同一种的若干细菌中，有许多特性难以区分，要区分仅反映在某种特殊的形状上。如根据抗原结构不同可分为不同血清型；对噬菌体或细菌素敏感性的不同，可分成多种噬菌体型或细菌素型。

（5）菌株或品系（strains）　是指不同来源的相同种（或型）。因此，从自然界中分离到的每一个微生物纯粹培养都可以称为一个菌株和品系。为方便起见，菌株常用数字、地名或符号来表示。例如生产蛋白酶的是枯草杆菌1398，而生产淀粉酶的是枯草杆菌7628。

（6）群（group）　微生物在进化过程中，由一个种变成另外一个种，在这期间要产生一系列的过渡类型，所以自然界中有些微生物种类的特征介于两种微生物之间、彼此之间难以严格区分开来，这两种微生物和介于两者之间的种类统称为一个"群"。如大肠杆菌和产气杆菌两个种的区别是明显的，但自然界还存在着许多介于这两种细菌之间的中间类型，人们就把大肠杆菌和产气杆菌以及介于两者之间的中间类型统称为大肠杆菌群。

2. 微生物命名法

微生物的名称有两种：一种是俗名或代号；另一种为学名，即国际名称。前者反映了同一种微生物在不同地区或国家有不同的名字，即使在同一国家也可以有许多不同的名字，因此，极易造成混乱，不利于国际学术的交流。而后者是国际统一采用的，是按瑞典生物学家林耐（Linnaeus）于1953年所创立的"双名法"（属名在前，种名在后）来定名的，由两个拉丁字或希腊字或者拉丁化的其他文字组成。有时在种名后还附有命名者的姓，用以消除出现"同物异名"或"同名异物"之类的误解。属名是拉丁字的名词，字首字母要大写，用以描述微生物的主要特征。种名用的是一个拉丁字形容词或名称所有格，用以描述次要特征，但有时属名或种名也用人名或地名表示。在学名之后有时还要附命名人的姓和年代。如金黄色葡萄球菌的学名 *Staphylococcus aureus* Rosenbach 1939。*Staphylococcus* 是属名，即葡萄球菌属，*aureus* 是一个拉丁字的形容词，是金黄色的意思，Rosenbach 是命名人的姓。有时只泛指某一属的微生物而不是特指某一具体种或没有种名时，可在属名后面加 sp.（species 的单数）或 spp.（复数）表示。如果当初所定的学名，后来经人改过，则在学名后括号内注明首先发现该菌的人，然后将改正人的姓写在后面。如：枯草（芽孢）杆菌应写为 *Bacillus subyilis* （Ehrenbery）Cohn1872。为了简明，一般允许只写学名而将人名、年代省略。在印刷时，属及以下学名要用斜体字。

附录2　染色液的配制

1. 吕氏（Loeffler）碱性美蓝染液

A 液：美蓝 0.6g　　　　　　　　　　　B 液：KOH 0.01g
　　　95％酒精 30mL　　　　　　　　　　　蒸馏水 100mL

分别配制 A 液和 B 液，配好后混合即可。

2. 齐氏（Ziehl）石炭酸复红染色液

A 液：碱性复红 0.3g　　　　　　　　　B 液：石炭酸 5.0g
　　　95％酒精 10mL　　　　　　　　　　　蒸馏水 95mL

将碱性复红在研钵中研磨后，逐渐加入95％酒精，继续研磨使其溶解，配成 A 液。

将石炭酸溶解于蒸馏水中，配成 B 液。

混合 A 液及 B 液即成。通常可将此混合液稀释5～10倍使用，但稀释液易变质失效，一次不宜多配。

3. 革兰（Gram）染色液

（1）草酸铵结晶紫染液

A 液：结晶紫 2g　　　　　　　　　　　B 液：草酸铵 0.8g
　　　95％酒精 20mL　　　　　　　　　　　蒸馏水 80mL

混合 A、B 液，静置48h后使用。

（2）卢戈（Lugol）碘液

碘 1.0g　　　　　　　　　　　　　　　蒸馏水 300mL
碘化钾 2.0g

先将碘化钾溶解在少量蒸馏水中，再将碘片溶解在碘化钾溶液中，待碘全溶后，加入剩余蒸馏水即成。

（3）95％的酒精溶液

（4）番红复染液

番红 2.5g　　　　　　　　　　　　　　95％酒精 100mL

取上述配好的番红酒精溶液 10mL 与 80mL 蒸馏水混匀即成。

4. 芽孢染色液

（1）孔雀绿染液

孔雀绿 5g　　　　　　　　　　　　蒸馏水 100mL

（2）番红水溶液

番红 0.5g　　　　　　　　　　　　蒸馏水 100mL

（3）苯酚品红溶液

碱性品红 11g　　　　　　　　　　　无水酒精 100mL

制法取上述溶液 10mL 与 100mL 5％的苯酚溶液混合，过滤备用。

（4）黑色素溶液

水溶性黑色素 10g　　　　　　　　　蒸馏水 100mL

称取 10g 黑色素溶于 100mL 蒸馏水中，置沸水浴中 30min 后，滤纸过滤两次，补加水到 100mL，加 0.5mL 甲醛，备用。

5. 荚膜染色液

（1）黑色素水溶液

黑色素 5g　　　　　　　　　　　　福尔马林（40％甲醛）0.5mL

蒸馏水 100mL

将黑色素在蒸馏水中煮沸 5min，然后加入福尔马林作防腐剂。

（2）番红染液　与革兰染液中番红复染液相同。

6. 鞭毛染色液

A 液：单宁酸 5g　　　　　　　　　　福尔马林（15％甲醛）2.0mL

　　　$FeCl_3$ 1.5g　　　　　　　　　　　NaOH（1％）1.0mL

　　　蒸馏水 100mL

配好后，当日使用，次日使用效果差，第三日则不宜使用。

B 液：$AgNO_3$ 2g　　　　　　　　　　蒸馏水 100mL

待 $AgNO_3$ 溶解于蒸馏水后，取出 10mL 备用，向其余的 90mL $AgNO_3$ 中滴入浓 NH_4OH，使之成为很浓厚的悬浮液，再继续滴加 NH_4OH，直到新形成的沉淀又重新开始溶解为止。再将备用的 10mL $AgNO_3$ 慢慢滴入，则出现"薄雾"，但轻轻摇动后，"薄雾"状沉淀又消失。再滴入 $AgNO_3$，直到摇动后仍呈现轻微而稳定的"薄雾"状沉淀为止。如所呈"雾"不重，此染剂可使用一周，如"雾"重，则银盐沉淀出，不宜使用。

7. 富尔根核染色液

（1）席夫（Schiff）试剂

将 1g 碱性复红加入 200mL 煮沸的蒸馏水中，振荡 5min，冷至 50℃左右过滤，再加入 1mol/L HCl 20mL，摇匀。待冷至 25℃时，加 $Na_2S_2O_5$（偏重亚硫酸钠）3g，摇匀后装在棕色瓶中，用黑纸包好，放置在暗处过夜。此时试剂应为淡黄色（如为粉红色则不能用），再加中性活性炭过滤，滤液振荡 1min 后，再过滤，将此滤液置冷、暗处备用（注意：过滤需在避光条件下进行）。

在整个操作过程中所用的一切器皿都需十分洁净、干燥，以消除还原性物质。

（2）Schandium 固定液

A 液：饱和升汞水溶液（50mL 汞加 95％　　B 液：冰醋酸

　　　酒精 25mL 混合即得）

取 A 液 9mL＋B 液 1mL，混匀后加热至 60℃。

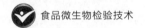

（3）亚硫酸水溶液

10％偏重亚硫酸钠水溶液 5mL，1mol/L HCl 5mL，加蒸馏水 100mL 混合即得。

8. Bouin 固定液

苦味酸饱和水溶液 75mL（1g 苦味酸可	福尔马林（40％甲醛）25mL
制成 75mL 饱和水溶液）	冰醋酸 5mL

先将苦味酸溶解成水溶液，然后再加入福尔马林和冰醋酸，摇匀即成。

9. 乳酸石炭酸棉蓝染色液

石炭酸 10g	蒸馏水 10mL
乳酸（相对密度 1.21）10mL	棉蓝（cottonblue）0.02g
甘油 20mL	

将石炭酸加在蒸馏水中加热溶解，然后加入乳酸和甘油，最后加入棉蓝，使其溶解即成。

10. 瑞氏（Wright）染色液

瑞氏染料粉末 0.3g	甲醇 97mL
甘油 3mL	

将染料粉末置于干燥的乳钵内研磨，先加甘油，后加甲醇，放玻璃瓶中过夜，过滤即可。

11. 美蓝染液

在 52mL 95％酒精和 44mL 四氯乙烷的三角烧瓶中，慢慢加入 0.6g 氯化美蓝，旋摇三角烧瓶，使其溶解。于 5～10℃下，放置 12～24h，然后加入 4mL 冰醋酸。用质量好的滤纸过滤，贮存于清洁的密闭容器内。

附录 3 试剂和溶液的配制

1. 3％酸性酒精溶液

浓盐酸 3mL	95％酒精 97mL

2. 中性红指示剂

中性红 0.04g	蒸馏水 72mL
95％乙醇 28mL	

中性红 pH 值 6.8～8，颜色由红变黄，常用浓度为 0.04％。

3. 淀粉水解试验用碘液（卢戈碘液）

碘片 1g	蒸馏水 300mL
碘化钾 2g	

先将碘化钾溶解在少量水中，再将碘片溶解在碘化钾溶液中，待碘全溶后，加入剩余蒸馏水即成。

4. 溴甲酚紫指示剂

溴甲酚紫 0.04g	蒸馏水 92.6mL
0.01mol/L NaOH7.4mL	

溴甲酚紫 pH 值 5.2～6.8，颜色由黄变紫，常用浓度为 0.04％。

5. 溴麝香草酚蓝指示剂

溴麝香草酚蓝 0.04g	蒸馏水 93.6mL
0.01mol/L NaOH 6.4mL	

溴麝香草酚蓝 pH 值 6.0～7.6，颜色由黄变蓝，常用浓度为 0.04%。

6. 甲基红试剂

甲基红 0.04g   蒸馏水 40mL

95% 酒精 60mL

先将甲基红溶于 95% 酒精中，然后加入蒸馏水即可。

7. V.P. 试剂

（1）5%α-萘酚无水酒精溶液

α-萘酚 5g   无水乙醇 100mL

（2）40%KOH 溶液

KOH 40g   蒸馏水 100mL

8. 吲哚试剂

对二甲基氨基苯甲醛 2g   浓盐酸 40mL

95% 乙醇 190mL

9. 格里斯（Griess）试剂

A 液：对氨基苯磺酸 0.5g   10% 稀醋酸 150mL

B 液：α-萘胺 0.1g   10% 稀醋酸 150mL

蒸馏水 20mL

10. 二苯胺试剂

二苯胺 0.5g 溶于 100mL 浓硫酸中，用 20mL 蒸馏水稀释。

11. 阿氏（Alsever）血液保存液

柠檬酸三钠·$2H_2O$ 8g   NaCl 4.2g

柠檬酸 0.5g   蒸馏水 1000mL

无水葡萄糖 18.7g

将各成分溶解于蒸馏水后，用滤纸过滤，分装，灭菌 20min。置于冰箱保存备用。

12. 肝素溶液

取一支含 12500 单位的注射用肝素溶液，用生理盐水稀释 500 倍，即成为每毫升含 25 单位的肝素溶液。作白细胞吞噬试验用。大约 12.5 单位肝素可凝 1mL 全血。

13. pH 值 8.6 离子强度 0.075mol/L 巴比妥缓冲液

巴比妥 2.76g   蒸馏水 1000mL

巴比妥钠 15.45g

14. 1% 离子琼脂

琼脂粉 1g   蒸馏水 50mL

巴比妥缓冲液 50mL   1% 硫柳汞 1 滴

称取琼脂粉 1g 先加至 50mL 蒸馏水中，于沸水浴中加热溶解，然后加入 50mL 巴比妥缓冲液，再滴加 1 滴 1% 硫柳汞溶液防腐，分装于试管内，放冰箱中备用。

15. 其他细胞悬液的配制

（1）1% 鸡红细胞悬液

取鸡翅下静脉血或心脏血，注入含无菌阿氏液的玻璃瓶内，使血与阿氏液的比例为 1：5，放冰箱中保存 2～4 周。临用前取出适量鸡血，用无菌生理盐水洗涤，离心，倾去生理盐水。如此反复洗涤三次，最后一次离心使其成积压红细胞，然后用生理盐水配成 1% 鸡红细胞悬液，供吞噬试验用。

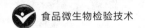

（2）白色葡萄球菌菌液

白色葡萄球菌接种于肉汤培养基中，37℃温箱培养 12h 左右。置 100℃水浴中，10min 可杀死细菌。用无菌生理盐水配制成每毫升含 6 亿个细胞，分装于小瓶内，置冰箱保存备用。

附录 4 大肠菌群（或金黄色葡萄球菌）最可能数（MPN）检索表

阳性管数			MPN	95%可信限		阳性管数			MPN	95%可信限	
0.10	0.01	0.001		下限	上限	0.10	0.01	0.001		下限	上限
0	0	0	<3.0	—	9.5	2	2	0	21	4.5	42
0	0	1	3.0	0.15	9.6	2	2	1	28	8.7	94
0	1	0	3.0	0.15	11	2	2	2	35	8.7	94
0	1	1	6.1	1.2	18	2	3	0	29	8.7	94
0	2	0	6.2	1.2	18	2	3	1	36	8.7	94
0	3	0	9.4	3.6	38	3	0	0	23	4.6	94
1	0	0	3.6	0.17	18	3	0	1	38	8.7	110
1	0	1	7.2	1.3	18	3	0	2	64	17	180
1	0	2	11	3.6	38	3	1	0	43	9	180
1	1	0	7.4	1.3	20	3	1	1	75	17	200
1	1	1	11	3.6	38	3	1	2	120	37	420
1	2	0	11	3.6	42	3	1	3	160	40	420
1	2	1	15	4.5	42	3	2	0	93	18	420
1	3	0	16	4.5	42	3	2	1	150	37	420
2	0	0	9.2	1.4	38	3	2	2	210	40	430
2	0	1	14	3.6	42	3	2	3	290	90	1000
2	0	2	20	4.5	42	3	3	0	240	42	1000
2	1	0	15	3.7	42	3	3	1	460	90	2000
2	1	1	20	4.5	42	3	3	2	1100	180	4100
2	1	2	27	8.7	94	3	3	3	>1100	420	—

注：1. 本表采用 3 个稀释度 [0.1g（mL）、0.01g（mL）和 0.001g（mL）]，每个稀释度接种 3 管。

2. MPN 检索表只给了三个稀释度，表内的检样量如改用 [1g（mL）、0.1g（mL）和 0.01g（mL）] 时，表内数字应相应降低 10 倍。如改用 [0.01g（mL）、0.001g（mL）和 0.0001g（mL）] 时，表内数字应相应增高 10 倍，其余类推。

附录 5 葡萄球菌肠毒素检验

一、试剂和材料

1. 试剂

除另有规定外，所用试剂均为分析纯，试验用水应符合 GB/T 6682—2008 对一级水的规定。

（1）A、B、C、D、E 型金黄色葡萄球菌肠毒素分型 ELISA 检测试剂盒；

（2）pH 试纸，范围在 3.5～8.0，精度 0.1；

（3）0.25mol/L、pH 值 8.0 的 Tris 缓冲液：将 121.1g 的 Tris 溶解到 800mL 的去离子水中，待温度冷至室温后，加 42mL 浓 HCl，调 pH 值至 8.0；

（4）pH 值 7.4 的磷酸盐缓冲液：称取 $NaH_2PO_4 \cdot H_2O$ 0.55g（或 $NaH_2PO_4 \cdot 2H_2O$ 0.62g）、$Na_2HPO_4 \cdot 2H_2O$ 2.85g（或 $Na_2HPO_4 \cdot 12H_2O$ 5.73g）、NaCl 8.7g 溶于 1000mL 蒸馏水中，充分混匀即可；

（5）庚烷；

（6）10％次氯酸钠溶液。

2. 培养基

（1）肠毒素产毒培养基

成分：蛋白胨 20.0g，胰消化酪蛋白 200mg（氨基酸），氯化钠 5.0g，磷酸氢二钾 1.0g，磷酸二氢钾 1.0g，氯化钙 0.1g，硫酸镁 0.2g，焙酸 0.01g，蒸馏水 1000mL。

制法：将所有成分混于蒸馏水中，溶解后调节 pH 值 7.3±0.2，121℃高压灭菌 30min。

（2）营养琼脂

成分：蛋白胨 10.0g，牛肉膏 3.0g，氯化钠 5.0g，琼脂 15.0～20.0g，蒸馏水 1000mL。

制法：将除琼脂以外的各成分溶解于蒸馏水内，加入 15％氢氧化钠溶液约 2mL，校正 pH 值至 7.3±0.2。加入琼脂，加热煮沸，使琼脂溶化。分装烧瓶，121℃高压灭菌 15min。

二、仪器和设备

电子天平（感量 0.01g）、均质器、离心机（转速 3000～5000g）、离心管（50mL）、滤器（滤膜孔径 0.2 μm）、微量加样器（20～200μL、200～1000μL）、微量多通道加样器（50～300μL）、自动洗板机（可选择使用）、酶标仪（波长 450nm）。

三、原理

本方法可用 A、B、C、D、E 型金黄色葡萄球菌肠毒素分型酶联免疫吸附试剂盒完成。

本方法测定的基础是酶联免疫吸附反应（ELISA）。96 孔酶标板的每一个微孔条的 A～E 孔分别包被了 A、B、C、D、E 型葡萄球菌肠毒素抗体，H 孔为阳性质控，已包被混合型葡萄球菌肠毒素抗体，F 和 G 孔为阴性质控，包被了非免疫动物的抗体。样品中如果有葡萄球菌肠毒素，游离的葡萄球菌肠毒素则与各微孔中包被的特定抗体结合，形成抗原抗体复合物，其余未结合的成分在洗板过程中被洗掉；抗原抗体复合物再与过氧化物酶标记物（二抗）结合，未结合上的酶标记物在洗板过程中被洗掉；加入酶底物和显色剂并孵育，酶标记物上的酶催化底物分解，使无色的显色剂变为蓝色；加入反应终止液可使颜色由蓝变黄，并终止了酶反应；以 450nm 波长的酶标仪测量微孔溶液的吸光度值，样品中的葡萄球菌肠毒素与吸光度值成正比。

四、检测步骤

1. 从分离菌株培养物中检测葡萄球菌肠毒素方法

待菌株接种营养琼脂斜面（试管 18mm×180mm）36℃培养 24h 后，用 5mL 生理盐水洗下菌落，倾入 60mL 产毒培养基中，36℃振荡培养 48h，振速为 100 次/min，吸出菌液离心，8000r/min 20min，加热 100℃ 10min，取上清液，取 100μL 稀释后的样液进行试验。

2. 从食品中提取和检测葡萄球菌毒素方法

（1）牛奶和奶粉

将 25g 奶粉溶解到 125mL pH 值 8.0 的 Tris 缓冲液中，混匀后同液体牛奶一样按以下步骤制备。将牛奶于 15℃、3500g 离心 10min。将表面形成的一层脂肪层移走，变成脱脂牛奶。用蒸馏水对其进行稀释（1∶20）。取 100μL 稀释后的样液进行试验。

（2）脂肪含量不超过 40％的食品

称取 10g 样品绞碎，加入 pH 值 7.4 的 PBS 液 15mL 进行均质，振摇 15min。于 15℃、3500g 离心 10min。必要时，移去上面脂肪层。取上清液进行过滤除菌。取 100μL 的滤出液进行试验。

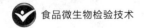

（3）脂肪含量超过 40％的食品

称取 10g 样品绞碎，加入 pH 值 7.4 的 PBS 液 15mL 进行均质，振摇 15min。于 15℃、3500g 离心 10min。吸取 5mL 上层悬浮液，转移到另一个离心管中，再加入 5mL 的庚烷，充分混匀 5min。于 15℃、3500g 离心 5min。将上部有机相（庚烷层）全部弃去，注意该过程中不要残留庚烷。将下部水相层进行过滤除菌。取 100μL 的滤出液进行试验。

（4）其他食品可酌情参考上述食品处理方法。

3. 检测

① 所有操作均应在室温（20～25℃）下进行，A、B、C、D、E 型金黄色葡萄球菌肠毒素分型 ELISA 检测试剂盒中所有试剂的温度均应回升至室温方可使用。测定中吸取不同的试剂和样品溶液时应更换吸头，用过的吸头以及废液处理前要浸泡到 10％次氯酸钠溶液中过夜。

② 将所需数量的微孔条插入框架中（一个样品需要一个微孔条）。将样品液加入微孔条的 A～G 孔，每孔 100μL。H 孔加 100μL 的阳性对照，用手轻拍微孔板使其充分混匀，用黏胶纸封住微孔以防溶液挥发，置室温下孵育 1h。

③ 将孔中液体倾倒至含 10％次氯酸钠溶液的容器中，并在吸水纸上拍打几次以确保孔内不残留液体。每孔用多通道加样器注入 250μL 的洗液，再倾倒掉并在吸水纸上拍干。重复以上洗板操作 4 次。本步骤也可由自动洗板机完成。

④ 每孔加入 100μL 的酶标抗体，用手轻拍微孔板使其充分混匀，置室温下孵育 1h。

⑤ 重复③的洗板程序。

⑥ 加 50μL 的 TMB 底物和 50μL 的发色剂至每个微孔中，轻拍混匀，室温黑暗避光处孵育 30min。

⑦ 加入 100μL 的 2mol/L 硫酸终止液，轻拍混匀，30min 内用酶标仪在 450nm 波长条件下测量每个微孔溶液的 OD 值。

4. 结果的计算和表述

（1）质量控制

测试结果阳性质控的 OD 值要大于 0.5，阴性质控的 OD 值要小于 0.3，如果不能同时满足以上要求，测试的结果不被认可。对阳性结果要排除内源性过氧化物酶的干扰。

（2）临界值的计算

每一个微孔条的 F 孔和 G 孔为阴性质控，两个阴性质控 OD 值的平均值加上 0.15 为临界值。

示例：阴性质控 1＝0.08

阴性质控 2＝0.10

平均值＝0.09

临界值＝0.09＋0.15＝0.24

（3）结果表述

OD 值小于临界值的样品孔判为阴性，表述为样品中未检出某型金黄色葡萄球菌肠毒素；OD 值大于或等于临界值的样品孔判为阳性，表述为样品中检出某型金黄色葡萄球菌肠毒素。

五、生物安全

因样品中不排除有其他潜在的传染性物质存在，所以要严格按照 GB 19489《实验室生物安全通用要求》对废弃物进行处理。

附录6　清单表

学习情境_____

班级_____姓名_____

名称	数量	用途

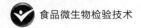

附录7　互评表

学习情境_____

被评小组_____

班级_____姓名_____

序号	被评项目
1	学习态度是否积极
2	是否服从组长安排
3	与其他同学口头交流学习内容是否流畅
4	能否规范操作
5	能否保持操作环境干净整洁
6	是否遵循实验场所的规章制度
7	团队合作与主动学习情况
8	能否主动参与教学场所的清洁和整理工作

参与评价同学签名：_____

附录8　自我评价

学习情境_____

班级_____姓名_____

1. 自我评价考核表

序号	考核内容	考核要点	配分	评分标准	得分
1	材料准备	玻璃器皿、培养基的数量,包扎、灭菌等	10	材料准备齐全,正确	
2	采样	样品处理、样品稀释	20	能够说出本组样品的采样方法,处理样品等操作规范	
3	操作过程	接种操作,培养条件等	60	操作规范	
4	查表报告	结果报告	10	能规范准确报告数据	
	合计		100		

2. 自我综合评价

你认为本次学习任务完成的情况（　　　）。

A. 非常好　　　　B. 好　　　　C. 一般　　　　D. 不好

参 考 文 献

[1]　杨崇智.食品微生物学.北京：中国农业出版社，1999.

[2]　贾英明.食品微生物学.北京：中国轻工业出版社，2008.

[3]　陈红霞，张冠卿.食品微生物学及实验技术.2版.北京：化学工业出版社，2020.

[4]　朱乐敏.食品微生物.北京：化学工业出版社，2008.

[5]　何国庆.食品微生物学.北京：中国农业大学出版社，2002.

[6]　牛天贵.食品微生物学实验技术.北京：中国农业大学出版社，2002.

[7]　吴金鹏.食品微生物.北京：中国农业大学出版社，1992.

[8]　刘用成.食品检验技术（微生物部分）.北京：中国轻工业出版社，2006.

[9]　GB 4789.2—2016.食品安全国家标准 食品微生物学检验 菌落总数测定.

[10]　GB 4789.15—2016.食品安全国家标准 食品微生物学检验 霉菌和酵母计数.

[11]　GB 4789.3—2016.食品安全国家标准 食品微生物学检验 大肠菌群计数.

[12]　GB 4789.10—2016.食品安全国家标准 食品微生物学检验 金黄色葡萄球菌检验.

[13]　王一凡.食品检验综合技能实训.北京：化学工业出版社，2009.

[14]　郁庆福.卫生微生物学.北京：化学工业出版社，2000.

[15]　武汉大学生物系微生物学教研室等.微生物学.北京：高等教育出版社，1987.

[16]　魏明奎.食品微生物检验技术.北京：化学工业出版社，2008.

[17]　吴晓彤.食品检测技术.北京：化学工业出版社，2008.

[18]　师邱毅，程春梅.食品安全快速检测技术.2版.北京：化学工业出版社，2020.

[19]　王廷璞.食品微生物检验技术.北京：化学工业出版社，2014.

[20]　李秀婷.食品微生物学检验技术.北京：化学工业出版社，2020.